AF343988

ALBUM

DU

JEUNE NATURALISTE.

OUVRAGES NOUVEAUX.

AIMABLE (l') ENFANT. 1 vol. in-18, avec figures. 1 fr. 50 c.

ALSACIENS (les), ou Six semaines de vacances, par mademoiselle Tremadure. 2 vol. in-12, avec gravures. Prix : 6 fr.

DÉLASSEMENS DE MA FILLE, ou Morale des jeunes personnes, présentée dans des contes ingénieux, offrant les défauts et les bonnes qualités des demoiselles ; par A. E. de Saintes. 2 vol. in-12, avec douze jolies gravures et titres gravés. Prix : 7 fr.

DÉLICES (les) DE L'ENFANCE. 1 v. in-18, avec gravures. 1 fr. 50 c.

GUIDE (le) DE L'ENFANCE, ou Éducation familière mise à la portée des enfans, par miss Edgworth ; traduit de l'anglais par Mme de Tully-Shoy ; précédé d'un dictionnaire des mots les plus en usage parmi les enfans, avec leurs définitions, et une application morale à chaque mot.—1re Série, 2 vol. in-12, avec 8 gravures. Prix : 6 fr.

HISTOIRE DE JEANNE D'ARC, par M. le comte de Ségur, de l'Académie française. 1 vol. in-18, fig. 2 fr.

ŒUVRES DU MÊME AUTEUR. 32 vol. in-8°, avec gravures, atlas, etc. Le volume, 7 fr.

Les tomes 7 et 8, in-8°, de l'Histoire de France, sont en vente. Les tomes 9 et 10 sont sous presse. L'Histoire universelle, du même auteur, se continue. Elle contient jusqu'à présent 44 vol. in-18, avec cartes et gravures. Prix : 88 fr.

On vend séparément : Histoire ancienne. 9 vol., fig. 18 fr.
——— romaine. 7 vol. 14 fr.
——— du Bas-Empire. 9 vol. 18 fr.
——— de France. 19 vol. 38 fr.

MERVEILLES DE LA NATURE ET DE L'ART, dans les cinq parties du monde ; par de Marlès.

Asie. 2 vol., in-12, grav. 7 fr.
Afrique. 2 vol. in-12, grav. 7 fr.

Les autres parties paraîtront successivement.

PETIT CONTEUR (le), ou Ce qui plaît aux enfans. 1 vol. in-18, fig. 1 fr. 50 c.

PARIS, IMPRIMERIE DE DECOURCHANT
Rue d'Erfurth, n° 1, près de l'Abbaye

DU

JEUNE NATURALISTE,

OU

L'ŒUVRE DE LA CRÉATION

REPRÉSENTÉE DANS UNE SUITE DE 700 GRAVURES,

PRISES DANS LES TROIS RÈGNES DE LA NATURE,

Dessinées et coloriées avec le plus grand soin

PAR JARLE, DESSINATEUR;

Accompagné d'un Texte explicatif

PROPRE A FAIRE CONNAÎTRE L'HISTOIRE NATURELLE

Dans ce qu'elle offre de plus curieux, de plus intéressant et de plus instructif.

EXTRAIT DE BUFFON, LACÉPÈDE, LAMARCK, LATREILLE, SONNINI, BORY DE SAINT-VINCENT, et autres.

PARIS,

EYMERY, FRUGER ET Cie, LIBRAIRES,

RUE MAZARINE, N° 30.

1830

AVANT-PROPOS.

Les anciens physiciens ne comptaient dans la nature que les quatre élémens suivans : l'*air*, la *terre*, le *feu*, et l'*eau*. Les chimistes modernes appellent élémens tout ce qu'ils ne peuvent parvenir à décomposer. Cependant, sans les substances que nous venons de nommer, l'univers ne saurait exister.

Ne voulant point toutefois nous livrer à une discussion, inutile ici, sur des matières qui appartiennent plus spécialement au domaine de la science, et désirant n'offrir, dans l'ouvrage que nous publions, que des notions claires et succinctes sur ce vaste tableau que notre œil ne saurait mesurer, mais que nous embrassons par la pensée, nous nous bornerons à de simples aperçus descriptifs, dont l'illustre Buffon et d'autres naturalistes nous ont fourni les matériaux.

Ainsi, dans un cadre circonscrit, mais heureusement tracé, nous présenterons à nos jeunes lecteurs l'ensemble de la création dans tout ce qu'elle offre de grand, d'utile et d'agréable.

L'homme, le premier et le plus parfait des êtres du règne animal, se trouve placé au milieu de la nature, comme le roi, le souverain des animaux dans l'un et l'autre hémisphère. Dieu, en le formant à son image, a voulu en quelque sorte lui soumettre les élémens, dont il disposa toujours par la profondeur de ses conceptions et la grandeur de son intelligence.

Les trois règnes qui forment comme l'essence de la nature, le règne *animal*, le *végétal* et le *minéral*, il a été donné à l'homme seul d'en distinguer, d'en apprécier les divers produits, et de les appliquer à ses besoins.

Sur la terre, l'homme, par sa patience, son adresse et son courage, est parvenu à dompter les plus fiers et les plus forts des animaux : l'éléphant, le cheval et mille autres lui obéissent. Il a su de même associer à son existence et à ses plaisirs les oiseaux, ces chantres des forêts et des airs. Par son génie, il inventa la boussole, conquit l'immensité des mers, et s'arrogea un empire absolu sur leurs habitans : le plus grand des cétacés, la baleine, ne put lui résister, et le plus débonnaire des poissons, le hareng, fournit à la subsistance de plusieurs millions d'individus de l'espèce humaine. Celui des élémens le plus difficile à vaincre, le feu, l'homme s'en est rendu maître par la physique.

Partout l'homme se présente comme le conquérant, le souverain de la nature, et il le serait en effet, si Dieu, son créateur, celui de l'univers, n'avait posé des bornes à son ambition et à son pouvoir.

Il faut donc que l'homme apprenne à connaître cette nature dont l'homme lui-même a fait la conquête.

En composant pour la jeunesse le beau spectacle de ce tout admirable, sous les formes variées qui le distinguent, nous avons eu pour but de lui présenter un choix qui sût à la fois charmer ses yeux, toucher son cœur, éclairer sa raison, et lui offrir, comme dans une galerie de tableaux empruntés aux meilleurs maîtres, ce qu'il y a de plus intéressant et de plus parfait dans les trois règnes de la nature.

Chacune des divisions de notre travail est précédée d'une courte introduction pour en faire mieux connaître l'objet et le but moral.

Dans le règne ANIMAL, après avoir présenté l'histoire de l'homme, nous passons à celle des quadrupèdes, et nous en formons 6 tableaux, qui renferment :

Les animaux à quatre pieds ou à quatre pattes, *sauvages* ou *domestiques*, *herbivores*, *frugivores*, *carnivores* ou *carnassiers* de toutes espèces.

Passant aux oiseaux, dont plusieurs ont été nouvellement découverts, nous en formons également 6 tableaux.

Nous décrivons ensuite les poissons, avec lesquels nous avons compris les cétacés. . . 5 *idem*.

Puis les reptiles. . . . . 2 *idem*.

Les insectes. . . . . 4 *idem*.

Les crustacés, espèces de poissons à écailles dures et épaisses. . . . . 1 *idem*.

Les mollusques et zoophytes (on trouvera dans cette partie plusieurs espèces nouvelles). 1 *idem*.

Les coquilles. . . . . 2 *idem*.

Les vers. . . . . 1 *idem*.

Dans le règne VÉGÉTAL, nous plaçons d'abord :

Les arbres et arbustes de tous genres pouvant servir à la teinture, aux constructions civiles et navales, aux meubles, et portant des fruits divers. . . . . 4 tableaux.

Les plantes nourricières. . . . . . . 2 *idem*.

Les plantes médicinales. . . . . . . 1 *idem*.

Les fleurs. . . . . 1 *idem*.

Dans le règne MINÉRAL :

Les pierres à bâtir, les grès, granits, marbres, etc. . . . . 1 tableau.

Le charbon de terre, la houille, les métaux et les pierres précieuses. . . . . 1 *idem*.

Dans le tableau qui sert de titre, nous avons cru devoir offrir un ensemble gracieux de ce qu'il y a de plus curieux dans les trois règnes, dont nous avons en même temps figuré les élémens.

Nous terminerons l'ouvrage par une nomenclature alphabétique, en forme de dictionnaire, des principales singularités observées dans la nature.

Si le public accueille avec bienveillance ce fruit de nos veilles, nous en reporterons tout le mérite aux collaborateurs qui ont bien voulu nous aider dans nos recherches et dans notre travail.

Paris, le 1er août 1829.

A. E. D.

ALBUM

DU

JEUNE NATURALISTE.

DESCRIPTION

DU TABLEAU SERVANT DE TITRE.

Le joli encadrement du titre est un juste aperçu, et pour ainsi dire un résumé de l'ouvrage. On y a réuni *les élémens de la nature* et divers individus très-remarquables de chacun des trois règnes. Comme ils ne seront pas reproduits dans l'Album, nous allons donner ici sur chacun d'eux les notions qui les concernent.

Cyathea arborea. — Fougère en arbre dont le tronc, marqué de trois sillons à la partie supérieure, s'élève de vingt-quatre pieds et se couronne de frondes (ou feuilles) ailées qui ont cinq pieds de long sur deux de large; les frondules ou folioles (ou feuilles des feuilles) se composent elles-mêmes d'une arête, de chaque côté de laquelle sort un rang de feuilles. Les folioles, terminées par une pointe fort longue, ont près d'un pied de longueur : leur bord est sinueux et denté : les fruits naissent épars sur ces mêmes bords.

Cette belle fougère, qui ressemble à un petit palmier, a été découverte par MM. Humboldt et Bompland, près de Caripe, dans l'Amérique méridionale : on en trouve plusieurs variétés, fort belles aussi, à la Jamaïque, à Saint-Domingue, à la Martinique, au Brésil, sur les bords des ruisseaux, et aux îles Bourbon et Maurice. — (*V.* n° 1.)

Sagouier ou *sagouthier des Moluques.* — Arbre d'une moyenne grandeur, de l'espèce des palmiers, dont la tige est droite, cylindrique et couronnée par une belle touffe de feuilles amples, nombreuses, ailées, longues de quatre à six pieds et davantage, et armées de petites épines très-multipliées. De la base de ces feuilles partent des tiges très-ramifiées, et ces rameaux portent des fleurs qui ne tombent guère qu'à la maturité des fruits. Les fruits, nombreux et serrés, forment une grosse touffe ovale, composée de baies sèches, ovales, oblongues, luisantes, écailleuses. Le sagouier croît au bord des rivières, au Malabar et dans les royaumes africains d'*Oware* et de *Benin.* Les Nègres font, avec la grande côte des feuilles, des sagaies qu'ils arment d'un fer aigu ou d'une arête de poisson, et qui leur sert pour la pêche. Ils en percent le gros poisson qui fuit, perd son sang, sa force, et traîne la flèche, attachée au corps du pêcheur par une longue corde; alors celui-ci tire à lui et amène sa capture. Les feuilles, appliquées et liées ensemble, sont employées à la construction des parois et des toits des cabanes. Le sagou, excellent aliment, se tire de la moelle du sagouier. Tous les palmiers en fournissent de même. — (*V.* n° 2.)

Goura, ou pigeon couronné des Indes. — Le goura, aussi nommé *columbi-gallini* (pigeon-poule) parce qu'il participe du pigeon et de la poule, a le bec long et menu, les doigts entièrement divisés, les ailes courtes et généralement arrondies. Ce qui distingue surtout ce charmant oiseau, ce sont les belles couleurs de son plumage, bleu de ciel autour du cou et sous le corps; la grâce de sa huppe légère, en forme de crête, qui s'étend sur toute la longueur de la tête, et qui, lorsque l'oiseau se montre de profil, ressemble à une auréole d'azur. — (*V.* n° 3.)

Epimaque promefil. — Il y a deux espèces d'épimaque. La première se distingue par une queue étagée, trois fois plus longue que son corps. La seconde est l'épimaque promefil, d'un noir de velours, à queue médiocre et un peu fourchue, dont les flancs portent des plumes alongées, effilées, recourbées et de couleur noire, et dont la tête et la poitrine sont d'un bleu d'acier bruni à reflets éclatans. L'ensemble des longues plumes qui sortent des flancs de l'épimaque figure une belle queue de coq. — (*V.* nº 4.)

L'aigle destructeur, ainsi nommé à cause de son instinct redoutable, a la tête comme enveloppée d'un béguin de plumes blanches, surmonté d'une sorte de toupet d'assez grandes plumes noires formant le diadème. Sa queue, dont le fond est grisâtre, présente plusieurs larges bandes noires et transversales. Il a le ventre blanc, le dos, le dessus des ailes et du corps et le collier noirs. — (*V.* nº 5.)

Monaul resplendissant. — Cette variété du faisan se trouve dans les hautes montagnes de l'Indostan, où on l'appelle *monaul* et *oiseau d'or*, à cause des reflets éclatans des belles et longues plumes dont son col est couvert; il a autour des yeux la peau nue et d'un bleu verdâtre; sur le sommet de la tête une aigrette de dix-sept à dix-huit plumes, longues de trois pouces, dont la tige est lisse et dont les barbes terminales forment une palette d'un beau vert doré; ce panache s'agite avec grâce au plus léger mouvement. Le devant de la tête, les joues et l'occiput ont aussi de très-brillans reflets vert doré : le derrière et les côtés du col sont d'un pourpre carmin; le dessus du corps offre presque partout les mêmes reflets, qui se font aussi remarquer sur le fond noir des parties inférieures. La queue est rousse et arrondie, l'éperon gris, les ongles noirs, le bec couleur d'ocre, et les pieds nerveux et couverts d'écailles. On voit, au cabinet d'histoire naturelle de Paris, un monaul resplendissant qui faisait partie de la collection du prince d'Orange. — (*V.* nº 6.)

Sarracène à fleurs purpurines. — Cette belle fleur aquatique a, comme on peut le remarquer à la seule inspection, quelque ressemblance avec le pavot et le nénufar. Ses feuilles, qui partent toutes de la racine même, sont courtes, verdâtres, lisses et garnies intérieurement de quelques poils blanchâtres et couchés; elles s'arrondissent dans leur largeur, et sont surmontées d'un ample appendice droit en forme de cœur. Du milieu des feuilles s'élève une tige ronde, toute nue, droite, haute de huit à dix pouces, terminée par une grande fleur purpurine mélangée de vert. Cette plante croît dans les marais fangeux, en Amérique, depuis la baie d'Hudson jusque dans la Caroline. — (*V.* nº 7.)

La limace rouge.—Les limaces se divisent ordinairement en deux espèces, les rouges et les grises. Les deux espèces ont le corps ovale, alongé, plus épais et plus obtus en avant qu'en arrière. Sur le dos on remarque un disque ovale, une sorte de bouclier dont les bords se confondent avec la peau, excepté à la partie qui forme une saillie sous laquelle la tête peut se mettre à l'abri. Ce bouclier présente parfois, et surtout dans l'espèce grise, des rudimens de coquilles. Le ventre de la limace est plat et composé d'une série d'anneaux au moyen desquels marche l'animal, qui respire par un orifice arrondi que l'on voit percé au bord droit du bouclier.

Les limaces se nourrissent de jeunes plantes, de fruits, de champignons, de papier, de bois pourri, de fromage, de viandes, de matières en putréfaction; elles craignent beaucoup le froid et passent l'hiver dans un état de torpeur et retirées en boule dans des trous, et surtout dans les troncs d'arbres pourris. Elles pondent généralement aux mois de mai et de juin. A la couleur près, les limaces rouges ressemblent beaucoup aux grises, et la distinction des deux espèces s'établit par des différences qui échappent facilement à une attention ordinaire. (*V.* nº 8.)

Le poulpe. — La forme du poulpe se compose de deux parties séparées par un étranglement assez prononcé: le corps ou la masse abdominale, et la tête. Le corps, petit en comparaison de la tête, est sans solidité, ce n'est qu'un sac d'une peau molle et flexible. La tête se trouve renfoncée dans l'estomac, dont les parois, alongées en avant et se divisant en quatre paires de grandes tentacules, forment un entonnoir au fond duquel se trouve un orifice arrondi, percé dans une sorte de lèvre circulaire, par lequel sortent les deux mâchoires, en forme de bec de perroquet. Ces tentacules sont de longues lanières rondes, finissant en pointe, musculaires et garnies, à leur face interne, de nombreuses ventouses sur un ou deux rangs. De chaque côté de la tête on remarque un œil très-développé, saillant et sans paupières. La peau des poulpes est continuellement en mouvement de contraction et de dilatation, et ce mouvement se prolonge même après la mort de ces animaux. Ils ont la vie très-dure et peuvent guérir, lors même qu'on les a plusieurs fois traversés de part en part avec quelque instrument de fer. On dit aussi que, lorsque la nourriture leur manque, ils se mangent les bras et que ces bras repoussent.

Le poulpe habite les fentes des rochers; il nage en tourbillonnant, et rame avec ses tentacules, qui lui servent de bras. Il marche aussi, et pour cela il alonge un de ses bras, l'accroche à quelque objet résistant, et se retire vers cet objet. On a dit qu'il pouvait marcher sur ses huit bras, le corps en l'air. Il est extrêmement carnassier; il se cache dans des creux de rochers, d'où il ne laisse passer que ses tentacules, qui enveloppent et saisissent sa proie; elles s'y attachent si bien à l'aide des ventouses par où l'animal aspire l'air fortement, qu'elles y restent adhérentes encore un peu de temps après qu'on les a coupées. Le poulpe pond et couve. On ignore les limites de sa vie et de sa croissance. Des voyageurs et même quelques naturalistes parlent d'une espèce, qu'ils nomment *kraken*, qui atteint à une grandeur démesurée, au point de ressembler à une île et de renverser les plus fort vaisseaux. On trouve des poulpes dans presque toutes les mers. — (*V*. n° 9.)

Lépadogastère balbis. — Ce poisson, qui habite la mer de Villefranche, aux environs de Nice, est long de trois ou quatre pouces; il a le museau prolongé, aplati et marqué de trois sillons longitudinaux, la bouche ample, les dents aiguës, les yeux grands, à prunelle rouge et à iris bleuâtre, et garnis, sur les côtés, de deux appendices bruns; le dos, d'un rouge violet avec des taches foncées d'un rouge vif et des points noirs; le corps, d'une teinte aurore, les nageoires liserées et tachetées de rouge, et les narines portant deux appendices. L'ensemble de sa structure est élégant et gracieux. — (*V*. n° 11.)

Nélumbo ou *lis du Nil*. — La tige de cette plante aquatique a quatre coudées, dit Théophraste; elle est de la grosseur du doigt, et pareille à un roseau sans nœud. Son fruit, qui ressemble à un guêpier ou à la pomme d'un arrosoir, est aplati dans sa partie supérieure, dans laquelle sont pratiquées depuis quinze jusqu'à trente fossettes, contenant un égal nombre de graines de la grosseur d'une noisette, et un peu saillantes. La fleur est deux fois plus grande que celle d'un pavot et toute rose. Le fruit s'élève au-dessus de l'eau; les feuilles sont grandes et ont la forme d'un chapeau thessalien. Théophraste parlait du nélumbo ou lis du Nil, appelé aussi *lotus rose*. L'espèce que l'on trouve en Amérique a la fleur jaune (c'est celle que nous représentons). Le *nélumbo* est une des plus belles fleurs aquatiques. — (*V*. n° 11.)

Primevère de la Chine. — Cette jolie fleur est l'une des premières qui paraissent au printemps, comme l'indique le nom que les Latins lui ont donné et que nous lui avons conservé en le francisant. On en compte environ soixante espèces tant exotiques qu'indigènes en Europe; douze de ces dernières croissent naturellement en France.

Celle de la Chine a les feuilles amples et d'un beau vert et la tige noueuse, et de chacun de ces nœuds s'élancent des bouquets de fleurs roses. — (*V.* nº 12.)

Oiseleurie couchée. — Ses tiges sont ligneuses, grêles, couchées, longues de six à quinze pouces, très-rameuses, disposées en forme de gazon et garnies de feuilles ovales-oblongues, vertes, lisses en dessus, chargées d'un léger duvet en dessous et un peu roulées sur leurs bords. Les fleurs sont d'un rouge clair ou couleur de rose, disposées au nombre de trois à cinq au sommet des rameaux. Cette plante croît naturellement dans les montagnes alpines de l'Europe et dans l'Amérique septentrionale. Elle est rare dans les Pyrénées. Ses fleurs roses, qui paraissent en juin, sont de jolies miniatures qui décorent, de la manière la plus agréable, les lieux sauvages où elle se plaît. On a tenté de cultiver l'oiseleurie dans les jardins; malgré tous les soins, elle y vit peu et ne s'y reproduit pas. — (*V.* nº 13.)

Balsamier polygama. — Comme le nom l'indique, le balsamier est l'arbuste qui produit le baume: on en compte une vingtaine d'espèces. Les anciens ne recueillaient que le baume découlant de l'arbre naturellement ou par incision: celui-là est toujours le plus estimé; mais les plus grands personnages de la Mecque et de Constantinople l'emploient tout à leur usage, et il n'en passe point dans les autres pays. Aujourd'hui on en recueille une seconde et une troisième espèces, en faisant bouillir les rameaux et les feuilles du balsamier. La première ébullition amène à la surface de l'eau une sorte d'huile limpide et subtile, qui est la seconde espèce. Celle-ci est réservée aux dames turques qui s'en servent pour adoucir la peau et pour s'oindre les cheveux. Ce qui nous en arrive provient de la politesse des grands qui en font des cadeaux. L'huile qui surnage à la seconde ébullition est plus épaisse, moins odorante, bien moins estimée; elle est livrée aux caravanes, qui la transportent au loin, et c'est ce qu'on appelle, dans le commerce, le *baume de la Mecque*, auquel on reconnaît de grandes qualités médicinales, et auquel on en suppose peut-être encore davantage.

Le balsamier polygama, rejeté par plusieurs naturalistes parmi les espèces sur lesquelles ils s'étendent le moins, est l'une de celles qui portent le plus beau feuillage et les plus jolies fleurs. — (*V.* n° 14.)

Turnère à feuilles d'orme. — Arbrisseau de sept à huit pieds de hauteur, dont la tige est droite, cylindrique, rameuse, les rameaux alternes et rougeâtres, les feuilles longues d'un à deux pouces, larges d'un demi-pouce, vertes et luisantes en-dessus, dentelées en scie et aigues. Les fleurs sont solitaires, situées vers le sommet des rameaux et d'un beau jaune. Cette plante, dont on distingue plusieurs variétés, croît à la Jamaïque et dans plusieurs contrées de l'Amérique méridionale. — (*V.* n° 15.)

RÈGNE ANIMAL.

DE L'HOMME.

Il n'est rien dans l'histoire de la nature qui nous touche d'aussi près que l'histoire de l'homme lui-même ; c'est à le faire connaître que cette Notice est destinée ; y renfermer tout ce qu'un tel sujet offre d'intéressant, de curieux, de piquant pour de jeunes lecteurs, et en même temps de mieux avéré, de plus authentique, de plus capable de leur donner de l'homme des idées exactes, tel est le plan que nous nous sommes proposé.

Nous parlerons d'abord de l'homme en général ; ce sera *l'histoire de l'individu*. Nous ferons ensuite celle de l'espèce, en nous occupant des variétés qu'elle présente dans la couleur et dans la forme. Le tableau des mœurs, du naturel et des habitudes offrirait sans doute un grand intérêt ; mais un tableau de ce genre appartient à l'histoire politique des peuples, non à la description de l'homme physique, objet de cette esquisse.

« Tout annonce dans l'homme (1), dit l'immortel Buffon, le maître de la terre ; tout marque en lui, même à l'extérieur, sa supériorité sur tous les êtres vivans. Il se soutient droit et élevé, son attitude est celle du commandement ; sa tête regarde le ciel et présente une face auguste sur laquelle est imprimé le caractère de sa dignité ; l'image de l'âme y est peinte par la physionomie ;

(1) *Voy.* les gravures, 1er Tableau, *de l'Homme*, nos 3 et 4.

l'excellence de sa nature perce à travers les organes matériels, et anime d'un feu divin les traits de son visage; son port majestueux, sa démarche ferme et hardie annoncent sa noblesse et son rang; il ne touche à la terre que par les extrémités les plus éloignées; il ne la voit que de loin et semble la dédaigner.... Lorsque l'âme est tranquille, toutes les parties du visage sont dans un état de repos.... Lorsqu'elle est agitée, la face humaine devient un tableau vivant où chacun de ses mouvemens est exprimé par un trait, chaque action par un caractère.... C'est surtout dans les yeux que nos secrètes agitations se peignent: l'œil appartient à l'âme plus qu'aucun autre organe; il semble y toucher.... »

L'homme est placé, par la raison, à une distance infinie au-dessus des bêtes; mais auprès de cette raison qui l'élève et qui doit le diriger, la nature a mis le spectacle de ses besoins et de sa faiblesse, comme pour l'avertir qu'il doit se défendre de la présomption et de l'orgueil.

En entrant dans la vie, il est accueilli par la douleur; ses cris, seul signe d'existence qu'il donne alors, annoncent qu'il souffre; l'impression subite de l'air ébranle ses fibres délicates, et cette sensation douloureuse excite ses gémissemens. Cependant il ouvre ses yeux à la lumière; la lumière le frappe de son éclat, car on voit sa prunelle se rétrécir ou se dilater selon que les rayons lumineux sont plus ou moins abondans; mais il ne distingue rien, l'organe est encore imparfait. Ses autres sens ne le servent pas mieux; il faut qu'il apprenne, par une longue expérience, de quelle manière il doit s'en servir.

L'homme, à sa naissance, n'a guère que vingt pouces de hauteur, souvent même elle n'est que de quatorze ou quinze; ses formes sont mal exprimées et sans proportion, sa tête est énorme comparée à son corps. Le seul besoin qu'il semble éprouver c'est le sommeil; il n'en sort que pour demander, par des pleurs, l'aliment que la nature lui a préparé dans le sein de sa mère. Dès qu'il arrive à l'époque de la dentition, de nouvelles douleurs l'attendent. Le germe des dents est renfermé dans l'alvéole: il pousse en dedans des racines, il cherche à s'étendre au dehors; la gencive pressée se gonfle, s'irrite, s'enflamme, il faut qu'elle s'ouvre pour donner passage à la dent; mais cette opération, toute naturelle qu'elle est, ne se fait point sans danger; trop souvent elle cause la mort.

L'enfant bégaie à un an, quelquefois plus tôt; il parle à deux ans et demi. Ceux en qui l'organe de la parole se développe plus tard ne parlent jamais aussi aisément que les autres.

L'accroissement de l'homme avant sa naissance est toujours en plus, c'est-à-dire, qu'il se fait par une progression toujours croissante, d'un pouce dans le premier mois, d'un pouce et un quart, d'un pouce et demi, de deux pouces, etc., dans les mois suivans; il est d'environ quatre pouces dans le neuvième; après la naissance, l'accroissement n'a lieu que par une progression décroissante, c'est-à-dire qu'il est plus grand la première année que la seconde, la seconde que la troisième, etc.; ce qui ne change que lorsqu'arrivé à l'âge de l'adolescence, l'homme acquiert, en très-peu de temps, la taille qu'il doit avoir; comme si la nature, par un dernier effort, voulait le porter tout d'un coup au dernier degré de son accroissement. Ce n'est que d'une manière presque imperceptible que sa taille augmente depuis cette époque.

La nature n'agit pas toujours uniformément. L'accroissement varie, dans les individus, suivant le tempérament et d'autres causes accidentelles. On a vu même des exemples d'un accroissement très-prompt. Un enfant des environs de Falaise, qui n'avait, en naissant, que la hauteur et la grosseur ordinaires, grandit d'un demi-pied chacune des quatre premières années de son âge, et de quatorze pouces dans les trois suivantes, de sorte qu'à sept ans il avait quatre pieds huit pouces quatre lignes. Mais cet accroissement, d'abord si rapide, se ralentit considérablement dans la suite; de sept à dix ans il fut seulement de trois pouces deux lignes, et de dix à douze d'un pouce seulement; sa taille n'avait donc gagné en cinq ans qu'environ quatre pouces. Il est fait mention, dans les Transactions philosophiques, d'un enfant né en Angleterre, lequel, à trois ans et quatre mois, avait trois pieds onze pouces, pesait cinquante-six livres, avait la voix et l'intelligence d'un enfant de six ans, battait et terrassait ceux de neuf à dix. On lit dans Pline qu'un enfant de deux ans, né de son temps, avait à cet âge trois coudées de haut, c'est-à-dire environ quatre pieds et demi; mais cet enfant extraordinaire ne vécut point.

Quelquefois une maladie, surtout si elle arrive à l'époque où le corps achève de prendre son accroissement, fait grandir beaucoup plus qu'on ne grandirait en état de santé; mais dans ces cas on voit presque toujours que la taille n'a augmenté qu'aux dépens de la régularité des formes; l'individu se trouve plus grand, mais souvent contrefait.

C'est par le mouvement des yeux que la physionomie de l'homme acquiert du jeu et de l'expression; leur couleur contribue à rendre ce mouvement plus marqué; cette couleur est l'orangé, le jaune, le vert, le bleu, le gris ou un mélange de quelques-unes de ces teintes. La plus ordinaire est l'orangé ou le bleu; les yeux que l'on croit noirs ne sont qu'orangé plus ou moins foncé; le jaune ou jaune brun les fait paraître châtains. Les yeux noirs ont plus de feu, plus d'éclat, les yeux bleus plus de douceur et souvent même plus de finesse. Il y a des personnes dont les deux yeux ne sont point de la même couleur.

L'enfant nouveau né ne commence guère à faire usage de ses yeux que vers la fin du second mois; encore ne reçoit-il de cet organe que des notions fausses sur la position des objets, car il doit nécessairement les voir renversés; mais bientôt le sens du toucher rectifie ses idées, et il s'assure d'abord par ses mains de la situation et de la forme des choses qui le frappent. L'enfant voit aussi les objets doubles, parce que leur image se peint séparément dans chaque œil; c'est encore par le toucher qu'il apprend que les objets sont simples, et cette double erreur de la vue se corrige si bien par l'habitude, que, bien que nous voyions en effet tous les objets doubles et renversés, nous croyons les voir simples et droits, et que nous confondons l'opération de l'âme qui juge d'après le toucher, avec celle des yeux qui nous trompent.

Le sens de la vue ne saurait nous donner l'idée des distances; sans la rectification de nos jugemens, ouvrage du toucher, tous les objets nous sembleraient être dans nos yeux, parce que leurs images y sont en effet. L'enfant qui n'a pu encore toucher les objets de manière à s'en faire une idée nette et juste, les voit tous comme s'ils étaient en lui-même, plus gros ou plus petits, selon qu'ils sont plus ou moins voisins de ses yeux; ce n'est qu'à mesure qu'il acquiert par le toucher l'idée des distances qu'il parvient à juger exactement de la grandeur réelle de chaque objet. C'est ainsi que dans un âge plus avancé, et lorsque les illusions de la vue ne causent plus d'erreurs, l'homme, par l'habitude qu'il a contractée de juger de la grandeur à toutes les distances, détermine très-bien celle de chaque objet, à quelque éloignement qu'il se trouve, pourvu qu'il soit placé horizontalement et dans la portée de la vue. Par exemple, s'il aperçoit une allée de trente arbres, de hauteur égale, quoique le dernier doive réellement lui paraître plus petit parce qu'il est plus éloigné, il les juge tous de la même grandeur. Mais il faut observer que si les objets qu'il examine sont placés au-dessus ou au-dessous de lui, il ne juge plus aussi bien de leur grandeur, parce que ce n'est guère que sur un plan horizontal qu'il a eu occasion de vérifier les distances, et de rectifier ainsi le jugement de ses yeux. Pour se convaincre de cette vérité, qu'on examine une tour, un obélisque, un clocher. Le globe, la gironette ou tout autre chose qui lui sert de couronnement, paraîtra beaucoup plus petit que s'il était vu à la même distance horizontale.

Un jeune homme de treize ou quatorze ans, aveugle de naissance, recouvra la vue par les soins de M. Cheseldes, célèbre chirurgien de Londres, qui, s'étant aperçu que sa cécité n'était causée que par la cataracte, l'opéra successivement sur les deux yeux. Sa première pensée, en voyant pour la première fois les objets extérieurs qu'il n'avait jusque là connus que par le toucher, ce fut qu'ils *touchaient ses yeux*, de même qu'ils touchaient sa main quand il la posait sur eux. Tous les objets lui semblèrent d'abord également gros; mais, à force de voir des choses plus grosses réellement que les premières qui frappaient sa vue, il apprit à juger que celles-ci l'étaient moins que les autres.

On prétend que les meilleurs yeux peuvent apercevoir un objet à une distance qui égale 3436 fois son diamètre, en supposant toutefois que cet objet est éclairé par le soleil; mais il est fort douteux que la portée des yeux puisse être aussi forte, ou, si cela est, le cas est sans doute extrêmement rare. Est-il en effet beaucoup d'hommes qui puissent distinguer un cheval, par exemple, à une grande lieue et demie? car c'est là au moins la distance que produirait la hauteur d'un cheval ordinaire multipliée 3436 fois. Au reste, il est bon d'observer que si le même objet que nous apercevons durant le jour à une distance quelconque, se trouvait bien éclairé pendant la nuit, nous le verrions à une distance infiniment plus considérable; car nous voyons alors la lumière d'une chandelle à deux lieues, tandis que durant le jour nous la distinguons à peine à cent cinquante toises: c'est que l'abondance de lumière dans les objets intermédiaires cause dans l'œil une sensation vive, qui empêche l'effet de la sensation plus faible que produit l'objet éloigné; au lieu que si les objets intermédiaires sont peu éclairés, ou mieux encore, privés de lumière, la sensation qui vient de l'objet éloigné étant la plus vive, est celle qui laisse dans l'œil des traces plus fortes. C'est pour placer en quelque sorte l'obscurité entre l'œil et l'objet qu'il veut voir, ou du moins pour affaiblir la lumière intermédiaire, que, par un procédé naturel, mais dont peu de personnes se rendent compte, on étend la main sur ses yeux en lui donnant la plus forte courbure, afin d'intercepter le plus de lumière possible.

Le sens de l'ouïe ne produirait pas moins d'erreurs que celui de la vue, s'il n'était comme ce dernier rectifié par l'épreuve du toucher. Lorsqu'on entend un son, on n'a aucune idée de la distance du corps qui le produit, à moins que cette distance ne puisse être déterminée par les autres sens. Qu'un son inconnu frappe notre oreille, nous ne saurions dire de quelle distance il nous arrive; mais si nous pouvons déterminer quelle est la cause qui l'a produit, nous jugerons assez exactement, par la comparaison que nous faisons aussitôt de ce son inconnu à un son connu, de la distance du corps sonore et même de la quantité du son, quoiqu'il ne parvienne jusqu'à nous que sensiblement diminué.

La faculté d'entendre réside dans la cavité intérieure de l'oreille, creusée dans la partie pierreuse de l'os temporal; c'est là que le son se répète et s'articule comme dans un écho; c'est là que naît l'ébranlement qui se communique au nerf auditif, et qui transmet à l'âme la sensation.

De même que les personnes louches dont les yeux sont inégaux en force n'ont pas des objets une perception aussi nette que celles dont les yeux sont égaux, de même les hommes qui entendent mieux d'une oreille que de l'autre reçoivent le son d'une manière imparfaite, et le résultat ordinaire de ce défaut de l'ouïe, c'est de rendre l'oreille et la voix fausses. Cela doit être ainsi : ces hommes reçoivent à la fois par les deux oreilles deux sensations inégales, ce qui doit produire en résultat un son discordant; et entendant toujours faux, ils chantent nécessairement faux, même sans le savoir, car ils imitent ce qu'ils entendent, et ils croient bien faire. Il faut excepter de cette règle générale le cas où l'inégalité des oreilles aurait été produite par quelque accident; car l'habitude antérieure d'entendre juste rectifie l'erreur de l'ouïe.

Un sourd de naissance est nécessairement muet ; n'ayant pu rien entendre, il n'a pu apprendre à articuler aucun son ; l'organe de la parole ne peut recevoir d'activité que par celui de l'ouïe. Au commencement du siècle dernier, un jeune homme de Chartres, âgé de vingt-quatre ans, sourd et muet de naissance, commença tout d'un coup à parler, quoique incorrectement, ce qui produisit la plus vive surprise dans la ville entière. Il raconta que plusieurs mois auparavant il avait entendu le son des cloches, ce qui lui avait causé une sensation très-vive ; que peu d'instans après, il était sorti une espèce d'eau ou de sérosité de son oreille gauche, et qu'aussitôt il avait entendu des deux oreilles ; qu'il n'avait voulu faire part à personne de son accident, et qu'il avait écouté sans rien dire, s'accoutumant seulement à répéter tout bas les paroles qu'il entendait et à retenir le sens qu'on leur donnait. Ce jeune homme n'avait aucune idée bien distincte de la mort, ni de la religion, car il n'avait pu recevoir aucune instruction, quoiqu'il fût naturellement pourvu de pénétration et d'esprit ; mais l'esprit d'un homme privé de toute communication extérieure ne peut s'exercer que sur les objets qui l'affectent personnellement.

Le sens par excellence, celui qui dirige tous les autres, est celui du toucher ; ce sens réside principalement dans les mains qui, divisées en plusieurs parties, peuvent embrasser par plusieurs faces les corps étrangers et en déterminer la forme avec précision. C'est pour cette raison que les animaux qui ont des mains, de même que l'homme, acquièrent des objets des notions plus exactes, paraissent plus spirituels et plus industrieux que les autres ; tels sont les singes. Les animaux qui n'ont aucune partie de leur corps assez flexible pour qu'ils puissent l'appliquer aux contours que présentent les objets extérieurs, n'ont aucune idée de leur forme, aussi les voit-on souvent effrayés ou du moins incertains à l'aspect des choses qui leur sont le plus familières.

Il est temps de parler des variétés qui existent dans l'espèce humaine. La première est celle de la couleur, blanche dans les uns, noire dans les autres, en passant par toutes les nuances du blanc au noir, et du noir au blanc. Ce n'est pas qu'il existe plusieurs races d'hommes essentiellement différentes entre elles, car il n'y eut jamais qu'une espèce unique ; mais cette espèce s'étant multipliée et successivement répandue sur toute la surface du globe, a subi l'influence du climat, de la qualité des alimens, des habitudes et de mille autres causes qui, agissant à la longue et altérant la couleur primitive, ont produit non des espèces nouvelles, mais des variétés dans l'espèce; et comme ces différences, produites d'abord par des causes extérieures, sont devenues caractéristiques par l'action prolongée et constante des mêmes causes, il est très-probable qu'elles disparaîtraient après un certain laps de temps, si l'effet de ces causes venait à cesser.

Les couleurs principales du corps humain sont au nombre de quatre : le blanc, le noir, le cuivré ou le rouge, le jaune ou l'olivâtre; mais il est aisé de voir que ces couleurs mêmes se réduisent à deux, car le jaune ou l'olivâtre n'est qu'une dégradation du noir, comme le rouge est une altération du blanc.

Parcourons rapidement avec nos lecteurs les deux continens et les îles de la mer Pacifique; nous y reconnaîtrons toutes ces couleurs, toutes ces nuances qui forment autant de variétés.

Les Lapons (1), les peuples les plus septentrionaux de l'Europe, sont de petite taille, de structure grossière, de figure et de physionomie bizarres. Leur visage est large et plat, leur nez écrasé, leur bouche grande; ils ont l'œil jaune-brun tirant sur le noir, les joues élevées, les lèvres grosses de même que la tête, la voix grêle, le teint basané. La plus grande taille est chez eux de quatre pieds et demi; la taille moyenne est de quatre pieds. Les Lapons semblent donc composer une race différente de celles qui habitent les contrées méridionales, mais ils n'en forment qu'une avec les habitans des régions polaires de l'Asie, et vraisemblablement aussi avec les Esquimaux et les autres peuples du nord de l'Amérique. Les Samoïèdes, les Koriaques, les Kamtschadales, qui sont les Lapons de l'Asie, sont même plus petits, et leur teint est plus basané. Les Groenlandais sont couleur d'olive, et l'on prétend que quelques-uns sont noirs, ce qui semble prouver que le froid extrême produit sur la couleur du corps les mêmes altérations que la forte chaleur. Tous ces peuples sont toutefois d'origine bien différente, et probablement ils n'ont eu entre eux ni communications ni rapports; les Lapons viennent des Finlandais, des Norwégiens ou des Russes; les Groenlandais, des Islandais ou des Esquimaux; les Samoïèdes, des Tartares; les Koriaques, des Mongols ou des Japonais; mais il n'en

(1) Pour la grav. voir le Tableau, *de l'Homme*, n° 1.

est pas moins vrai qu'habitant les mêmes latitudes, soumis à l'action du même climat, ils sont tous devenus des hommes de même espèce.

Les Tartares, dont les diverses peuplades occupent la moitié de l'Asie, ont tous un air de famille, s'il est permis de parler ainsi, qui les fait aisément distinguer de tous leurs voisins. Ils ont le haut du visage large et ridé, le nez gros et court, les yeux petits et enfoncés, les pommettes proéminentes, le bas du visage étroit, le menton saillant, la mâchoire supérieure rentrée, les cheveux noirs, la face plate, le teint basané ou olivâtre. Leur stature est médiocre; leur barbe est par flocons comme celle des Chinois; leurs membres sont gros et courts. Les plus laids de tous sont les Kalmoucks; ils ont le visage si large et si plat, qu'il y a trois pouces de distance d'un œil à l'autre, et le nez si épaté qu'on n'aperçoit que deux trous à la place des narines. Leurs genoux sont tournés en dehors et leurs pieds en dedans, ce qui ajoute à leur difformité. Les Mongols, voisins de la Chine, et les habitans du Thibet, sont moins mal faits que les autres Tartares, mais tous les traits caractéristiques de la race existent pareillement en eux. Le mélange du sang tartare avec le sang chinois d'un côté et le sang russe de l'autre, n'a pu les effacer ni même les altérer sensiblement.

Les Chinois (1), *gros et gras*, assez bien proportionnés dans leur taille, qui est la taille ordinaire, ressemblent un peu aux Tartares par la figure, ont comme eux le visage large, les yeux petits, le nez aplati, et quelques épis de barbe autour des lèvres; mais ils sont beaucoup moins laids qu'eux. Quant à leur couleur, elle varie beaucoup. Ceux qui habitent les provinces méridionales sont basanés comme les Maures d'Afrique; ceux des provinces du nord et de l'intérieur sont assez blancs, mais d'un blanc dont la teinte est jaunâtre.

Les Japonais diffèrent peu des Chinois, leurs voisins, par la forme du corps ou par les traits du visage; mais leur couleur est plus jaune ou plus brune, ce qui vient du climat plus chaud que celui de la Chine. On peut dire la même chose des Tonquinois et des Cochinchinois. Quant aux peuples auxquels on donne aujourd'hui le nom de Birmans, et qui sont répandus dans la presqu'île au-delà du Gange, tels que les Siamois, les Péguans, etc., ils

(1) Pour la grav. voir le 1er T. *de l'Homme*, nº 4.

ont le visage en losange; le milieu en est large, mais la partie supérieure, c'est-à-dire le front, se retrécissant tout d'un coup, se termine en pointe comme le menton. Leur teint est grossier, gris-cendré chez les uns, brun-rougeâtre chez les autres. Les Siamois ont les oreilles très-grandes, et comme cette difformité est un trait de beauté à leurs yeux, ils ne négligent aucun moyen pour les alonger. Les Aracanais, outre leur goût pour les grandes oreilles, goût qui leur est commun avec les Siamois et beaucoup d'autres peuples de l'Orient, estiment un front large et plat; aussi, quand leurs enfans naissent, ils leur appliquent sur le front des plaques de métal afin de lui donner la forme qu'ils aiment.

Les Mogols qui habitent la presqu'île de l'Inde sont olivâtres; par la taille et par la forme du corps ils ressemblent aux Européens. Les Bengalais sont assez bien faits, mais leur teint est jaune. Sur la côte de Coromandel le teint s'obscurcit: il est jaune-foncé; il devient basané, presque noir, sur la côte de Malabar. On trouve dans les environs de Calicut un grand nombre d'individus à très-grosses jambes. Les Chingulais ou Ceylanais sont moins noirs que les habitans de la côte de Malabar; on prétend même que ceux qui demeurent dans l'intérieur et au milieu des bois sont blancs comme les Européens. Les insulaires des Maldives sont mieux faits que les Chingulais; leur teint est couleur d'olive. Cette dernière couleur est celle des habitans de Goa; au-dessus de Goa, elle dégénère en gris-cendré, et dans le Guzzerat elle devient jaune.

Les Persans, dit Chardin, sont de taille moyenne. Ceux qui descendent des anciens Perses, comme les Guèbres, sont laids et mal faits; ceux qui habitent vers les frontières de l'Inde ne sont pas plus agréables; mais dans le reste du royaume, le mélange du sang géorgien ou circassien avec le sang persan a beaucoup amélioré la race. La couleur des Persans varie au surplus avec le climat; ceux des bords de la mer sont très-bruns et très-basanés; ceux des provinces du centre sont de couleur moins foncée; ceux des provinces septentrionales sont assez blancs.

Les Arabes, presque toujours errans et vivant sous des tentes, ont le visage et le corps brûlés par l'ardeur du soleil; ils sont généralement bien faits et de grande taille. Ceux qui habitent l'Yémen sont plus petits et leur teint basané a la couleur de la cendre. Ils se peignent en bleu plusieurs parties du corps, surtout les mains, les lèvres et le menton ; cet usage est commun aux deux sexes.

Les Égyptiens sont grands et de couleur olivâtre aux environs du Caire et dans le Delta ; ils sont presque noirs dans la haute Égypte. Les Coptes, qui descendent des anciens Égyptiens comme les Guèbres des anciens Perses, sont plus laids que les Arabes établis dans leur pays ; c'est une race totalement dégénérée.

Les Maures ou habitans de la côte septentrionale de l'Afrique forment moins une race particulière qu'une race mêlée, qui se compose des restes de vingt différens peuples, Égyptiens, Grecs, Romains, Arabes, Vandales, Espagnols ou Andalous. Ceux qui habitent sur les montagnes sont blancs ; ceux qui demeurent dans les plaines ou dans le voisinage de la côte sont basanés et très-bruns. Les Fezzans du mont Atlas sont au contraire très-blancs.

Les Kaschmiriens, les Circassiens, les Géorgiens sont les plus beaux hommes de l'Asie, et ils ne le cèdent aux Européens ni pour la beauté des formes, ni pour la blancheur. Les Turcs sont, comme les Maures, composés de plusieurs autres peuples : ils se sont tellement mêlés avec ceux-ci qu'ils n'offrent plus aucun caractère qui les distingue, ni dans leurs traits, ni dans leurs formes, ni dans leurs mœurs. Tout ce qu'on en peut dire, c'est qu'en général ils sont bien faits, robustes, et qu'ils ont un beau teint, leurs femmes surtout.

Les Juifs sont comme les Tartares ; ils ont une physionomie particulière qui les fait paraître tous frères : cela vient de ce que leur race proscrite ne contracte pas d'alliances étrangères. Quant à leur teint, il est blanc ou brun suivant le pays qu'ils habitent. Les Juifs portugais sont fort basanés, et leur couleur noirâtre se perpétue sans s'altérer ; elle passe de père en fils, parce qu'ils ne s'allient qu'entre eux.

Les Grecs, les Napolitains, les Espagnols, habitant à peu près sous la même latitude, diffèrent très-peu entre eux pour le teint ; ceux des provinces méridionales l'ont très-brun, même un peu jaune ; les autres l'ont plus clair, moins cependant que les Français, Allemands, Prussiens, Moldaves, Circassiens, etc., qui se rencontrent sous le même parallèle.

Sous l'équateur, mais seulement dans l'ancien monde, car il en est autrement en Amérique, la couleur change totalement ; elle devient absolument noire ; toutefois ce n'est pas sans transition, car on pourrait considérer les Éthiopiens comme formant le chaînon qui unit les blancs et les bruns aux Nègres. Les Éthiopiens, en effet, sont extrêmement bruns; mais ils ne sont pas noirs, comme on l'a cru et dit pendant bien long-temps. Les habitans de la côte de Zanguebar, encore plus méridionaux, ne le sont même pas; car, quoiqu'ils aient les cheveux crépus comme les Nègres, ils diffèrent d'eux par le teint.

La vraie couleur noire commence dans la Nigritie; mais cette couleur ne produit pas seulement une variété dans l'espèce humaine, elle cause plusieurs variétés dans la variété même; et ces différences viennent de la laideur, de la puanteur, des formes hideuses, ou bien des qualités opposées. Les premiers Nègres (1) qu'on trouve sont établis sur la rive méridionale du Sénégal; car en venant du nord jusqu'à ce fleuve on ne voit que des Maures ou des mulâtres nés de l'union des Maures et des Négresses. Tous les Nègres du Sénégal et des autres contrées de la Guinée sont fort noirs, bien proportionnés et d'assez belle taille, mais il s'exhale de leur corps des émanations fortes et désagréables. En descendant vers le midi, ou en remontant à l'ouest dans la Nigritie, on rencontre des Nègres d'un noir moins foncé; ils ont bien comme les Guinéens les cheveux crépus, mais leur couleur est plus claire; il y a même parmi eux des têtes rousses.

En général la couleur noire subit les mêmes altérations que la couleur blanche dans l'état de maladie; de même que le blanc devient blafard, le Nègre prend, lorsqu'il souffre depuis long-temps, une couleur de bistre ou de cuivre d'un mauvais effet.

Les Hottentots (1), qui habitent vers le cap de Bonne-Espérance, ne sont point des Nègres, quoiqu'ils aient de la laine au lieu de cheveux; leur teint n'est que basané, et il le serait beaucoup moins s'ils ne se noircissaient le corps avec la graisse et les couleurs qu'ils s'appliquent. Ils tiennent pourtant des Nègres beaucoup plus que des blancs; mais ce que les Maures sont aux blancs, les Hottentots le sont aux Nègres; les uns et les autres cherchent à se rapprocher de la couleur opposée. Les Hottentots sont de petite taille, mal faits, laids et de la plus révoltante malpropreté.

Les habitans de la côte de Natal sont moins laids et plus noirs que les Hottentots. Ceux de Madagascar et de la côte de Mozambique ne sont pas non plus de véritables Nègres; comme tous les

(1) *V.* la grav. *de l'Homme*, 1er T., n° 12.
(2) *Idem*, n° 11.

autres Cafres, ils forment une variété nombreuse de l'espèce noire.

L'île de Madagascar ne contient pas seulement des noirs, on y trouve encore des blancs et des hommes couleur d'olive. Les blancs sont en très-petit nombre ; on présume qu'ils sont de race européenne, parce qu'on n'aperçoit en eux aucun des caractères distinctifs du Nègre. Quant aux seconds, on peut présumer qu'ils sont nés du mélange des blancs et des noirs.

On a de tous les temps agité la question de savoir d'où les noirs sont sortis. Les anciens ont pensé que la différence de couleur était due uniquement à la différence du climat et à l'ardeur du soleil, et cette opinion est aussi celle des naturalistes modernes les plus instruits ; mais tous conviennent qu'il faut un grand nombre de générations et de siècles pour qu'une race blanche devienne noire ou même brune, et c'est pour cette raison sans doute qu'on voit des peuples blancs sous le même parallèle où l'on trouve les Nègres ; c'est que la migration des premiers sera trop récente encore pour que le climat ait pu opérer. Si l'on objectait l'exemple de l'Amérique, où il ne s'est pas trouvé un seul Nègre, quoiqu'une partie de ce continent se trouve sous la zone torride, on répondrait que les climats de l'Amérique situés sous la zone torride sont très-élevés au-dessus du niveau de la mer, ce qui les rend assez froids, et par conséquent incapables d'agir sur la peau et d'en changer la couleur.

L'action du climat n'est pas cependant la cause unique de la couleur des hommes ; la qualité des alimens peut y contribuer aussi, quoique cette seconde cause agisse plus directement sur la forme. Des nourritures grossières ou malsaines peuvent faire dégénérer la race humaine ; et des hommes ainsi abâtardis doivent rester plus exposés à l'influence du climat parce qu'ils ont moins de force pour y résister. Mais, pour que la chaleur opère de cette façon, c'est-à-dire pour qu'elle produise une couleur pénétrante capable de noircir jusqu'au sang des individus, il faut qu'elle soit excessive et constante ; cela n'arrive pas également partout, même sous l'équateur. Aussi trouve-t-on sur ce point, en Amérique, et même en Afrique, des hommes blancs.

Le nord de l'Amérique est peuplé d'une race d'hommes qui diffère très-peu des Lapons d'Europe et des Samoïèdes d'Asie ; ils sont fort petits et ont le teint olivâtre. Au-dessous du pays qu'habitent ces hommes à petite taille, vivent des sauvages grands, forts, robustes, bien proportionnés, à cheveux noirs et à teint basané : ce sont les habitans du Canada. Ceux de la Floride, jusqu'au Mexique, sont ou paraissent plus bruns : c'est l'effet des huiles et des sucs dont ils s'oignent le corps.

Les Caraïbes (1), qui sont répandus dans les Antilles, ont la peau couleur d'olive tirant sur le rouge. Quant aux habitans du Mexique, ils sont aujourd'hui si mêlés, ils se composent de tant de races qu'il serait difficile de déterminer une couleur comme couleur naturelle des indigènes. On y trouve des blancs, des noirs, des jaunes, des mulâtres, des cuivrés, des olivâtres, des hommes enfin de toutes les couleurs. Les habitans de l'Isthme sont de grandeur médiocre, et ils ont les traits assez réguliers. Leur teint est basané, ou plutôt de couleur cuivre jaune orangé. Les Péruviens sont aussi de cette couleur cuivrée, surtout ceux qui résident sur les terres basses et le bord de la mer. Ceux qui habitent près des rives du Maragnon et dans la Guyane sont basanés et de couleur rougeâtre.

Les Brésiliens (2) ont à peu près la taille des Européens, mais ils sont peut-être plus forts et plus robustes ; ils ont la tête grosse, les épaules larges, les cheveux longs. Ils sont basanés et d'une couleur brune qui tire un peu sur le rouge.

Les habitans du Chili ont la même couleur que les Péruviens ; ceux du Paraguay sont olivâtres. Les uns et les autres sont de taille avantageuse.

Si en s'éloignant de l'un et de l'autre continent on veut parcourir les îles de la mer du Sud, on trouvera d'abord dans celles de la Sonde une race d'hommes assez semblables aux Chinois, excepté par leur couleur, qui est rouge mêlé de noir, comme celle des Malais et des Brésiliens ; les Moluques offriront, au contraire, des habitans presque noirs. Aux Philippines, la population n'est pas moins mêlée qu'au Mexique ; toutes les couleurs s'y font voir ; mais il y a dans l'intérieur une race de noirs qui paraissent être les indigènes. A Mindanao, l'une de ces îles, le teint des naturels est jaune clair ; cette couleur jaune, ou jaune-olivâtre, est en général celle des habitans des Philippines.

Les insulaires de Formose, quoique très-voisins des Chinois,

(1) *V.* le 1er T., *de l'Homme*, n° 5.
(2) *Idem*, n° 6.

leur ressemblent fort peu; ils sont très-petits, et la couleur de leur peau est tout-à-fait jaune. On prétend que les femmes y ont de la barbe comme les hommes. Les îles Mariannes sont habitées par des hommes basanés, mais d'une teinte plus claire que celle des habitans des Philippines.

Les Papous et les Nouveaux-Guinéens sont noirs comme les Cafres; leurs cheveux sont crépus; leur visage est fort maigre, leurs traits sont désagréables. Les Nouveaux-Hollandais sont pareillement noirs; mais ils le sont plus que les Papous. Ces Nouveaux-Hollandais sont les plus misérables de tous les hommes.

Après avoir parlé des variétés de l'espèce humaine sous le rapport de la couleur, faisons-les connaître sous celui de la forme.

On sait que la taille ordinaire des Européens est de cinq pieds quatre pouces; que la grande taille va jusqu'à cinq pieds huit pouces, et que la petite s'arrête au-dessous de cinq pieds; mais il s'en faut bien que ces dimensions soient les mêmes pour tous les hommes, et dans tous les pays: il y a des géans et des nains, qui s'éloignent de la taille ordinaire, par excès de grandeur ou de petitesse.

Plusieurs voyageurs, en décrivant les îles des Larrons, ont dit que leurs habitans sont d'une haute taille; ils ont ajouté que, dans l'île de Guaham, la principale du groupe, on voyait beaucoup d'hommes hauts de sept pieds; mais on n'a parlé de ces géans de sept pieds que comme d'une exception. D'autres voyageurs, en bien plus grand nombre, ont prétendu qu'ils avaient vu une nation entière de géans, celle des *Patagons* (1), sur les côtes de la pointe méridionale de l'Amérique. Les Espagnols, qui, les premiers, les aperçurent, leur donnèrent douze pieds de hauteur; Harris réduisit à dix pieds cette mesure, le commodore Byron à sept ou huit, et celui-ci s'éloigne fort peu du rapport de Bougainville. Ce navigateur a passé plusieurs jours dans le voisinage des Patagons, et il paraît résulter de ses observations que leur taille ordinaire est de cinq pieds huit pouces à six pieds, et que beaucoup d'entre eux ont six pieds quatre pouces; mais avec cette hauteur, chacun d'eux, très-large de carrure, a la corpulence de deux Européens.

Le commodore Byron se contente de dire que la hauteur d'un

(1) *V.* 1er T., *de l'Homme*, no 17.

de ces géans qui vint à sa rencontre paraissait être de sept pieds, et que, s'étant approché du gros de la troupe, il vit beaucoup d'individus de *la même* grandeur. Remarquons en passant que le pied anglais est plus court que le nôtre de près d'un pouce. Le capitaine Wallis, qui en mesura plusieurs, trouva aux plus grands six pieds sept pouces, et aux plus petits cinq pieds dix pouces.

Plusieurs navigateurs ont précédé Byron et Bougainville dans ces parages; tous, à commencer par Magellan, qui donna son nom au détroit qu'il découvrit, sont allés beaucoup plus loin; ils ont augmenté la taille des Patagons de trois ou quatre pieds et même de cinq ou six. En supposant, contre l'avis du président Desbrosses, qu'il y a dans leurs récits beaucoup d'exagération, on doit tenir pour constant que la race des Patagons, unique sur le globe, est celle qui produit les hommes les plus grands; et s'il est vrai que leur taille commune est de six pieds, puisqu'il se trouve des géans de six à sept pieds dans tous les climats et chez les hommes dont la taille ordinaire n'est que de cinq pieds quatre pouces, pourquoi n'y aurait-il point des géans patagons de huit à neuf pieds?

Parmi les géans européens dont l'existence n'est point douteuse, on a distingué le Finlandais *Carajus* et un paysan suédois, ayant l'un et l'autre huit pieds de Suède; le garde du duc de Brunswick-Hanovre, de huit pieds six pouces d'Amsterdam; le Suédois, garde du roi de Prusse, de huit pieds six pouces de Suède. M. Le Cat prétend, dans un mémoire adressé à l'Académie de Rouen, qu'il a vu à Rouen même, en 1735, un géant de huit pieds quelques pouces, et il fait mention d'autres géans bien plus hauts, par exemple, d'Oreste, qui, suivant les Grecs, avait onze pieds et demi; du géant *Gabora*, contemporain de Pline, haut de plus de dix pieds, et de l'Écossais *Frennam* (1), qui en avait onze et demi.

L'existence des nains n'est pas moins certaine que celle des géans. Sans parler des Lapons, qui ne sont en réalité que des nains, il suffira de citer les *Kimos* ou nains de Madagascar, dont la taille n'excède pas trois pieds. Cette nation vit, dit-on, sur les montagnes, et n'a jamais pu être réduite. Sa couleur est le blanc; et quoiqu'il soit très-difficile de voir des Kimos pour s'assurer de la vérité, on a sur ce point la tradition constante et non contredite de tous les habitans de l'île. On a prétendu pareillement

(1) *V.* 1er T., *de l'Homme*, n° 10.

qu'il existait en Amérique, sur les montagnes du Tacumen, une race de nains, ou plutôt de pygmées de trente et un pouces de hauteur. On n'ignore pas que les anciens ont cru qu'un tel peuple a réellement existé, et M. Banier ne fait point difficulté de le croire avec eux; il le place même dans les montagnes d'Éthiopie, au lieu où plus tard les géographes ont représenté les Peschiniens; il pense néanmoins que ces pygmées avaient plus de trente pouces et que leur taille égalait celle des Lapons.

Ce qui est connu de toute l'Europe, c'est que Stanislas, roi de Pologne, avait un nain de trente-trois pouces de Paris, droit, bien fait et bien proportionné; on l'appelait *Bébé* (1). Sa taille s'altéra lorsqu'il eut atteint sa seizième année; et il mourut en 1764, âgé de vingt-trois ou vingt-quatre ans.

On a vu à Paris, en 1760, un nain polonais qui, à l'âge de vingt-deux ans, n'avait que vingt-huit pouces de Paris; sa taille était très-bien prise, et il ne manquait ni de raison, ni d'intelligence; il possédait plusieurs langues, et jouait fort bien du violon. Il avait avec lui sa petite femme qui n'était pas plus grande. Son frère aîné avait six pouces plus que lui.

Un nain de quinze ans, natif de Bristol, n'avait que trente et un pouces d'Angleterre; il était déjà tombé dans la décrépitude. Un paysan de Frise, à vingt-six ans, n'avait que vingt-neuf pouces d'Amsterdam. On assure avoir vu des nains encore plus petits, un entre autres qui, à l'âge de trente-sept ans, n'avait que seize pouces.

Personne n'ignore que, dans un homme bien fait, la grosseur doit être proportionnée à la hauteur; mais plus d'une fois la nature déroge à ses propres règles; les géans ont presque toujours la tête petite, les jambes et les cuisses minces; les nains pèchent par l'excès contraire : il arrive aussi fréquemment qu'on voit des hommes d'une grosseur extraordinaire dans une taille moyenne. Le paysan de Lincoln, présenté, en 1724, au roi George II, du poids de cinq cent quatre-vingt-trois livres et de dix pieds anglais de circonférence, avait, il est vrai, six pieds quatre pouces de hauteur; mais ces exemples où les proportions sont en quelque sorte gardées, ne se rencontrent pas ordinairement.

Un marchand du comté d'Essex, mort, en 1750, à l'âge de vingt-neuf ans, était d'une telle grosseur que sept personnes

(1) *V.*, 1er T., *de l'Homme*, no 46.

pouvaient se mettre ensemble dans son habit et le boutonner. Il pesait six cent neuf livres.

L'anglais Sponer, mort dans le comté de Warwick en 1775, passait pour l'homme le plus gros de l'Angleterre, et probablement de l'Europe; à l'âge de cinquante-sept ans il pesait six cent quarante-neuf livres; sa largeur d'une épaule à l'autre était de quatre pieds trois pouces. On racontait que la graisse lui avait sauvé la vie dans une occasion : il était, disait-on, à une foire, et il prit querelle avec un juif qui lui donna un coup de canif dans le ventre; mais la lame n'atteignit pas les intestins, elle n'eut pas même assez de longueur pour traverser la graisse.

La durée de la vie dans l'homme bien constitué s'étend rarement au-dessus de la quatre-vingt-dixième année; on a pourtant un grand nombre d'exemples d'hommes qui ont poussé leur carrière au-delà d'un siècle. Nous en citerons quelques-uns.

Patrik Mériton, cordonnier à Dublin, vivait encore en 1773; il était âgé de cent quatorze ans, et il avait été marié onze fois. Le sieur Eastman, procureur de Londres, mourut dans la même ville, âgé de cent quinze ans, et un mois après, c'est-à-dire en février 1776, il mourut en Irlande une femme qui avait cent dix-sept ans et quelques mois. Un paysan de Hongrie, nommé Marsk Jonas, atteignit sa cent dix-neuvième année sans avoir jamais eu la moindre infirmité; il n'avait été marié qu'une fois; sa femme le précéda de deux ans dans la tombe. Eléonore Spicer est morte en Virginie à cent vingt et un ans. Un sieur de La Haye, qui avait passé à voyager la plus grande partie de sa vie, et qui presque toujours avait fait ses voyages à pied, n'est mort qu'à cent vingt ans. Un simple domestique de Turin, nommé André Brisio, mourut par suite d'accident à cent vingt-trois ans environ; il jouissait encore d'une bonne santé.

Christian Jacobren Drackenberg, pêcheur et matelot de Norwége, mort en 1772, était né en novembre 1626, ce qui donne une vie de cent quarante-six ans; il avait été seize ans esclave en Barbarie, et il se maria à l'âge de cent onze ans. Les Transactions philosophiques ont fait mention de deux vieillards anglais, dont l'un a vécu cent quarante-quatre ans et l'autre cent soixante-cinq. Un écrivain nommé Honorius, professeur à Dantzick, parle dans un de ses ouvrages d'un vieillard mort à cent quatre-vingt-quatre ans, et d'un autre qui existait en Valachie et qui en avait déjà cent quatre-vingt-dix.

Pline rapporte beaucoup d'exemples de vieillards plus que centenaires; il assure qu'au temps de l'empereur Claude, il résulta d'un dénombrement fait par les censeurs, que dans une petite partie de l'Italie on trouva cinquante-quatre hommes âgés de cent ans, vingt-sept âgés de cent dix, deux de cent vingt-cinq, quatre de cent trente, quatre de cent trente-cinq et cent trente-sept, trois de cent quarante, et un de cent cinquante. Ce dernier était de Bologne, et l'empereur ayant ordonné de vérifier le fait, il se trouva parfaitement exact.

Ce n'est pas seulement en Europe que quelques hommes ont joui du privilége d'une longue vie; la nature ne traite pas avec moins de faveur les habitans des contrées équinoxiales. S'il faut en croire les voyageurs hollandais, les insulaires de Banda vivent très-long-temps; ils prétendent y avoir vu un homme âgé de cent trente-sept ans, et plusieurs autres qui approchaient de cet âge. Il en est de même aux îles Mariannes; il est ordinaire de voir chez eux des centenaires qui n'ont jamais été malades.

De tous les pays de l'Europe, celui qui produit le plus de centenaires, dit le Suédois Rudbeck, c'est la *Suède;* il cite des vieillards de cent quarante ans, de cent cinquante-six et de cent soixante et un; l'enthousiasme assez naturel qu'il montre pour sa patrie peut l'entraîner à l'exagération; mais s'il est vrai que la salubrité de l'air protége la vie, on ne saurait douter que la Suède, et généralement toutes les contrées septentrionales, ne soient très-propres à nourrir des vieillards.

Il ne reste maintenant qu'à parler de quelques singularités qui se rencontrent dans l'espèce humaine. Nous mettrons au premier rang les Chacrelas et les Albinos; nous placerons ensuite les monstres, et nous finirons par citer un exemple qui prouvera jusqu'à quel degré le corps humain peut supporter la chaleur.

Les Chacrelas forment une nation ou plutôt une peuplade qui vit isolée au milieu de l'île de Java, dont les habitans sont de couleur rouge-brun. Les Chacrelas au contraire sont blancs et blonds, mais ils ont les yeux faibles et ne peuvent supporter le grand jour; ils ne voient bien que la nuit; dans la journée ils sont obligés de marcher à tâtons et les yeux fermés. La blancheur des Chacrelas n'est point naturelle; elle est pâle et blafarde, et paraît résulter d'un état de maladie et d'affaiblissement dans les facultés corporelles.

On prétend que dans les montagnes de l'île de Ceylan et au milieu des épaisses forêts qui les couvrent, on trouve une race d'hommes qui sont blancs comme les Européens, et dont quelques-uns sont roux. On leur donne le nom de Bédas. La langue qu'ils parlent n'a aucun rapport avec celle de l'île ni avec aucune de celles de l'Inde; c'est ce qui fait présumer à quelques écrivains que, de même que les Chacrelas, ils proviennent de quelque nation européenne; mais leur langage n'a pas plus de rapport avec les langues de l'Europe qu'avec celles de l'Inde, et cela doit faire rejeter cette supposition. Pourquoi n'y aurait-il pas à Ceylan, comme en Amérique et en Afrique, des blancs couleur de lait, venus de parens noirs ou rouges, et qui ne doivent leur couleur qu'à une sorte de dégénération et de dégradation de la couleur primitive?

Les habitans de la terre de Darien et de l'isthme d'Amérique sont bien faits, de haute taille, forts et agiles; leur couleur est celle du cuivre jaune. L'on trouve pourtant parmi eux beaucoup d'individus blancs, tout couverts d'un duvet court et blanchâtre qui permet à peine de distinguer la peau; leurs sourcils, leurs cheveux sont de la même couleur que le corps. Ces Indiens blancs sont petits, de complexion faible et délicate; leurs yeux ne peuvent supporter la lumière du soleil; aussi restent-ils enfermés tout le jour. Ils ne forment pas une race particulière: ils naissent d'un père et d'une mère jaunes; ils ne sont dans l'espèce qu'une variété accidentelle. Il est à remarquer au surplus que le blanc de ces individus, auxquels on a donné le nom d'*Albinos* (1), ne ressemble nullement au blanc des Européens; c'est une couleur fade et blafarde, comme celle des hommes pâlis par une longue maladie.

Ce n'est pas seulement dans les îles de l'Océan et dans l'Amérique que la nature produit des Albinos: on en trouve beaucoup chez les Nègres d'Afrique, sous le nom de *Dandos* (2). Outre ces Dandos, qui sont blancs, on voit des Nègres *jaunes* (3) et des Nègres *rouges* (4), ayant les cheveux de la couleur de leur corps. On assure encore que, du mélange des Albinos de l'Amérique et des Européens naissent des mulâtres, et que l'union des Nègres et des Dandos produit des noirs; ce qui semble établir que le noir

(1) *V.* 1er T., *de l'Homme*, n° 13.
(2) *Idem*, n° 14. — (3) *Idem*, n° 18. — (4) *Idem*, n° 15.

est la couleur propre des Dandos et des Albinos, et que ce n'est que par une sorte de dérangement dans l'organisation que ces individus ont la peau blanche.

Les Albinos de l'Amérique sont un peu plus grands que les Nègres blancs, quoique leur taille excède rarement quatre pieds cinq pouces; ils ont des cheveux longs de sept à huit pouces, peu frisés; la tête des Dandos est garnie de laine: les uns et les autres sont tout couverts de duvet de la tête aux pieds, et leurs yeux sont également mauvais. Il y a au surplus entre tous ces blafards tant de ressemblance, qu'il faut croire que leur couleur provient de la même cause; ils ne se trouvent que dans la zone torride, jusqu'à quinze degrés nord et sud de l'équateur, et tout annonce en eux la faiblesse et le vice de leur constitution. M. de Buffon a vu, en 1777, une Négresse blanche, née à la Dominique, de parens nègres, et d'environ cinq pieds de hauteur. Sa tête, beaucoup trop grosse en proportion de son corps, avait près de dix pouces; ses traits étaient ceux des Nègres; sa peau était blanche, sans aucun mélange de noir, et même sans apparence de rouge ou incarnat, ce qui était surtout remarquable à la bouche et aux lèvres, qui étaient aussi blanches que le reste du corps.

De l'union des Négresses blanches avec les noirs, naissent quelquefois des *enfans pies* (1), c'est-à-dire marqués de blanc et de noir par grandes taches. Un enfant de ce genre naquit à Carthagène en Amérique, en 1736. Les mains et les pieds étaient entièrement noirs, la tête de même, à l'exception du menton jusqu'à la lèvre inférieure. Le haut du front était pareillement blanc, et offrait une tache noire au milieu. Tout le reste du corps, dont le fond était blanc, se trouvait marqué de grandes taches noires; le blanc et le noir se joignaient par des teintes olivâtres.

On a vu quelquefois aussi des Nègres devenir blancs. Il est certain que beaucoup d'entre eux jaunissent ou pâlissent en vieillissant, et que les cicatrices qui suivent chez eux les blessures ou les plaies sont d'abord blanches, et qu'elles ne prennent la couleur noire qu'à la longue. On en trouve même qui sont marqués de blanc, de brun et de jaune (2): mais quelques-

(1) *V.* 1er T., *de l'Homme*, n° 9.

(2) M. Schreber rapporte qu'il a vu dans la Sibérie des blancs marquetés de brun, dont l'un avait les cheveux noirs d'un côté de la tête et blancs de l'autre côté.

uns sont devenus entièrement blancs : de ce nombre fut la Négresse du colonel Barnet, au service des États-Unis : elle était née en Virginie, aussi noire que ses père et mère : ce fut par le bout des doigts que sa peau commença de blanchir ; le changement se fit ensuite par la bouche et les lèvres ; de là le blanc continua de s'étendre partout le corps. Cette révolution étonnante se fit sur cette femme dès qu'elle eut atteint sa quinzième année ; à quarante ans, le changement n'était pas terminé : elle avait encore alors le cou et le haut du dos noirs ou noirâtres.

En résultat, la couleur générale de l'homme est le blanc ; ce blanc se change en gris obscur près des pôles par l'effet du froid excessif ; l'action du soleil ardent des tropiques le convertit en noir. Les autres couleurs, le basané, le brun, l'olive, le jaune, le rouge ne sont que des nuances intermédiaires produites par des causes locales.

Aux variétés de couleur que présente la race humaine, à celles que nous avons remarquées dans la forme ou plutôt dans la stature, il faudrait joindre les monstruosités, si heureusement les monstruosités n'étaient des exceptions extrêmement rares aux règles communes ; et des exceptions ne sauraient constituer une variété proprement dite. Cependant il n'est que trop vrai que quelquefois la nature, prodigue de dons pour les uns, se montre pour d'autres plus que marâtre, et que dans la formation de certains individus elle paraît oublier ses procédés ordinaires et vouloir produire des monstres.

Il y a des monstres de plusieurs sortes ; les uns pèchent par excès, c'est-à-dire qu'ils reçoivent plus de membres ou d'organes qu'il n'est nécessaire ; dans les autres c'est le cas contraire : ils n'ont pas reçu tout ce qu'il faut avoir pour être bien conformés ; dans quelques-uns on remarque renversement d'organes ou de parties.

A la première espèce appartiennent les hommes à deux têtes, à plusieurs jambes ou plusieurs bras, à double corps, et autres semblables. On pourrait citer assez d'exemples de monstruosités de ce genre. L'un des plus surprenans, et en même temps des plus authentiques, est celui de deux filles, nées en Hongrie en octobre 1701, et attachées l'une à l'autre par les reins, dos-à-dos (1). Ces deux filles vécurent jusqu'à l'âge de vingt et un ans. L'une était grande, droite et bien faite ; l'autre plus petite et un peu

(1) *V.* 1re *T., de l'Homme*, n° 7.

bossue. La première était gaie et spirituelle, la seconde, souvent malade, avait l'humeur triste et mélancolique; chacune éprouvait séparément les besoins naturels, l'appétit, le sommeil, la douleur; cela aurait pu faire penser que l'une pouvait survivre à l'autre; mais quand la plus faible, atteinte de la fièvre, vint à mourir, la plus forte suivit son sort et mourut avec elle.

Certains voyageurs qui ont fait le tour du monde prétendent qu'il existe dans l'île de Luçon, l'une des Philippines, des noirs qui ont une queue de quatre ou cinq pouces. Ptolémée avait déjà parlé de cette monstruosité. Gemelli-Carreri tient de quelques jésuites, qu'il regarde comme très-dignes de foi, qu'il y a dans l'île de Mindoro, voisine de Luçon, une race d'hommes à queue appelés *Manghiens*. Ces jésuites ajoutaient que plusieurs Manghiens s'étaient convertis au christianisme. Le voyageur Struys affirme qu'il a vu de ses yeux, dans l'île Formose, peu éloignée des Philippines, un homme dont la queue avait plus d'un pied de long, et, par le poil roux dont elle était couverte, ressemblait assez à celle d'un bœuf. Nous devons ajouter que beaucoup d'écrivains, qui ont parlé de ces îles, ne font aucune mention des hommes à queue.

Il naquit en Angleterre, vers le commencement du siècle dernier, un homme qu'on appela le *Porc-épic*. Tout son corps était couvert d'excroissances de la nature des verrues, longues et minces comme des piquans, mais dures et élastiques au point de résonner quand on passait la main par dessus. Ces excroissances avaient de quatre à six lignes de longueur, et leur couleur était le brun-rouge; elles tombaient tous les hivers et renaissaient au printemps. Cet homme jouissait, au surplus, d'une bonne santé; il fut marié et eut six enfans, qui tous furent conformés comme lui.

A la fin du même siècle, on a vu à Paris une petite fille lorraine, pareillement couverte d'excroissances en forme de grandes taches, et dont la plus grande partie étaient chargées de poil roux comme celui d'un veau (1). La chair était de la même couleur que le poil. Outre ces grandes plaques proéminentes et velues, cette enfant avait beaucoup d'autres taches petites comme des lentilles, et sans poil. C'était principalement sur le dos que ces excroissances se trouvaient placées : comme elles se tou-

(1) *V.* 1er T., *de l'Homme*, no 8.

chaient, elles avaient toutes ensemble l'apparence d'une tunique de peau velue, à peine adhérente à celle du corps; l'on peut même dire qu'elles formaient en quelque sorte un corps étranger sur le dos, car l'enfant n'y ressentait aucune douleur, quoiqu'on les pinçât avec force. Le bas des reins et le haut des épaules étaient chargés de poil brun, long de deux pouces, et très-rude. Les parties du corps qui n'avaient point de poil offraient une chair blanche et délicate. La figure était tachée, mais n'avait point de poil : elle était assez agréable; seulement les yeux se trouvaient surmontés de sourcils extraordinaires, où le poil humain se mêlait à un poil semblable à celui d'un chevreuil.

On fit en 1688, dans l'Hôtel des Invalides, à Paris, l'ouverture d'un soldat mort à l'âge de soixante-douze ans, et ce ne fut pas sans la plus vive surprise que l'on remarqua le déplacement qui existait dans la poitrine et le bas-ventre de toutes les parties internes. Celles qui devaient occuper le côté droit étaient à gauche; celles du côté gauche étaient à droite; le cœur se trouvait au milieu de la poitrine dans une situation transversale, la pointe tournée à droite et s'avançant de ce côté. Ces sortes de monstruosités sont rarement aperçues, puisqu'elles sont intérieures : ce n'est que par l'autopsie des cadavres qu'on les découvre. Peut-être existent-elles plus souvent qu'on ne l'imagine, mais on ne pourra jamais s'en assurer, à moins que l'observation ou le hasard ne fassent découvrir quelques signes qui les manifestent à l'extérieur.

On a beaucoup parlé des hommes incombustibles, et il n'y a pas bien long-temps que tout Paris a vu l'Espagnol de Tivoli entrer dans un four et en sortir sain et sauf au bout de plusieurs minutes, pour manger le poulet qu'il y faisait cuire en le tenant dans ses mains. Mais on sait que le corps humain, en général, peut supporter un très-haut degré de chaleur. Les Russes chauffent leurs appartemens à trente degrés de Réaumur, et leurs bains à soixante. Le docteur Fordice voulant éprouver sur lui-même jusqu'à quel point il résisterait à la chaleur, fit construire trois chambres de plain-pied; la première reçut par le moyen des poêles et de l'eau bouillante une température de 36 à 40 degrés, la seconde de 85 à 90, et la troisième de 110 à 120. Après avoir passé quelque temps dans la première, il entra dans la suivante où il demeura cinq minutes; de là il pénétra dans la troisième chambre, et resta d'abord dix minutes dans la partie chauffée à

110 degrés, après quoi il s'avança vers l'autre partie où la chaleur était de dix degrés plus forte, et il y resta vingt minutes, occupé à diverses expériences. Il remarqua, entre autres choses, que le thermomètre placé dans ses mains et sous sa langue ne marquait que cent degrés.

Trois sœurs villageoises ont supporté à Paris, pendant plusieurs minutes, une chaleur non moins forte; ce furent MM. Tillet et Marantin, de l'ancienne Académie des sciences, qui firent les expériences auxquelles on les soumit; l'une d'elles, comme l'Espagnol de Tivoli, soutenait la chaleur du four où cuisait de la viande de boucherie; une autre supporta pendant dix minutes une chaleur de 130 degrés, et pendant cinq minutes une chaleur de 140.

LES QUADRUPÈDES.

INTRODUCTION.

L'homme change l'état naturel des animaux en les forçant à lui obéir, et les faisant servir à son usage. Un animal domestique est un esclave dont on s'amuse, dont on se sert, dont on abuse, qu'on altère, qu'on dépayse et que l'on dénature, tandis que l'animal sauvage, n'obéissant qu'à son instinct, ne connaît d'autres lois que celles du besoin et de sa liberté. L'histoire d'un animal sauvage est donc bornée à un petit nombre de faits émanés de la simple nature, au lieu que l'histoire d'un animal domestique est compliquée de tout ce qui a rapport à l'art que l'on emploie pour l'apprivoiser ou pour le subjuguer.

L'empire de l'homme sur les animaux est un empire légitime, qu'aucune révolution ne peut détruire ; c'est l'empire de l'esprit sur la matière ; car ce n'est pas parce qu'il est le plus parfait, le plus fort ou le plus adroit des animaux, qu'il leur commande ; s'il n'était que le premier du même ordre, les seconds se réuniraient pour lui disputer l'empire : mais c'est par supériorité de nature, que l'homme règne et commande.

L'homme est maître des corps bruts, qui ne peuvent opposer à sa volonté qu'une lourde résistance ou qu'une inflexible dureté, que sa main sait toujours surmonter et vaincre, en les faisant agir les uns contre les autres ; il est maître des animaux parce que non-seulement il a comme eux du mouvement et du sentiment, mais qu'il a de plus la lumière de la pensée ; qu'il connaît les fins et les moyens, qu'il sait diriger ses actions, concerter ses opérations, mesurer ses mouvemens, vaincre la force par l'esprit, et la vitesse par l'emploi.

Cependant parmi les animaux les uns paraissent être plus ou moins familiers, plus ou moins sauvages, plus ou moins doux, plus ou moins féroces : que l'on compare la docilité et la soumission du chien avec la fierté et la férocité du tigre ; l'un paraît être l'ami de l'homme, et l'autre son ennemi : son empire sur les animaux n'est donc pas absolu. Combien d'espèces savent se soustraire à sa puissance par la rapidité de leur vol, par la légèreté de leur course, par l'obscurité de leur retraite, par la distance que met entre eux et lui l'élément qu'ils habitent ? Combien d'autres espèces lui échappent par leur seule petitesse ! Et enfin, combien y en a-t-il qui, bien loin de reconnaître leur souverain, l'attaquent à force ouverte, sans parler de ces insectes qui semblent l'insulter par leurs piqûres, de ces serpens dont la morsure porte le poison et la mort, et de tant d'autres bêtes immondes, incommodes, inutiles, qui semblent n'exister que pour former la nuance entre le mal et le bien, et faire sentir à l'homme combien, depuis sa chute, il est peu respecté !

Dieu, source unique de toute lumière et de toute intelligence, régit l'univers et les espèces entières, avec une puissance infinie ; l'homme, qui n'a qu'un rayon de cette intelligence, n'a de même qu'une puissance limitée à de petites portions de matière, et n'est le maître que des individus.

C'est donc par les talens de l'esprit, et non par la force et par les autres qualités de la matière, que l'homme a su subjuguer les animaux : dans les premiers temps, ils devaient être tous également indépendans ; l'homme, devenu criminel et féroce, était peu propre à les apprivoiser ; il a fallu du temps pour les approcher, pour les reconnaître, pour les choisir, pour les dompter ; il a fallu qu'il fût civilisé lui-même pour savoir instruire et commander, et l'empire sur les animaux, comme tous les autres empires, n'a été fondé qu'après la société.

Mais lorsqu'avec le temps l'espèce humaine s'est étendue, multipliée, répandue, et qu'à la faveur des arts et de la société, l'homme a pu marcher en force pour conquérir l'univers, il a fait reculer peu à peu les bêtes féroces, il a purgé la terre de ces animaux gigantesques dont nous trouvons encore les ossemens énormes, il a détruit ou réduit à un petit nombre d'individus les espèces voraces et nuisibles ; il a opposé les animaux aux animaux ; et, subjuguant les uns par adresse, domptant les autres par la force, ou les écartant par le nombre, et les attaquant tous par des moyens raisonnés, il est parvenu à se mettre en sûreté, et à établir un empire qui n'est borné que par les lieux inaccessibles, les solitudes reculées, les sables brûlans, les montagnes glacées, les cavernes obscures, qui servent de retraite au petit nombre d'espèces d'animaux indomptables. (*Buffon.*)

LE CHEVAL.

Le cheval, animal fier et fougueux, partage avec l'homme les fatigues de la guerre et la gloire des combats. Aussi intrépide que son maître, il voit le péril et l'affronte ; il se fait au bruit des armes, il l'aime et le cherche. Docile autant que courageux, il ne se laisse point emporter au feu de son ardeur; il sait réprimer ses mouvemens : non-seulement il obéit à la main et à la voix de celui qui le guide, mais il semble consulter ses désirs. C'est une créature qui renonce à son être, pour n'exister que par la volonté d'une autre.

L'herbe et les végétaux suffisent à la nourriture du cheval; il n'a aucun goût pour la chair des animaux; ses mœurs sont douces et ses qualités sociales. Dans les contrées où il vit en liberté, et où on a pu l'oberver, on a remarqué que son naturel n'a rien de nuisible, et qu'il était plus sauvage que féroce.

L'esclavage ou la domesticité des chevaux est si universelle et si ancienne, qu'on ne les voit que rarement dans leur état naturel. Dans les pays civilisés où l'éducation a secondé leur intelligence, ils sont toujours couverts de harnois dans leurs travaux, et même dans le temps du repos, et jamais on ne les en délivre entièrement. Selon qu'ils possèdent de la force, de la grâce et de la légèreté, on les emploie ou à traîner des charrues, des voitures de transport et des chars élégans, ou à porter des hommes qui les dirigent dans leur course rapide.

Les chevaux les plus estimés sont ceux de l'Arabie, de la Barbarie et de la Perse. On en possède cependant dans beaucoup d'autres pays de très-beaux et de très-bons.

Le cheval a une *bouche* et non pas une *gueule*. On appelle *sabot*, la corne de son *pied*; et, pour exprimer son cri, on dit qu'il *hennit*. — (*V*. 1er quad., n° 3.)

L'ANE.

L'âne, dont la conformation intérieure présente une similitude parfaite avec celle du cheval, est cependant d'une espèce entièrement distincte. Comme les autres animaux, il a sa famille et son rang.

L'âne est bon, patient et sobre; aussi humble, aussi tranquille que le cheval est fier, ardent et impétueux. Dans la première jeunesse il est gai, et même assez joli : il a de la légèreté et de la gentillesse; mais il la perd bientôt soit par l'âge, soit par les mauvais traitemens, et il devient lent, indocile et têtu. Ne recevant jamais de ceux à qui il appartient les soins qui sont prodigués au cheval, n'étant jamais ni exercé, ni étrillé, il lui arrive souvent, pour entretenir sa propreté naturelle, et sans se souvenir de ce qu'on lui fait porter, de se rouler sur le gazon, sur les chardons et sur la fougère.

Buffon fait observer très-judicieusement, à son sujet, qu'il serait par lui-même et pour tous les hommes, le premier, le plus beau, le mieux fait, le plus distingué des animaux, si dans le monde il n'y avait point de cheval, et que parce qu'il est le second au lieu d'être le premier, il semble n'être plus rien.

L'âne peut aussi servir de monture : toutes ses allures sont douces, et il bronche moins que le cheval. Comme il ne coute presque rien à nourrir, et qu'il ne demande pour ainsi dire aucun soin, il est d'une grande utilité à la campagne où on l'emploie à porter de très-lourds fardeaux, et même a labourer dans le pays où le terrain est léger.

L'âne, comme le cheval, a une *bouche*, des *pieds ;* mais son naturel est de *braire* au lieu de *hennir*. — (*V*. 1er quad., n° 5.)

LE BŒUF.

Le bœuf, qui est pour l'homme le meilleur, le plus utile et le plus précieux des animaux, puisqu'il le nourrit et l'aide à rendre a terre fertile, a le double avantage de consommer peu et d'améliorer le fonds sur lequel il vit ; il engraisse son pâturage.

Quoiqu'il n'ait pas des forces supérieures à celles du cheval, le bœuf est plus propre à la culture des champs ; il semble avoir été fait pour la charrue. La masse de son corps, la lenteur de ses mouvemens, sa tranquillité et sa patience dans le travail, le rendent plus capable qu'aucun autre de vaincre la résistance constante et toujours nouvelle que la terre oppose à ses efforts.

Au temps des patriarches les bœufs faisaient toute la richesse des hommes, et aujourd'hui même que les états ne peuvent se soutenir et prospérer que par la culture des terres et par l'abondance du bétail, seuls biens dont la réalité soit incontestable, ils sont encore la base de leur opulence. — (*V*. 1er quad., n° 1.)

LE BÉLIER.

De tous les animaux quadrupèdes, le bélier, la brebis et le

mouton sont les plus stupides; ce sont ceux qui ont le moins de ressource et d'instinct; le bélier, dont le courage n'est qu'une pétulance inutile pour lui-même et incommode pour les autres, n'est possesseur que de faibles armes; ses cornes sont recourbées sur son cou; la brebis est absolument sans défense, et le mouton est encore plus timide que la brebis. C'est par crainte que ces derniers se rassemblent si souvent en troupeaux; le moindre bruit extraordinaire suffit pour qu'ils se précipitent et se serrent les uns contre les autres; ils ne savent même pas fuir le danger; ils restent où ils se trouvent, à la pluie, à la neige; ils y demeurent opiniâtrément; et, pour les obliger à changer de lieu, il leur faut un chef qu'on instruit à marcher le premier, et dont ils suivent les mouvemens pas à pas.

Ces animaux, si dépourvus de sentiment, si dénués de qualités intérieures, sont pourtant, pour l'homme, ceux dont l'utilité est la plus immédiate et la plus étendue. Seuls ils peuvent suffire à ses besoins de première nécessité; ils lui fournissent à la fois de quoi se nourrir et se vêtir; car leur chair est excellente, et leurs toisons servent à la fabrication de toutes sortes d'étoffes. — (*V.* 1er quad., no 4.)

LE BOUC.

Le bouc et la chèvre, dont l'espèce est distincte de celle du bélier et de la brebis, ont cependant une organisation intérieure qui est presque entièrement semblable; ils se nourrissent et croissent de la même manière, et se ressemblent encore par le caractère des maladies qui les atteignent.

Le bouc est un animal vigoureux dont l'aspect est assez agréable; il exhale une odeur forte, qu'on a reconnu venir de sa peau et non de sa chair.

La chèvre a un naturel inconstant qui se remarque par l'irrégularité de ses actions; elle marche, s'arrête, court, bondit, saute, s'approche, s'éloigne, se montre, se cache ou fuit, comme par caprice et sans autre cause que celle de la vivacité bizarre de son sentiment intérieur. Elle se familiarise aisément, est sensible aux caresses et capable d'attachement. Son lait est employé par les médecins comme médicament. — (*V.* 1er quad., no 2.)

LE COCHON.

Le cochon est celui de tous les quadrupèdes qui a les habitudes les plus grossières. Sa gourmandise brutale lui fait dévorer indistinctement tout ce qui se présente et même sa progéniture au moment qu'elle vient de naître. Sa voracité dépend apparemment du besoin continuel qu'il a de remplir la grande capacité de son estomac. La rudesse du poil, la dureté de la peau, l'épaisseur de la graisse rendent ces animaux peu sensibles aux coups : l'on a vu des souris se loger sur leur dos et leur manger le lard et la peau sans qu'ils parussent le sentir.

La chair du cochon est surtout d'un grand secours pour les habitans pauvres des villes et des campagnes ; ils en font leur nourriture habituelle. On l'accommode de cent façons différentes ; la tête, les pieds, les entrailles sont des mets délicats.— (*V.* 1er quad., n° 9.)

LE SANGLIER.

Le sanglier ne fait, avec le cochon, qu'une seule et même espèce. L'un est l'animal sauvage, l'autre l'animal domestique ; ils ne diffèrent entre eux que par quelques marques extérieures et par quelques habitudes. La tête du sanglier est plus longue et plus forte que celle du cochon ; aussi fouille-t-il la terre plus profondément pour trouver des vers et certaines racines qu'il aime beaucoup.

Tant qu'ils n'ont pas l'âge de trois ans, les sangliers ne se séparent point les uns des autres : ils suivent tous leur mère commune, et ne vont seuls que quand ils sont assez forts pour ne plus craindre les loups. A la chasse, les jeunes sangliers, qu'on appelle *marcassins*, sont difficiles à forcer ; ils courent très-loin sans s'arrêter ; les vieux, au contraire, n'ayant pas peur des chiens, s'arrêtent souvent pour leur faire tête, et se laissent chasser de plus près.

La chair la meilleure dans un sanglier est celle de la tête, qu'on nomme *hure*. — (*V.* 1er quad., n° 7.)

LE CHIEN DE BERGER.

Le chien de berger est considéré comme étant la souche de tous les autres. Dans tous les pays habités, les chiens ressemblent à cette espèce plus qu'à aucune autre.

Malgré sa laideur, son air triste et sauvage, le chien de berger est cependant supérieur par l'instinct à tous les autres chiens. Il a un caractère décidé, auquel l'éducation n'a point de part; il est le seul qui naisse, pour ainsi dire, tout élevé, et qui, guidé par le seul naturel, s'attache de lui-même à la garde des troupeaux avec une assiduité, une vigilance et une fidelité singulières. Il les conduit, sans qu'on ait besoin de l'instruire, avec une intelligence admirable, tandis qu'il faut au contraire beaucoup de temps et de peines pour dresser les autres chiens aux usages auxquels on les destine. Ses talens font l'étonnement, le repos et la sûreté de son maître. — (*V.* 1er quad., nº 8.)

LE DOGUE.

Le dogue, qui habite les pays tempérés, ressemble assez, par les mœurs et par le naturel sanguinaire, au chien de berger, duquel il tire son origine, ainsi que le mâtin et le chien courant. Il n'a ni son air sauvage, ni son poil rude, épais et long, mais comme lui il a les oreilles en partie droites. Il est susceptible d'éducation; on le dresse à traîner de petites charrettes et à faire sentinelle à la porte des maisons de campagne.

Le dogue, dont le museau est très-court, a peu d'odorat. — (*V.* 1er quad., nº 6.)

LE CHIEN TURC.

Le chien turc, qui ne manque ni de grâce, ni de gentillesse, n'est autre qu'un petit danois dont le poil est tombé. Il craint l'eau et le froid; son aspect inspire la pitié. En France, où les animaux de cette espèce sont fort rares, ils vivent dans l'intérieur des appartemens.—(*V.* 1er quad., nº 10.)

LE GRAND CHIEN LOUP.

Cet animal, dont on ignore le pays natal, a la forme et la grandeur d'un gros loup, bien fait et de grande taille; il n'est pas d'une couleur uniforme; il présente au contraire deux couleurs distinctes et assez bien réparties, le brun et le blanc. Sa tête étroite et son museau alongé lui donnent une physionomie très-fine. On a remarqué qu'il montrait beaucoup de désir de courir après les poules. Il paraît avoir l'odorat très-bon et être insensible à l'amitié. Ses habitudes ne sont pas connues. — (*V.* 1er quad., n° 11.)

LE CHAT DOMESTIQUE.

Les chats, d'un naturel pervers, ont une malice innée, un caractère faux que l'âge augmente encore, et que l'éducation ne fait que masquer. Ils ont de l'adresse, de la subtilité et beaucoup de penchant pour la rapine. Comme les voleurs, ils savent couvrir leur marche, dissimuler leur dessein, épier les occasions, attendre, choisir, saisir l'instant de faire leur coup. Ils n'ont que l'apparence de l'attachement, ne regardent jamais en face la personne aimée, et prennent toujours des détours pour en approcher ; ils ne sont sensibles aux caresses que pour le plaisir qu'elles leur font : ce sont des animaux naturellement égoïstes.

Les chats sont jolis, légers, adroits et propres. Lorsqu'ils sont jeunes, ils sont remplis de grâce et de gentillesse.—(*V.* 1er quad., n° 12.)

LE CHAT D'ANGORA.

Le chat d'Angora, en Syrie, ne diffère du chat ordinaire que par son poil, qui est délié, fin, lustré et fort long. Il lui ressemble d'ailleurs par les habitudes et par les mœurs. En France, où les chats de cette espèce se sont acclimatés, on les voit presque tous d'une seule couleur, *blancs*, *gris* ou *noirs*. — (*V.* 1er quad., n° 13.)

LE CERF.

De tous les animaux qui habitent les forêts, le cerf est celui qui semble le plus fait pour les animer et les embellir. Sa forme légère et élégante, sa taille svelte et bien prise, le bois dont sa tête est parée, et qui se renouvelle tous les ans, sa force, sa grandeur, sa légèreté le distinguent de tous les autres habitans de ces retraites solitaires, et le rendent le plus noble d'entre eux.

Le cerf, d'un naturel assez simple, est cependant curieux et rusé ; il a l'œil bon, l'odorat exquis et l'oreille excellente. Il ne boit guère en hiver, et encore moins au printemps ; l'herbe tendre et chargée de rosée lui suffit pour sa nourriture.

On sait que la chasse du cerf est la plus distinguée et celle qui exige et le plus de connaissances et le plus de frais. En France le roi et les princes de sa famille se livrent seuls à ce noble exercice. — (*V.* 1er quad., n° 15.)

LE DAIM.

Le daim est d'une espèce qui a beaucoup de rapport avec celle du cerf; cependant ils ne vont pas ensemble; ils se fuient au contraire, et ne se mêlent jamais. Le daim est d'une nature beaucoup moins robuste et moins agreste que celle du cerf; il est moins sauvage et plus délicat; on l'apprivoise très-aisément. Il aime les terrains élevés et entrecoupés de petites collines. Son bois, comme celui du cerf, se renouvelle tous les ans. Les mêmes ruses leur sont communes; seulement elles sont plus répétées par le daim. Il mange de beaucoup de choses que le cerf refuse.

Le pays où l'on trouve le plus de daims en Europe est l'Angleterre; aussi y fait-on un grand cas de leur chair, qui a un goût de venaison qui plaît à beaucoup de gastronomes. On apprête la peau du daim, et on l'emploie à faire des gants, même des vêtemens. — (*V.* quad., n° 14.)

LE CHEVREUIL.

Le chevreuil a moins de noblesse, moins de force et beaucoup moins de hauteur de taille que le cerf, mais il a plus de grâce, plus de vivacité et même plus de courage. Il est plus gai, plus leste et plus éveillé. Sa forme est plus élégante et sa figure plus agréable. Sa robe est toujours propre; son poil est net et lustré. Il ne se roule jamais dans la fange, comme le cerf. Il se tient ordinairement dans le feuillage épais des plus jeunes taillis, et ne se plaît que dans les pays les plus élevés, les plus secs, où l'air est le plus pur. Il est encore plus rusé que le cerf, plus adroit à se dérober, plus difficile à suivre.

La chasse de cet animal est le plaisir des grands et des gens riches.

Le chevreuil diffère par les mœurs et les habitudes du cerf et du daim. Au lieu de marcher par grandes troupes comme eux, il demeure en famille.

Sa chair est excellente à manger. — (V. 2e quad., no 1.)

LE LIÈVRE.

Le lièvre, dont les jambes de devant sont plus courtes que celles de derrière, court plus facilement en montant qu'en descendant. Il ne manque ni d'instinct pour sa propre conservation, ni de sagacité pour échapper à ses ennemis. Il se forme un gîte en creusant la terre à sa surface. Il dort ou se repose pendant le jour, et ne vit, pour ainsi dire, que la nuit. C'est le seul animal qui ait des poils dans la bouche. Ses longues oreilles, qu'il remue avec une extrême facilité, lui servent comme de gouvernail pour se diriger dans sa course, qui est si rapide qu'il devance aisément tous les autres animaux. Malgré la timidité de cet animal, on est parvenu à en dresser quelques-uns, et à leur faire exécuter différens exercices, comme de battre du tambour avec les pattes de devant.

Le lièvre a une chair noire, qui est très-recherchée pour la table. La chasse à laquelle il donne lieu est l'amusement et souvent la seule occupation des habitans oisifs de la campagne. Son poil sert à la fabrication des chapeaux. — (V. 2e quad., no 2.)

LE LAPIN.

La conformation du lapin est fort semblable à celle du lièvre, tant à l'intérieur qu'à l'extérieur ; cependant ils ne se mêlent point ensemble, et font deux espèces distinctes et séparées. Le lapin est supérieur au lièvre par la sagacité. Comme celui-ci, il est susceptible d'instruction. On en a vu sur les places publiques, entre les mains de bateleurs, faire différens tours. Tous deux sont timides à l'excès ; mais le lapin se donne la peine de fouiller la terre à une certaine profondeur, et de s'y pratiquer un asile qui le garantit des atteintes du loup, du renard et de l'oiseau de proie, tandis que le lièvre, moins intelligent, se contente de se former un gîte à la surface, où il reste continuellement exposé.

Les lapins prennent plus d'embonpoint que les lièvres ; la chair de ces deux animaux diffère par la couleur et par le goût :

elle est plus blanche et a moins de saveur. Ils aiment la chaleur excessive. Dans les pays froids, on ne peut les élever que dans l'intérieur des maisons : ils périssent lorsqu'on les abandonne à la campagne. — (*V.* 2e T., Q., no 3.)

LE RENARD.

Cet animal, qui s'est acquis par ses ruses une grande réputation, la justifie en partie. Fin autant que circonspect, ingénieux et prudent, il a des moyens de réserve qu'il sait n'employer qu'à propos. Il veille de près à sa conservation : quoique aussi infatigable, et même plus léger que le loup, il ne se fie pas entièrement à la vitesse de sa course ; il sait se mettre en sûreté en se pratiquant un asile, où il se retire dans les dangers pressans.

Le renard est aussi vorace que carnassier ; il est la terreur des fermiers, dont il dévore souvent les poules ; il mange de tout avec une égale avidité. Il aime beaucoup le miel, et ne craint pas d'attaquer les abeilles sauvages, les guêpes et les frelons, qui le couvrent de piqûres. Il glapit, aboie et pousse un son triste semblable au cri du paon. On fait des fourrures de sa peau, et sa chair est moins mauvaise que celle du loup. — (*V.* 2e T., Q., no 5.)

L'ISATIS.

Le climat des isatis est le nord ; les terres qu'ils habitent de préférence sont celles de la mer Glaciale.

L'isatis ressemble tout-à-fait au renard par la forme du corps et par la longueur de la queue ; mais, par la tête, il ressemble plus au chien. Sa voix tient du glapissement de l'un et de l'aboiement de l'autre. Il vit de rats, de lièvres et d'oiseaux, et a autant de finesse que le renard pour les attraper. Sa fourrure, dont on fait commerce, est blanche, bleu-cendré, ou brune. — (*V.* 2e T., Q., no 6.)

LE BLAIREAU.

Le blaireau, par la conformation de ses pieds de devant, dont les ongles sont très-longs et très-fermes, a plus de facilité qu'un

4

autre animal pour ouvrir la terre, y fouiller, y pénétrer, et former une excavation, qu'il rend tortueuse, oblique, et qu'il pousse quelquefois fort loin. Le renard profite souvent de ses travaux; ne pouvant le contraindre par la force, il l'oblige par adresse à quitter son domicile, dont il s'empare et fait son terrier.

Le blaireau, naturellement frileux, est défiant, paresseux et solitaire. Il se retire habituellement dans les lieux les plus écartés, dans les bois les plus sombres. Son poil est toujours gras et malpropre. Il est sujet à la gale. — (*V.* 2ᵉ T., Q., nº 7.)

LE LOUP.

Le loup, naturellement grossier et poltron, devient ingénieux par le besoin et hardi par nécessité. Lorsqu'il est pressé par la famine, il s'expose à tout, attaque les femmes et les enfans, se jette même quelquefois sur les hommes, devient furieux par ces excès, qui finissent ordinairement par la rage et la mort. Il ressemble beaucoup au chien tant à l'intérieur qu'à l'extérieur, mais il en diffère complètement par les mœurs et le naturel; ces deux animaux sont même antipathiques par nature et ennemis par instinct.

Le loup évite toute société; il ne fait pas même compagnie avec ceux de son espèce. Son aspect sauvage, sa voix effrayante, l'odeur insupportable qu'il exhale, son naturel pervers, ses mœurs féroces le rendent odieux. Nuisible de son vivant, il est inutile après sa mort. — (*V.* 2ᵉ T., Q., nº 4.)

L'HYÈNE.

L'hyène, qui se trouve dans presque tous les climats chauds de l'Afrique et de l'Asie, est un animal sauvage et solitaire qui demeure dans les cavernes des montagnes, dans les fentes des rochers ou dans des tanières qu'il se creuse lui-même sous la terre. Son naturel est féroce; il ne peut s'apprivoiser. Comme le loup, l'hyène vit de proie, mais elle a plus de force et de hardiesse. Elle se défend du lion, ne craint pas la panthère et attaque l'*once* qui ne peut lui résister. Lorsque la proie lui manque, elle creuse la terre avec ses pieds, et en tire par lambeaux les cadavres des animaux et des hommes que, dans le pays qu'elle habite, on enterre dans les champs. Son cri ressemble au mugissement du veau. — (*V.* 2ᵉ T., Q., nº 8.)

LA LOUTRE.

La loutre est un animal qu'on trouve sur le bord des rivières ou des lacs. Elle est d'un naturel vorace, se montre plus avide de poisson que de chair, et dépeuple quelquefois les étangs. Elle ne va point à la mer comme le castor, mais elle parcourt les eaux douces et y demeure assez long-temps. Le premier trou qui se présente lui sert de gîte ; elle ne creuse point la terre pour se pratiquer un domicile. Sa peau sert à faire une très-bonne fourrure, qui est principalement employée à la confection des casquettes à l'usage des gens du peuple. — (*V.* 2ᵉ T., Q., nº 9.)

LA FOUINE.

La fouine, dont les membres sont souples, dont la physionomie est très-fine, a l'œil vif et le corps flexible ; elle saute plutôt qu'elle ne marche ; elle grimpe contre les murailles, entre dans les colombiers, les poulaillers, etc. ; mange les œufs, les pigeons, les poules, et en tue quelquefois un très-grand nombre. Elle boit fréquemment, et dort ou reste sans dormir plusieurs jours de suite. Sa peau est très-estimée. Elle porte avec elle une odeur de faux musc. — (*V.* 2ᵉ T., Q., nº 10.)

LA MARTE.

La marte se trouve en moins grand nombre dans les climats tempérés que dans les climats froids. Elle fuit également les pays habités et les lieux découverts. Elle demeure au fond des forêts, ne se cache point dans les rochers, mais parcourt les bois et grimpe au-dessus des arbres. Elle vit de chasse, et détruit une quantité prodigieuse d'oiseaux dont elle cherche les nids pour en sucer les œufs. La vente de sa peau, dont on fait pour les femmes une fourrure qui leur sert de parure d'hiver, donne lieu à un commerce fort productif. Plusieurs naturalistes l'ont confondue à tort avec la fouine. — (*V.* 2ᵉ T., Q., nº 11.)

LE PUTOIS RAYÉ DE L'INDE.

Le putois rayé, dont la couleur principale est un brun mêlé de fauve, a sur le corps six larges bandes noires qui s'étendent depuis l'occiput jusqu'au-dessus du croupion. Ces bandes noires sont séparées les unes des autres alternativement par cinq bandes blanches et plus étroites. Il ressemble beaucoup à la fouine par le naturel, par les habitudes ou les mœurs, et aussi par la forme du corps. Comme elle, il s'approche des habitations, se glisse dans les basses-cours et fait beaucoup de dégât.

Le putois fait une guerre continuelle aux lapins. L'été il s'établit dans leurs terriers et en fait sa demeure. Lorsqu'il est irrité, il exhale et répand au loin une odeur insupportable. — (*V.* 2ᵉ T., Q., nº 12.)

LA BELETTE.

La belette est très-vorace; elle mange de la viande jusqu'à ce qu'elle en soit remplie. Lorsqu'elle parvient à entrer dans un poulailler, elle n'attaque pas les coqs ou les vieilles poules, elle choisit les poulettes, les petits poussins, et les tue par une seule blessure qu'elle leur fait à la tête. En état de domesticité, ses sens se perfectionnent et ses mœurs s'adoucissent par le châtiment. La belette devient susceptible d'amitié, de reconnaissance et de crainte; elle a beaucoup de finesse et singulièrement de ruses pour venir à ses fins. On la trouve dans les pays tempérés et chauds. — (*V.* 2ᵉ T., Q., nº 13.)

LE FURET.

Le furet est un animal qu'on apprivoise. On s'en sert pour la chasse du lapin, duquel il est naturellement ennemi mortel. Les enfans s'en servent aussi pour dénicher les oiseaux en les dressant à grimper après les arbres. Il ressemble sous certains rapports au putois, avec lequel plusieurs auteurs l'ont confondu. Il a en tout temps une mauvaise odeur qui devient plus forte lorsqu'il s'échauffe, ou qu'on l'irrite. On le trouve en grande quantité en Espagne, où il a été apporté d'Afrique. — (*V.* 2e T., Q., n° 14.)

LE TOUAN.

Le touan, petit animal originaire de Cayenne, passe pour être de l'espèce de la belette. Il se tient dans les troncs d'arbres où il se nourrit de vers et d'insectes. Son poil est doux au toucher. — (*V.* 2e T., Q., n° 15.)

LA GIRAFE.

La girafe, l'un des plus beaux et des plus grands animaux connus, est d'un naturel très-doux. On la trouve dans les parties méridionales de l'Afrique et de l'Asie. Dans sa situation naturelle, c'est-à-dire lorsqu'elle est posée sur ses quatre pieds, elle peut atteindre à seize ou dix-sept pieds de hauteur; ses jambes de devant sont une fois plus hautes que celles de derrière. Sa peau est tigrée comme celle de la panthère; elle a la tête presque semblable à celle d'un cerf.

La girafe est un animal inoffensif et sans utilité. Ses mouvemens sont lents et contraints; elle marche l'amble naturellement en portant les deux pieds gauches ou les deux pieds droits ensemble. Elle se nourrit d'herbes et de feuillages. Dans l'état de liberté, la girafe ne peut fuir ses ennemis, et dans l'état de domesticité elle est incapable de servir ses maîtres.

Depuis quelques années la Ménagerie du roi en possède une qui charme les personnes qui vont la voir par sa gentillesse et par sa douceur. — (Voir 3e tableau, Q., n° 3.)

L'ÉLÉPHANT.

L'éléphant, le plus volumineux des quadrupèdes connus, est, de tous les animaux, celui dont l'intelligence et l'instinct sont le plus dignes d'admiration. Sa force prodigieuse, son courage, sa prudence, son sang-froid, l'obéissance exacte qu'il montre le rendent précieux à l'homme qui parvient à se l'attacher. Seul, il fait mouvoir des machines, et transporte des fardeaux que six chevaux ne pourraient remuer.

Quand une fois il est dompté, l'éléphant devient le plus doux des animaux. Il affectionne celui qui le soigne, le caresse, le prévient, et semble deviner tout ce qui peut lui plaire. Il sait distinguer le ton impératif de celui de la colère ou de la satisfaction. On lui apprend aisément à fléchir les genoux pour donner plus de facilité à ceux qui veulent le monter.

L'éléphant n'est ni sans orgueil ni sans ambition. S'il est destiné à servir des princes, ce qu'il devine par les soins qu'on prend de lui, il apprécie sa fortune et conserve une gravité convenable à son emploi ; si, au contraire, il reconnaît qu'on le destine à des travaux moins honorables, il s'attriste, il se trouble, et prouve par son allure qu'il s'abaisse malgré lui. Il se laisse vêtir et semble prendre plaisir à se voir couvert de harnois dorés et de housses brillantes. Il est très-sensible aux outrages : on cite une foule de faits qui attestent qu'il ne pardonne pas à ceux qui l'ont offensé, et que, tôt ou tard, il cherche et parvient à se venger. Au reste, s'il est vindicatif, il n'est pas moins reconnaissant; d'autres faits le prouvent aussi.

Sa nourriture ordinaire consiste en herbes et en bois tendres; et, bien qu'il soit naturellement sobre, il consomme une très-grande quantité de cette espèce d'aliment.

Les contrées méridionales de l'Afrique et de l'Asie sont celles où les éléphans se trouvent le plus généralement répandus. Dans les Indes, où de temps immémorial on les a dressés à participer aux travaux de la guerre, on s'en sert encore aujourd'hui pour porter les bagages et les combattans.

On raconte que le roi Antiochus se servait dans les combats de deux éléphans. L'un se nommait *Ajax* et l'autre *Patrocle*. Voulant sonder un gué, il ordonna au premier d'entrer dans le fleuve et n'obtint qu'un refus. Alors il fait publier que celui qui osera passer sera le chef de la troupe. Aussitôt *Patrocle* s'élance dans l'eau et passe. Pour le récompenser, Antiochus le décore du collier d'argent, et lui accorde les prérogatives qui distinguent les chefs. Témoin de ces distinctions, *Ajax*, désespéré de son déshonneur, se laisse mourir de faim, préférant la mort à l'infamie.

On estime que la durée moyenne de l'existence de ces animaux est de deux cents ans. Les plus grands, dans les Indes, ont quatorze pieds de hauteur; les plus petits, qui se trouvent en Afrique, n'en ont que dix à onze. Ils ont, au-dessus de la mâchoire, une trompe qui leur sert de main, et avec laquelle ils sont capables de saisir les objets les plus délicats.

La vente de l'ivoire dont sont formées leurs dents et dont on fait en Europe des ouvrages de toute espèce, donne lieu à un commerce fort étendu.

A différentes époques on a amené des éléphans en France. La Ménagerie du roi en renferme encore deux vivans; et, chaque soir, au Cirque des frères Franconi, on en offre un des plus intelligens à la curiosité publique. — (*V.* 3e T., Q., no 1.)

LE BISON.

Le bison ne forme avec le bœuf d'Europe qu'une seule et même espèce. Cette espèce a subi des variétés, selon les climats où les animaux ont vécu, et les traitemens différens qu'ils ont éprouvés.

Le bison est un bœuf à bosse sur le dos. Comme celui-ci, il a l'habitude de faire de la poussière avec ses pieds. Ses jambes sont couvertes de longs poils, doux comme de la laine; sa figure est grosse et repoussante, son regard stupidement farouche; il avance ignoblement son cou et porte mal sa tête, presque toujours penchée vers la terre; sa voix est un mugissement épouvantable. Sa chair est tendre et bonne à manger.

Le bison paraît être originaire des pays froids et tempérés de l'Europe. Maintenant on en trouve dans les quatre parties du monde. — (*V.* 3e T., Q., no 14.)

LE ZÈBRE.

Le zèbre, qu'on ne trouve que dans les parties les plus méridionales de l'Afrique, paraît tenir le milieu entre le cheval et l'âne; cependant il est d'une espèce toute particulière, et n'est la copie ni de l'un ni de l'autre. Les bandes noires et blanches qui décorent symétriquement sa robe en font un animal entièrement original.

Le zèbre a la légèreté du cerf et les grâces du cheval. Il court si vite qu'on a beaucoup de peine à l'attraper. Ceux qu'on prend jeunes sont assez faciles à dresser; ils se prêtent plus volontiers à être attelés qu'à porter des fardeaux. Plusieurs autres animaux dont la peau est également rayée de bandes noires et blanches sont désignés à tort sous le nom de zèbre ; chacun d'eux est d'une espèce distincte qu'il ne faut pas confondre avec celle du zèbre. — (*V.* 3ᵉ T., Q., nº 13.)

LE LION.

Le lion, le plus fier comme le plus terrible des animaux, est né sous le ciel brûlant de l'Afrique et des Indes. Il a la figure imposante, le regard assuré et la voix formidable. Sa taille est bien prise et bien proportionnée ; il est aussi solide que nerveux, et on devine, en le considérant, qu'il a autant de force que d'agilité. Il se nourrit de proies sanglantes, mais il ne détruit qu'autant qu'il consomme, et en cela il se montre moins cruel que le tigre, le loup et tant d'autres animaux qui, lors même qu'ils sont repus, donnent encore la mort par le seul plaisir de la donner.

Le lion n'a d'ennemi véritablement redoutable pour lui que l'homme. L'habitude qu'il a de vaincre tous les autres animaux, dont il est la terreur et qui deviennent sa pâture, le rend de plus en plus intrépide en l'éclairant sur ses forces. Les plus grands lions ont huit ou neuf pieds de longueur, depuis le mufle jusqu'à l'origine de la queue, et quatre ou cinq pieds de hauteur.

Beaucoup d'observations ont été faites sur les mœurs et le caractère des lions. On a reconnu que, pris jeunes, ils étaient susceptibles de recevoir de l'éducation, et que, selon qu'on avait agi envers eux, ils savaient ou méditer la vengeance pour un outrage reçu, ou conserver de la reconnaissance pour un bienfait déjà ancien. — (*V.* 3ᵉ T., Q., nº 8.)

LE TIGRE.

Le tigre, sous la dénomination duquel quelques naturalistes ont confondu à tort plusieurs animaux à peau tigrée, est plus terrible encore que le lion. On ne saurait mieux faire juger de sa force qu'en indiquant sa taille : il a de quatre à cinq pieds de hauteur, et sa longueur est de neuf, dix et quelquefois de treize à quatorze pieds.

La férocité de cet animal n'est comparable à celle d'aucun autre. Il est constamment altéré de sang, et, quoique rassasié de chair, il déchire une nouvelle proie avec une fureur toujours égale. Il égorge, dévaste les troupeaux d'animaux domestiques, met à mort toutes les bêtes sauvages, attaque les petits éléphans ainsi que les jeunes rhinocéros, et quelquefois même ose braver le lion.

L'espèce en est heureusement peu nombreuse; elle paraît confinée aux climats les plus chauds de l'Inde orientale et de l'Afrique méridionale. — (*V.* 3e T., Q., n° 15.)

LE CHAMEAU.

Le chameau, originaire de l'Arabie, le pays du monde le plus aride et où l'eau est la plus rare, est l'animal le plus anciennement et le plus complètement esclave. Il est regardé par les Arabes comme un présent du ciel; sans son secours, ils ne pourraient ni subsister, ni commercer, ni voyager. Dans les déserts, le lait et la chair du chameau font leur nourriture ordinaire.

Les chameaux ne sont jamais employés que comme bêtes de somme. On attribue l'origine des deux bosses qu'ils ont sur le dos à la compression que causent les fardeaux dont on les charge, et qui, étant inégalement répartis, auront fait élever la chair et boursouffler la graisse et la peau.

Un chameau rend plus de services que l'éléphant, le bœuf, l'âne et même le cheval. Il porte autant à lui seul que deux mulets, et ne se nourrit que d'herbes grossières. Il fait aisément trente-cinq lieues par jour, souffre la faim sans ralentir sa marche et peut rester neuf ou dix jours sans boire. — (*V.* 3e T., Q., n° 5.)

LE DROMADAIRE.

Le dromadaire est de la même espèce que le chameau. La seule différence qui existe entre eux consiste en ce que le chameau porte deux bosses et que le dromadaire n'en a qu'une. Le premier habite des régions arides et chaudes, le second des pays moins secs et plus tempérés.

Le dromadaire est plus petit et moins fort que le chameau; il ne sert guère qu'à porter des hommes. Sa marche est si rapide, que les Arabes, auxquels il est d'une grande utilité, lui font faire jusqu'à quarante lieues par jour. Comme le chameau, il souffre la faim et la soif avec patience. — (*V.* 3e T., Q., no 10.)

L'HIPPOPOTAME.

L'hippopotame, autrement dit cheval de mer, est un animal amphibie, qu'on ne trouve guère en grand nombre que dans les fleuves de l'Afrique. Il se tient ordinairement dans l'eau pendant le jour, et ne sort la nuit que pour paître. Sa gueule, énormément grande, est armée de trente-six dents, dont la longueur est de quatre et de huit pouces.

La chair de l'hippopotame est très-saine et fort bonne au goût; elle est recouverte d'une peau qui est tellement dure, que les balles de fusil glissent dessus, et que les flèches rebondissent. On peut tirer d'un hippopotame qui a toute sa croissance, deux mille livres de lard. Ce lard, qu'on assure être supérieur à toutes les autres graisses, est recommandé en Afrique comme un remède souverain contre les maladies de poitrine.

L'hippopotame est naturellement doux; il nage fort bien et court presque aussi vite qu'un homme. — (*V.* 3e T., Q., no 6.)

LE RHINOCÉROS

Le rhinocéros, le plus puissant des quadrupèdes après l'éléphant, n'est guère supérieur aux autres animaux que par la force, la grandeur et l'arme offensive qu'il porte sur le nez.

Les rhinocéros sont plus solitaires, plus sauvages et même plus difficiles à chasser et à vaincre que les éléphans. Ils se nourrissent d'herbes grossières, de chardons, d'arbrisseaux épineux, et préfèrent ces alimens agrestes à la douce pâture des prairies; ils provoquent rarement, et ne se mettent guère en fureur que quand ils sont attaqués; mais alors ils sont de la dernière férocité. On a souvent parlé de combats à outrance qui se livrent entre ces animaux et les éléphans; c'est une assertion qu'il ne faut pas croire aveuglément, car il n'existe entre les rhinocéros et les éléphans aucun motif de guerre, et l'on a même remarqué qu'ils n'avaient pas d'antipathie les uns pour les autres. Ces combats, s'ils ont lieu, doivent donc être fort rares.

Les Indiens estiment plus la corne du rhinocéros que l'ivoire de l'éléphant; ils lui accordent plusieurs propriétés médicinales. — (*V.* 3e T., Q., no 9.)

L'OURS BRUN.

L'ours brun est un animal sauvage et solitaire, qu'on trouve en Europe dans les pays déserts, escarpés ou couverts. Il demeure au fond des forêts, dans les cavernes que lui présentent des rochers inaccessibles, ou dans des troncs de vieux arbres. Son instinct le porte à fuir toute société. Il se nourrit d'herbes et de feuilles d'arbres.

Les ours, pris jeunes, peuvent être apprivoisés; on leur apprend à se tenir debout, à danser et à gesticuler. On tire une grande quantité d'huile de ceux qu'on tue à la chasse. Leur peau, qui fait une fourrure grossière, est cependant une de celles qui ont le plus de prix. — (*V.* 3e T., Q., no 12.)

L'OURS BLANC.

L'ours blanc habite les mers du nord; des glaçons flottans lui servent souvent de demeure. Il se nourrit de poissons; les cadavres des baleines et des phoques font sa pâture ordinaire; il mange aussi des hommes en vie lorsqu'il peut en surprendre.

Les ours blancs, comme les ours communs, ont beaucoup de graisse. On fait de cette graisse une huile qui devient très-claire et que les mariniers vendent souvent pour de l'huile de baleine. La chair de ces animaux est assez bonne à manger. Leur peau sert à faire une fourrure très-chaude et très-durable. On rapporte que lorsqu'ils sont pressés par la faim, ils font de grands ravages dans les pays où ils pénètrent. — (*V.* 3e T., Q., no 11.)

LA PANTHÈRE.

Cet animal, qui habite les climats les plus chauds de l'Afrique et de l'Asie, est d'un naturel féroce. On a beaucoup de peine à le dompter. Sa taille, quand il a pris toute sa croissance, est de cinq ou six pieds de longueur. Il a à peu près la tournure d'un dogue de forte race.

La panthère ne vit que de proie ; elle a le regard cruel, l'œil inquiet et les mouvemens brusques. Lorsqu'elle veut s'emparer d'un animal pour le dévorer, elle grimpe sur un arbre, l'attend au passage et se laisse tomber dessus. Les naturels des pays qu'elle habite l'utilisent à la chasse. Ils l'enferment dans une cage dont ils n'ouvrent la porte que lorsque le gibier paraît ; elle s'élance vers la bête, l'atteint en deux ou trois sauts, puis la terrasse et l'étrangle. Sa peau, dont les taches noires sont régulièrement réparties, fait une fourrure très-estimée. — (*V.* 3e T., Q., n° 2.)

LE LÉOPARD.

Le léopard, plus petit que la panthère, a d'ailleurs les mêmes mœurs et le même naturel que celle-ci. Il est féroce, sauvage et incapable d'être apprivoisé. Il se jette avec une égale fureur sur les bêtes et sur les hommes. Son ennemi le plus redoutable est le tigre, qui, étant plus fort et plus alerte que lui, l'atteint, le terrasse et l'étrangle. Quoiqu'il soit fort carnassier et qu'il mange beaucoup, il est toujours maigre. Comme la panthère, le léopard se laisse tomber des arbres sur la proie qu'il poursuit.

Sa peau, toute mouchetée de taches noires rondes, est une des plus belles qu'on puisse voir ; elle fait une fourrure d'un très-haut prix. — (*V.* 3e T., Q., n° 4.)

LA VIGOGNE.

Comme plusieurs autres animaux couverts de laine, qu'on trouve au Pérou, la vigogne a une toison pour la possession de laquelle les chasseurs lui font une guerre cruelle. Sa laine est de différentes qualités ; celle du dos, plus foncée et plus fine, est la plus estimée.

La vigogne est d'un naturel sauvage ; elle a le cou long et délié, la physionomie fine et vive. En état de captivité, elle mange à peu près tout ce qu'on lui présente, mais on n'en élève guère ainsi que par pure curiosité. — (*V.* 3e T., Q., n° 7.)

LE FENNEC.

Le fennec, dont la patrie est inconnue, est un mammifère qu'on assimile aux galagos, lesquels se trouvent en Afrique, et ressemblent beaucoup aux makins aux longues oreilles.

Le fennec est de la grosseur d'un lapin ; ses oreilles, longues et larges, font un volume à peu près égal à celui de sa tête. Son poil, d'un gris roux, est épais et soyeux ; sa queue, qui est plus longue que son corps, est extrêmement touffue.

Tous les animaux de cette espèce se nourrissent principalement d'insectes et de fruits. Ils établissent leur retraite dans des troncs d'arbres d'où ils ne sortent que la nuit. — (Voir 4e tableau, Q., n° 7.)

LE PHALANGER VOLANT.

Les phalangers sont des mammifères qu'on ne connaît guère que par leurs dépouilles. On sait cependant qu'ils vivent au fond des bois, qu'ils se nourrissent de feuilles d'arbres et de fruits, que leur timidité est extrême, qu'ils ont peu de moyens de défense, et que c'est principalement en fuyant sur les arbres avec agilité qu'ils échappent à leurs ennemis. On les trouve dans les îles de l'Archipel, des Indes et de la Nouvelle-Hollande.

Le phalanger volant est particulièrement favorisé en ce que, par l'effet de la surface que présente à l'air la peau qu'il a sur les flancs et qui s'étend entre ses membres antérieurs et postérieurs, il saute avec plus de facilité que tous les autres. — (*V.* 4e T., Q., n° 2.)

LE DASYURE MOUCHETÉ.

La Nouvelle-Hollande est la patrie des dasyures. Ces mammifères ressemblent, sous le rapport de l'instinct et de la voracité, aux fouines et aux putois. Comme eux ils sont habiles à dérober et ardens à poursuivre leur proie. Ils chassent la nuit, et dorment le jour. Leur voisinage est très-incommode. Ils se servent de leurs mains pour porter à leur bouche. Ce qu'il y a de plus extraordinaire et de plus remarquable dans la conformation de ces animaux, est une poche, dont la nature les a pourvus, et dans laquelle ils renferment leurs petits aussitôt qu'ils sont nés.

Le dasyure moucheté a le pelage marqué de taches blanches. On connaît des dasyures de huit espèces; ils sont tous de différentes grandeurs. — (*V.* 4e T., Q., n° 8.)

LE TARSIER AUX MAINS BRUNES.

Le tarsier, de l'espèce des mammifères, a les yeux si volumineux, que le reste de la face en est débordé. Aucun autre animal n'a le cerveau plus ample. Sa queue est plus longue que son corps; elle est terminée par un bouquet de poils. On pense qu'il a besoin de beaucoup de ruse pour se procurer sa nourriture, et que, quand il se tient au guet dans le feuillage, il est averti de la présence des insectes au moyen de l'espèce de pinceau qui est à l'extrémité de sa queue. Son nom lui vient de son tarse, ou coude-pied, qui est démesurément alongé.

Les oreilles du tarsier aux mains brunes sont assez grandes. Son pelage est brun-roussâtre. — (*V.* 4e T., Q., n° 5.)

L'INDRI A QUEUE COURTE.

L'indri, autrement appelé *homme des bois* par les habitans de Madagascar, est un singe d'espèce intermédiaire, que les naturels de ce pays élèvent pour la chasse. C'est un animal docile et intelligent.

Les jambes de derrière de l'indri sont, à peu de chose près, doubles des antérieures; elles lui servent à s'élancer à une très-grande distance. Ses mains sont particulièrement remarquables par leur longueur, et de plus par la grandeur des pouces. Sa queue est très-courte. Il craint beaucoup le froid, et dort accroupi, la tête cachée entre ses cuisses. Son pelage, sur le dos, est d'un brun-roussâtre; sur la croupe, la queue et le bord extrême des tarses, il est blanc marqué de jaune. — (*V.* 4e T., Q., n° 1.)

LE RAT.

Le rat, sous la dénomination duquel on confond à tort plusieurs petits quadrupèdes d'espèces différentes, est un animal vorace et carnassier. Il habite ordinairement dans les maisons particulières, les greniers et les serres à fruits. Il ronge la laine, les meubles, perce le bois, et s'introduit jusque dans la boiserie des appartemens.

Les animaux de cette espèce pullulent à tel point, qu'ils causent souvent de grands dommages. Les chats qu'on leur oppose, et les piéges qu'on leur tend, ne suffisent pas pour les détruire. Quand les subsistances leur manquent et que la faim les presse, ils se dévorent les uns les autres; les plus forts se jettent sur les plus faibles, et leur font une guerre qui finit presque toujours par la destruction du plus grand nombre de ces derniers. — (*V.* 4e T., Q., no 14.)

LE MULOT.

Le mulot, plus petit que le rat, habite les bois et les champs. Il se retire dans des trous qu'il se pratique sous des buissons et des troncs d'arbres. Il y réunit une très-grande quantité de glands et de noisettes.

Les mulots font beaucoup de dégâts dans les plantations. Ils déterrent les glands qu'on a semés, et les emportent dans leur trou, où ils les entassent et les laissent sécher et pourrir. Le tort qu'ils font à un semis de bois est plus considérable que celui causé par tous les autres animaux. Comme les rats, ils se mangent les uns les autres quand les vivres viennent à leur manquer; ce qui arrive chaque hiver. — (*V.* 4e T., Q., no 12.)

L'ÉCUREUIL.

L'écureuil est un joli petit animal qui vit de fruits, d'amandes, de noisettes et de glands. Il est gai, vif, alerte et très-éveillé. Sa physionomie est fine, ses membres sont dispos, et ses yeux pleins de feu. Sa belle queue, qu'il relève en forme de panache, lui sert à se garantir du soleil.

L'écureuil n'approche jamais des habitations. Il demeure, comme les oiseaux, sur la cime des arbres, et ce sont ordinairement les plus vieux et les plus hauts qu'il choisit pour y faire son nid. Le poil de sa queue sert à faire des pinceaux. On le trouve dans les pays froids et tempérés. Il est facile de l'apprivoiser. — (*V.* 4e T., Q., nº 4.)

LE LOIR.

Le loir est un petit animal qui, sous plusieurs rapports, ressemble à l'écureuil. Comme lui, il habite les forêts, grimpe sur les arbres, et se nourrit de noisettes, de châtaignes et de fruits sauvages. Il se gîte dans les troncs d'arbres creux et dans les fentes des rochers.

Le loir est courageux; il se défend contre ses ennemis jusqu'à la dernière extrémité. Il a si peu de chaleur intérieure, que pendant l'hiver il est dans un état continuel d'engourdissement qui le rend incapable de sentir qu'on le touche; il n'y a qu'une vive douleur qui puisse l'en tirer momentanément. On ne le trouve guère qu'en Europe, et seulement dans les pays dont le climat est tempéré. — (*V.* 4e T., Q., nº 15.)

LE LÉROT.

Le lérot, qui n'est autre qu'un petit loir, a des habitudes qui diffèrent de celles de ce dernier. Le loir demeure dans les forêts; le lerot, au contraire, habite les jardins particuliers, et s'introduit même jusque dans les maisons. Il se loge habituellement dans les trous des murailles, et n'en sort que pour grimper sur les arbres, où il choisit les meilleurs fruits, les entame, et en fait provision.

Les lérots se trouvent dans tous les climats tempérés de l'Europe. Comme les loirs, le grand froid les engourdit. — (*V.* 4e T., Q., nº 10.)

LA TAUPE.

La taupe, dont l'aspect n'a rien d'agréable, est un des animaux les plus favorisés de la nature. Elle possède plus que tout autre l'art de se mettre en sûreté, et de se pratiquer en un instant un asile qui la garantit des atteintes de ses ennemis. Elle se nourrit d'insectes et de vers, et ne sort de sa retraite que lorsqu'elle y est forcée par l'abondance des pluies. Les inondations et les débordemens de rivières sont ses plus grands fléaux.

Les demeures que les taupes se creusent sous terre décèlent en elles une rare intelligence. Plusieurs naturalistes ont longuement décrit ces habitations, qui méritent en effet d'être observées attentivement.

On a dit que les taupes dormaient continuellement sans manger pendant une partie de l'année; c'est une erreur à laquelle il ne faut pas croire. (*V*. 4e T., Q., no 11.)

LA MARMOTTE.

La marmotte, qu'on trouve en France sur les plus hautes montagnes des Alpes et des Pyrénées, est un animal qui, pris jeune, s'apprivoise facilement; elle apprend à danser, à gesticuler et à obéir au commandement.

Les pieds et les ongles des marmottes semblent être faits pour creuser la terre; ce qu'elles font en effet avec une incroyable célérité. La demeure qu'elles se pratiquent a la forme d'un Y; la partie inférieure de cette bizarre excavation est celle où elles séjournent. On assure que lorsqu'elles veulent garnir leur asile de foin, d'herbe ou de mousse, il y en a une qui se couche sur le dos, pendant que les autres la chargent, et qu'elle se laisse traîner ainsi comme une voiture, jusqu'au lieu de l'excavation. L'engourdissement que ces animaux éprouvent pendant plusieurs mois par l'effet du froid, a fait dire, à tort, qu'ils dormaient continuellement. — (*V*. 4e T., Q., no 13.)

LE HÉRISSON.

Le hérisson est un petit animal qu'on trouve en Europe dans les lieux élevés et secs. Il établit sa retraite dans les troncs des vieux arbres et les fentes des rochers. Les épines dont il est couvert, et qu'il hérisse à volonté, lui servent d'armes défensives, et le garantissent naturellement des atteintes de ses ennemis. Les chiens même ne se soucient pas de le saisir; quand ils l'aperçoivent ils se contentent d'aboyer.

Les hérissons vivent de fruits tombés; ils mangent aussi des hannetons, des vers, des racines et même de la viande crue ou cuite. On les prend à la main sans qu'ils se défendent. Ils ne courent que la nuit; le jour ils restent cachés. Pendant l'hiver ils dorment continuellement. — (*V.* 4e T., Q., n° 3.)

LE PALMISTE.

Cet animal est originaire de Barbarie. Ce petit quadrupède passe sa vie sur les palmiers. Il ressemble à l'écureuil par les habitudes et par la taille. Les bandes blanches qu'il a sur le dos rendent sa robe très-agréable à voir.

Comme l'écureuil, le palmiste vit de fruits; il est aussi vif que doux, et s'apprivoise très-aisément. Il est léger, agile et d'une très-jolie figure. — (*V.* 4e T., Q., n° 9.)

LE PETIT-GRIS.

Le petit-gris, si connu de nom par sa fourrure fine et douce, ressemble beaucoup à l'écureuil, qui est un peu plus petit. On le trouve dans différentes contrées d'Europe et d'Amérique.

Les petits-gris se nourrissent de fruits et de graines. Ils se tiennent ordinairement sur les pins les plus élevés, et font, pour l'hiver, des provisions qu'ils déposent dans le creux des arbres où ils se retirent pour passer la mauvaise saison. Ces animaux changent souvent de pays, et lorsqu'ils veulent aller à un autre endroit et qu'il leur faut passer quelque lac ou quelque rivière, ils prennent une écorce de pin ou de bouleau, la tirent sur le bord de l'eau, se placent dessus, et s'abandonnent au gré du vent; leurs queues leur servent de voiles. La fourrure des petits-gris est pour les femmes d'un usage presque universel. — (*V.* 4e T., Q., n° 6.)

LE CAPUCIN DE L'ORÉNOQUE.

Ce singe, trouvé en Amérique sur les bords de l'Orénoque, a pour nom primitif *brachyurus*, et pour surnom *chiropotes* (qui boit avec la main). Il est de la race des mammifères.

Le capucin ne vit pas par bandes; le mâle et la femelle parcourent seuls les bois et les forêts. Il porte une longue barbe, dont il prend le plus grand soin, et qu'il évite de mouiller quand il boit. Il est naturellement triste et mélancolique. Lorsqu'il est irrité, il se dresse sur ses pieds de derrière, grince des dents, frotte sa barbe, et s'élance sur son ennemi. (*V.* 5e T., Q., n° 15.)

LE PAPION.

Le papion appartient à l'espèce des singes. C'est un animal méchant et féroce qui ne se nourrit pourtant que de fruits, de racines et de graines. Son aspect inspire l'horreur; il grince continuellement des dents, s'agite et se débat avec colère. Il est très-fort, très-agile et couvert d'un poil long et épais qui le fait paraître beaucoup plus gros qu'il n'est.

Lorsque des animaux de cette espèce sont réunis en troupes, ils font de grands dégâts dans les terres cultivées; ils se jettent les uns aux autres, après s'être rangés sur une ligne qui finit ordinairement à quelque montagne, les fruits et les racines qu'ils dérobent; ils dévastent ainsi un grand nombre de propriétés. — (*V.* 5e T., Q., n° 5.)

LE MANDRILL.

Après l'orang-outang, le plus grand des singes est le mandrill. Il est d'une laideur désagréable et dégoûtante. On le trouve dans les provinces méridionales de l'Afrique.

Les animaux de cette espèce ont presque toujours le nez humide; il en découle continuellement une morve qu'ils se plaisent à faire entrer dans leur bouche. Ils sont plus tranquilles et moins féroces que les papions. Leur corps est trapu et leurs fesses sont couleur de sang. Ils ont la face violette et sillonnée de rides profondes qui en augmentent la difformité.

Le cri des mandrills, quand on les tourmente, ressemble à celui des enfans. — (*V.* 5e T., Q., n° 1.)

L'OUISTITI.

L'ouistiti, petit singe qui n'a pas un demi-pied de longueur, est coiffé de deux toupets formés de longs poils blancs placés au-devant des oreilles. Les plus gros ne pèsent guère que six onces.

L'ouistiti se nourrit de fruits, de légumes, d'insectes et de limaçons. Il mange le poisson avec avidité. Ses mœurs sont d'ailleurs peu connues. On le trouve dans les terres méridionales de l'ancien continent. — (*V.* 5e T., Q., no 10.)

LE MICO.

Ce petit singe, dont l'espèce est fort rare, se trouve dans les montagnes de la terre-ferme des Indes. Il est peu connu. Le poil de son corps est argenté et de la couleur des plus beaux cheveux blonds. Il est particulièrement remarquable en ce que ses oreilles, ses joues et son museau, sont teints d'un vermillon si vif, qu'on a peine à se persuader que cette couleur soit naturelle. Sa queue est moitié plus longue que son corps et sa tête pris ensemble; il n'a environ que sept ou huit pouces de longueur. — (*V.* 5e T., Q., no 11.)

LE PINCHE.

Le pinche est un joli petit singe dont la voix ressemble assez au chant d'un oiseau. L'espèce de chevelure blanche qu'il porte au-dessus et aux côtés de la tête rend sa figure très-singulière. Le poil de son corps est de différentes couleurs; celui de sa queue est d'un roux vif à son origine, et devient d'un noir-brun à l'extrémité.

Le pinche est très-délicat; il faut de grandes précautions pour le transporter d'Amérique en Europe. On prétend qu'il est glorieux à tel point, que, lorsqu'on le fâche, il se laisse mourir de dépit. — (*V.* 5e T., Q., no 6.)

LE MALBROUCK.

Le malbrouck est une espèce de guenon qu'on trouve en grande quantité dans les provinces de l'Inde habitées par les Bramans. Le respect qu'on a pour les singes, dans ces pays où l'on épargne la vie de tous les animaux, fait qu'ils se multiplient à l'infini.

Les malbroucks se nourrissent de fruits, de cannes à sucre et de noix de cocos. Quand les plantes leur manquent, ils mangent des insectes, et quelquefois des poissons et des crabes qu'ils vont attraper sur les bords des fleuves et de la mer. Lorsqu'une troupe de ces animaux s'occupe à dévaster une plantation, il y en a toujours un qui fait sentinelle sur un arbre, tandis que les autres se chargent du butin : s'il aperçoit quelqu'un, il donne, d'une voix haute et distincte, le signal de la retraite. Leurs ennemis les plus redoutables sont les serpens, dont la grandeur est prodigieuse, et qui, épiant le moment où ils sont endormis, les avalent souvent tout d'un coup. — (*V.* 5e T., Q., n° 2.)

LA GUENON A LONG NEZ.

Cette guenon, originaire des grandes Indes, est particulièrement remarquable par son nez qui a la forme de celui de l'homme, mais qui est plus large et plus long ; un sillon prolongé semble le diviser en deux.

Le corps de la guenon à long nez est gros et couvert d'un poil brun-marron sur le dos, et orangé sur la poitrine. Sa face, comme son nez, n'a d'autre enveloppe qu'une peau dans la couleur de laquelle il y a un mélange de brun, de rouge et de bleu. Sa bouche est grande ; les dents qui la garnissent sont semblables à celles de l'homme. Lorsqu'elle est debout, elle a quatre pieds de hauteur. Ses habitudes ne diffèrent pas de celles des autres guenons. —(*V.* 5e T., Q., n° 7.)

LE PONGO.

Le pongo, ou grand orang-outang, est de tous les singes qu'on voit en Afrique celui qui ressemble le plus à l'homme. Il est grand, robuste, a la face plate, le nez camus et épaté, la peau de la couleur de celle d'un mulâtre. Son poil est clair-semé dans plusieurs parties de son corps ; il marche sur ses deux pieds.

Le pongo est d'un naturel sauvage ; mais on parvient facilement à l'apprivoiser ; et en état de domesticité, l'intelligence dont il est doué, perfectionnée par l'éducation, le rend capable d'apprendre tout ce qu'on désire qu'il sache. Il possède un talent d'imitation qu'on ne retrouve dans aucun autre singe. On a vu des animaux de cette espèce marcher, comme des hommes, à l'aide d'un bâton ; admis dans l'intérieur des habitations, servir ou prendre place à table; faire usage de la cuiller ou de la fourchette pour porter les mets à la bouche, verser eux-mêmes leur boisson dans un verre, trinquer lorsqu'ils y étaient invités, aller prendre une tasse, y verser du thé, le sucrer, et attendre, pour le boire, qu'il fût refroidi. On en a vu un présenter la main pour reconduire les gens qui étaient venus visiter son maître. Un autre, tombé malade, s'est fait soigner comme un homme; on l'a saigné deux fois au bras, et il s'en est trouvé si bien, qu'il présentait toujours son bras pour qu'on le soignât lorsque depuis il s'est senti incommodé.

On rapporte beaucoup d'autres faits qui attestent que ces animaux, par l'intelligence et la conformation, sont ceux qui ont le plus de rapports avec l'espèce humaine. — (*V*. 5e T., Q., n° 13.)

LE PORC-ÉPIC.

Le porc-épic ne ressemble au cochon que par le grognement; pour tout le reste il en diffère autant qu'aucun autre animal. Il est originaire des climats chauds de l'Afrique et des Indes; ce n'est que dans les siècles derniers qu'on l'a transporté en Europe, où l'espèce s'en est multipliée.

Dans l'état de liberté, le porc-épic vit de racines et de graines sauvages; captif, on le nourrit aisément avec de la mie de pain, du fromage et des fruits. Les piquans dont il est entouré le rendent fort dangereux pour ses ennemis. Lorsqu'il sent la nécessité de se défendre, il se penche d'un côté, et quand il juge que son adversaire s'est suffisamment approché, il se relève fort vite, et le pique de l'autre. Quelques naturalistes ont affirmé, à tort, que le porc-épic lançait ses piquans lorsqu'il était en furie. C'est un fait merveilleux auquel il ne faut pas croire; l'expérience a prouvé la fausseté de cette assertion. — (*V*. 5e T., Q., n° 8.)

LE PHOQUE COMMUN.

Le phoque commun, que les mariniers français appellent indifféremment *veau*, *loup*, et *chien marin*, se trouve dans la mer Baltique, dans l'Océan, dans la Méditerranée et dans la mer Noire.

Le phoque est une espèce d'amphibie; la mer est son élément, et le poisson sa nourriture. Il va dormir à terre, où il ronfle si profondément au soleil, qu'on le surprend aisément. Ses deux pieds de devant sont formés pour marcher, et ceux de derrière pour nager. Les ongles dont chacun de ses pieds est armé lui permettent de grimper sur les rochers, ou de se cramponner sur la glace.

Les Groenlandais tirent un très-grand parti de la chasse des phoques ; ils se nourrissent de leur chair, et font de l'huile et de la chandelle de leur graisse. Ils utilisent aussi leurs boyaux et leur vessie. — (*V.* 5ᵉ T., Q., nº 14.)

LE LAMENTIN.

Le lamentin est un gros animal d'une figure informe qu'on trouve dans les mers et dans les fleuves du Nouveau-Monde, ainsi que sur les côtes et dans les rivières de l'Afrique. Il tient du quadrupède par les deux pieds ou mains qui sont en avant de sa poitrine, et du cétacé par les parties de l'arrière de son corps.

Le lamentin est un animal fort doux qui se nourrit d'herbe. Il ne s'engage jamais dans des eaux assez basses pour ne pouvoir pas y nager ; aussi ne va-t-il pas à terre. Sa chair est très-délicate, et sa graisse, épaisse de plusieurs pouces, supplée au beurre, et peut être conservée très-long-temps même pendant l'été.

La peau des lamentins est si dure et si forte, surtout lorsqu'elle est sèche, qu'on l'emploie pour faire des nacelles. — (*V.* 5ᵉ T., Q., nº 12.)

LE CASTOR.

Le castor, dont la fourrure est plus belle et plus estimée que celle de la loutre, se trouve en grand nombre dans les provinces du nord de l'Europe. Il n'est remarquable à l'extérieur que par la conformation de sa queue qui est plate, ovale, et recouverte d'écailles ; elle lui sert de gouvernail pour se diriger dans l'eau.

Les castors habitent ordinairement les bords des lacs et des rivières. C'est là que, réunis en société, ils se construisent des habitations qui décèlent en eux de grands talens naturels pour l'architecture. Ils abattent de gros arbres en les rongeant au pied, plantent des pieux, élèvent des digues, gâchent la terre avec leurs pieds, en introduisent dans toutes les fentes qui existent entre les morceaux de bois qu'ils emploient, et parviennent ainsi, à force de travail et de persévérance, à élever de petites cabanes bâties sur pilotis, où ils vivent retirés et tranquilles pendant l'automne et l'hiver. Sous ce rapport, les castors sont supérieurs à tous les autres animaux. Ils se nourrissent habituellement d'écorces fraîches, et ont soin d'en faire grande provision. L'hiver est la saison qu'on choisit pour les chasser, leur fourrure n'étant parfaitement bonne qu'à cette époque. — On en emploie le poil à faire ces beaux chapeaux appelés *castors*, et la peau à faire des souliers et des gants. — (*V.* 5e T., Q., n° 9.)

LE COQUALLIN.

Le coquallin est un joli animal, beaucoup plus grand que l'écureuil, auquel il ressemble assez à l'extérieur, et qui est très-remarquable par ses couleurs. On ne le trouve que dans les parties méridionales de l'Amérique.

Le coquallin se tient sous terre dans des trous et sous les racines des arbres. Il est défiant et rusé; on ne peut l'apprivoiser. Il se nourrit de grains et de fruits, et a la prévoyance d'en remplir son domicile, pour ne pas manquer de subsistances pendant l'hiver. — (*V.* 6e T., Q., n° 14.)

LE POLATOUCHE.

Le polatouche, plus commun en Amérique qu'en Europe, participe un peu de l'écureuil, du rat, du loir et de la chauve-souris; il ressemble plus particulièrement à cette dernière par la peau lâche et plissée qu'il a sur les côtés du corps.

Le polatouche est d'un naturel tranquille. Il ne se donne de mouvement que le soir; dans le jour on pourrait le croire endormi. Comme l'écureuil, il habite sur les arbres; il saute de branche en branche, et se nourrit de graines et de fruits. Il aime, de préférence à toute autre plante, les boutons et les jeunes pousses du pin et du bouleau. On l'apprivoise très-facilement. — (*V.* 6e T., Q., n° 6.)

LE LYNX.

Le lynx ou loup-cervier, plus commun dans les pays froids que dans les pays tempérés, n'a d'autre ressemblance avec le loup qu'une espèce de hurlement qui, entendu de loin, abuse les chasseurs. Sa peau est tachetée comme celle des jeunes cerfs, de là vient son troisième surnom de cervier. Il a les yeux brillans, le regard doux et l'air agréable; ce qui ne l'empêche pas d'être très-féroce et très-redoutable. Il vit de chasse; attend au passage les cerfs, les chevreuils, les lièvres; s'élance dessus, les prend à la gorge, suce leur sang, et leur ouvre la tête pour manger leur cervelle. Il poursuit aussi, jusqu'à la cime des arbres, les chats sauvages, les martres, les écureuils, et même les oiseaux.

Les lynx tués pendant l'hiver ont une fourrure meilleure et plus fournie que ceux qu'on tue pendant l'été. — (*V.* 6e T., Q., nº 9.)

LE GERBO.

Le gerbo, qui se trouve en Afrique et en Asie, a la taille et la physionomie du lapin d'Europe. Pour tout le reste il en diffère entièrement. Son allure est singulière. Ses pieds de devant, qui sont très-courts, et qu'il tient ordinairement cachés dans son poil, ne touchent jamais à terre; il s'en sert pour porter à sa gueule. Ses jambes ou pieds de derrière sont au contraire très-longs; comme sa queue, ils ont trois fois la longueur de son corps.

Les gerbos ne marchent pas; pour passer d'un lieu à un autre ils sautent, étant toujours debout, très-légèrement et très-vite, à trois ou quatre pieds de distance. Ils sont d'un naturel assez doux. Cependant ils ne s'apprivoisent pas facilement. Comme les lapins, ils se creusent des terriers, y déposent des provisions d'herbes dont ils se nourrissent habituellement, et y passent l'hiver sans en sortir. Ils ne dorment jamais que le jour. — (*V.* 6e T., Q., nº 8.)

LE FOURMILIER.

Le fourmilier, ainsi nommé parce qu'il se nourrit de fourmis, est un petit quadrupède qu'on ne trouve que dans les pays les plus chauds de l'Amérique. Il a le museau long, la gueule étroite et dépourvue de dents. Ses pieds ne sont faits que pour grimper et saisir. Sa langue, étroite et aplatie, est fort longue; il la plonge dans les fourmilières, et l'en retire couverte de fourmis qu'il avale.

Le fourmilier n'est guère plus grand qu'un écureuil; il vit sur les arbres au haut desquels on le trouve souvent suspendu par ses griffes. Il ne mange que la nuit; sa marche est lente et mesurée. — (*V.* 6e T., Q., n° 12.)

LE PANGOLIN.

Le pangolin, connue sous le nom de lézard écailleux, est un animal qu'on trouve dans les Indes orientales et en Afrique. Il est recouvert, depuis le museau jusqu'à l'extrémité de la queue, d'écailles larges et épaisses qui lui servent de cuirasse et même d'armes offensives. Les animaux les plus cruels, tels que le tigre, la panthère, etc., ne peuvent le saisir; ils se blessent en cherchant à l'étouffer.

Le pangolin se nourrit d'insectes, et surtout de fourmis. Il est naturellement doux, et ne fait de mal à personne. Sa langue est très-longue, sa gueule étroite et sans dents apparentes. Il marche lentement. Les plus grands qu'on ait vus avaient huit pieds de longueur, y compris la queue qui en a à peu près quatre. — (*V.* 6e T., Q., n° 13.)

L'ENCOUBERT.

L'encoubert, originaire d'Amérique, est recouvert d'une cuirasse osseuse qui le rend très-remarquable. Cette cuirasse, à chacune des extrémités, forme un bouclier composé de pièces dont les figures sont à cinq ou six angles. Il a douze ou quatorze pouces de longueur.

L'encoubert a le museau aigu, les yeux petits et enfoncés, la langue étroite et pointue. Il se nourrit de fruits, de racines, d'insectes et d'oiseaux, et vit dans des terriers qu'il pratique très-facilement, tant à l'aide de ses ongles, que de son groin. Il marche avec vivacité; mais il ne peut ni sauter, ni courir. Son naturel est fort doux. — (*V.* 6e T., Q., n° 3.)

L'OREILLARD.

Les longues oreilles dont cet animal est pourvu lui ont fait donner le nom d'oreillard. Comme toutes les chauves-souris d'espèces différentes, il se tient habituellement dans les lieux ténébreux. Comme elles aussi il se nourrit d'insectes, de moucherons, de cousins et de papillons. Il ne s'élève jamais dans son vol, qui n'a ni rapidité ni direction fixe, à une grande hauteur. Il semble plutôt voltiger que voler.

Les chauves-souris ne sont ni des quadrupèdes ni des oiseaux, et participent cependant des uns et des autres. On les considère comme des espèces de monstres. La membrane flexible qui couvre leur corps, leurs bras et leurs jambes rend leur aspect bizarre et repoussant. Elles ne sortent de leurs retraites que la nuit, et passent l'hiver sans bouger et sans manger. Elles sont très-sensibles au froid.

L'oreillard est très-commun. — (*V.* 6e T., Q., no 5.)

LA NOCTULE.

La noctule est une chauve-souris très-commune en France. Ses oreilles sont courtes et larges, son poil est roussâtre, sa voix est aiguë et perçante. Elle est à peu près aussi grosse que la chauve-souris ordinaire.

On trouve la noctule sous les gouttières de plomb des châteaux et des églises, et dans les creux des vieux arbres. — (*V.* 6e T., Q., no 15.)

LA BARBASTELLE.

Cette chauve-souris, grosse à peu près comme l'oreillard, a au-dessus des lèvres un bourrelet produit par le renflement de ses joues, qui fait croire qu'elle a des moustaches. Ses oreilles, aussi larges, mais moins longues que celles de l'oreillard, se confondent avec ses yeux. Son nez est fort aplati et son museau très-court. — (*V.* 6e T., Q., no 1.)

LE FER-DE-LANCE.

Le fer-de-lance est une chauve-souris, ainsi nommée, parce qu'elle porte sur le nez une crête qui a la forme d'un fer de lance garni de ses oreillons.

On ne remarque d'ailleurs d'autre différence apparente entre le fer-de-lance et la chauve-souris ordinaire, à laquelle il ressemble par la grosseur et par la couleur du poil, que dans la dimension de la queue, qu'il a très-courte.

Cet animal est fort commun en Amérique. On ne le trouve point en Europe. (*V.* 6e T., Q., no 11.)

LA CIVETTE.

La civette, originaire des climats les plus chauds de l'Afrique, est un animal naturellement sauvage et féroce qui se nourrit de petits quadrupèdes et d'oiseaux qu'elle attrape à la chasse. Sa peau est tachetée comme celle de la panthère; elle ressemble beaucoup à un chat. Elle est agile, légère, a les yeux brillans, et voit dans l'obscurité.

Malgré leur naturel farouche, les civettes se laissent apprivoiser assez aisément. Elles produisent une humeur ou muscosité odorante dont on fait un parfum suave et pénétrant, auquel on a donné leur nom. Cette humeur est déposée dans une poche qu'elles ont sous la queue; pour l'extraire, les Nègres les renferment séparément dans des cages où ils les tiennent à la gêne, les tirent par la queue, et introduisent dans la poche une petite cuiller avec laquelle ils enlèvent la liqueur embaumée. L'odeur que ces animaux exhalent est si forte que, long-temps après leur mort, leur peau en est encore pénétrée. — (*V.* 6e T., Q., no 10.)

LA CHÈVRE BLEUE.

Cette chèvre, très-commune au cap de Bonne-Espérance, ressemble par les mœurs et les habitudes à toutes les autres chèvres sauvages. Elle est particulièrement remarquable par la couleur de son poil qui n'est pas tout-à-fait bleu, mais d'un gris tirant sur le bleuâtre.

La chèvre bleue est plus grande que le daim d'Europe; ses cornes, un peu courbées en arrière, sont ridées d'environ vingt anneaux, et ont dix-huit ou vingt pouces de longueur. — (*V.* 6e T., Q., n° 4.)

LE RENNE.

Le renne, qui à l'extérieur a beaucoup de ressemblance avec le cerf, en a plus encore dans la conformation de ses parties intérieures. Les climats froids sont ceux qu'il préfère. Il habite les pays glacés qui sont au-delà du cercle polaire en Europe et en Asie. Il ne va que par bonds et par sauts; en état de liberté il se tient toujours sur les montagnes. Sa marche est une espèce de trot, prompt et aisé, au moyen duquel il fait autant de chemin que le cerf ou le chevreuil, sans éprouver la même fatigue.

Les rennes sont pour les Lapons une source de richesses; ils suppléent chez eux à presque tous les animaux domestiques qu'on possède en Europe. On les attèle à des traîneaux ou à des voitures, et ils font aisément, avec assurance et légèreté, trente lieues par jour sur la neige gelée. Leur chair est très-bonne à manger, et leur poil fait une excellente fourrure. Le lait des femelles est plus substantiel et plus nourrissant encore que celui de la vache. Les Lapons utilisent leur peau, leurs nerfs, leurs os, leurs bois, et même la corne de leurs pieds. Ils mangent en hiver une mousse blanche qu'ils savent découvrir sous les neiges, et en été des boutons et des feuilles d'arbres. Leurs mœurs sont fort douces. Tous les Lapons en possèdent; les plus riches ont des troupeaux où l'on compte jusqu'à cinq cents rennes. Les plus pauvres en ont au moins dix ou douze. — (*V.* 6e T., Q., n° 2.)

LE BOUQUETIN.

Le bouquetin ou bouc sauvage ressemble exactement au bouc domestique par la conformation, le naturel et les habitudes physiques. Il habite les lieux déserts, et surtout les plus hautes montagnes; on ne le trouve guère que dans les Alpes, les Pyrénées et les montagnes de la Grèce et des îles de l'Archipel.

Le bouquetin court aussi vite que le cerf; il franchit les précipices en bondissant de rocher en rocher, et se fraie des chemins à travers les neiges. La chasse de cet animal est quelquefois dangereuse ; lorsqu'il se voit pressé, il s'élance sur le chasseur, le frappe d'un violent coup de tête, et le renverse. Quand on les prend jeunes, les bouquetins s'apprivoisent assez facilement. Leur peau fait une fourrure très-épaisse et très-chaude. — (*V.* 6e T., Q., n° 7.)

LES OISEAUX.

INTRODUCTION.

En faisant la répartition de ses dons aux êtres créés, la nature a donné à chacun les organes qui sont le plus propres aux fonctions que sa prévoyance lui destinait dans la carrière où il entre en naissant. Habitans des régions atmosphériques, les oiseaux avaient besoin de force et de légèreté, de vigueur musculaire et de souplesse : ils ont été pourvus de ces qualités précieuses. Formes délicates, membres déliés, mouvemens vifs et prompts, coup d'œil sûr et perçant, plumage aérien, tels sont les avantages que les oiseaux possèdent ; la nature voulut y ajouter la grâce et la beauté.

La faculté de sentir qui produit l'instinct, le naturel qui n'est pas autre chose que cet instinct appliqué habituellement aux actes extérieurs, n'ont pas dû être les mêmes chez tous les animaux. Le quadrupède, attaché à la terre, ne pouvait ni sentir ni agir comme l'oiseau qui vit au sein des airs ; et, s'il est vrai que les sensations dépendent de la conformation des organes par lesquels elles se transmettent, c'est dans l'organisation des oiseaux, c'est dans la manière dont leurs sens s'exercent qu'il faut chercher la raison de la différence de mœurs, qui, non moins que la forme, les distingue des quadrupèdes.

Le sens de la vue dans les oiseaux est sans contredit le plus parfait de tous, et il est en eux beaucoup plus étendu, beaucoup plus net que dans les autres animaux. Deux membranes de plus dans l'œil des oiseaux, l'une au dedans, l'autre au dehors, prouvent assez qu'en travaillant cet organe avec plus de soin la nature a voulu qu'il fût supérieur au même organe dans le quadrupède, et que parmi ceux des oiseaux il tînt la première place; l'expérience nous dit que les oiseaux distinguent les objets à une distance infiniment plus grande que celle d'où nous pouvons nous-mêmes les apercevoir. Le milan, qui s'élève à une hauteur si prodigieuse qu'il disparaît à tous les regards, a vu très-bien sans doute, rampant sur le sol, le petit lézard dont il fait sa proie, et la poule, inquiète pour ses petits, découvre au haut des airs cet ennemi perfide long-temps avant qu'il se montre à nos yeux.

La perfection de ce sens était nécessaire à l'animal voyageur qui parcourt deux fois tous les ans la moitié du globe; qui, d'un vol rapide, franchit en peu d'heures d'immenses intervalles, qu'aucun obstacle n'arrête dans sa course au milieu de l'espace. Si sa vue était courte, on le verrait craintif, incertain, s'agiter pesamment, voler avec la lenteur que donne la précaution.

L'organe de la voix se trouve en quelque sorte lié au sens de l'ouïe : le sourd de naissance est toujours muet. L'oiseau a la voix forte, étendue; on peut en inférer qu'il jouit au plus haut degré de la faculté d'entendre. L'étendue de la voix, au surplus, est due à l'organisation intérieure. Les muscles pectoraux sont plus charnus et plus forts dans l'oiseau que dans tout autre animal, sans excepter l'homme, et ses poumons distendus renferment plusieurs cavités pleines d'air, qui non-seulement donnent au corps de l'oiseau plus de légèreté spécifique, mais qui fournissent encore abondamment la substance dont il compose les sonores modulations de son chant.

Le cri des quadrupèdes ne se fait guère entendre au-delà de cinq ou six cents toises ; celui des oiseaux traverse un intervalle trois fois au moins plus considérable. L'expérience a démontré qu'un objet cesse d'être visible à l'œil humain à une distance égale à trois mille quatre cent trente-six fois son diamètre. Qu'on suppose un oiseau de quatre pieds seulement d'envergure, il faut qu'il s'élève à la hauteur d'environ quinze cents toises pour que nous cessions de l'apercevoir, et il est certain qu'on peut l'entendre encore au moment où on ne le voit plus.

Une observation essentielle qui n'a point échappé au moderne Pline, c'est que la douceur, l'agrément de la voix dans les oiseaux n'est en grande partie qu'une qualité qu'ils acquièrent par la facilité de retenir et de répéter les sons qui les frappent. De là vient peut-être que les oiseaux de l'Europe ont la voix agréable et mélodieuse, tandis que ceux de l'Afrique et de l'Amérique, où l'on n'a trouvé que des hommes sauvages, ont la voix rauque, dure et criarde. Le climat influe sans doute sur la couleur du plumage, car ces mêmes oiseaux au chant discordant brillent des couleurs les plus vives et les plus variées ; il doit aussi influer sur l'organe de la voix, mais l'influence de l'homme n'est point étrangère aux modifications qu'il reçoit. Dans les oiseaux comme dans tous les êtres vivans, l'imitation engendre la plus grande partie des habitudes.

L'oiseau fend les airs avec autant de vitesse que de facilité. Un aigle qui part de terre, et s'élève perpendiculairement, cesse d'être aperçu au bout d'environ trois minutes. Si de ses ailes étendues il couvre un espace de trois ou quatre pieds, il aura parcouru six ou sept cents toises par minute, ce qui répond à vingt lieues par heure environ; dix heures de vol peuvent donc le transporter à une distance de deux cents lieues; le cerf, l'élan, le renne, le quadrupède le plus agile peut fournir à peine dans tout un jour une carrière de quarante lieues. On sait qu'un faucon de Henri II fut pris à Malte, et reconnu à l'anneau qu'il portait, le lendemain de son départ de Fontainebleau, et qu'un autre faucon, expédié en courrier de l'île de Ténériffe au duc de Lerme qui se trouvait en Andalousie, revint en seize heures rapporter la réponse de ce ministre.

La légèreté des plumes, la forme des ailes, convexes au-dessus, concave en-dessous, leur grande étendue, le peu de pesanteur du corps de l'oiseau, la nature poreuse des os, la force des muscles qui impriment le mouvement, telles sont les causes de la rapidité du vol des oiseaux; mais un effet non moins important de la texture et de la légèreté spécifique des os, c'est que les oiseaux vivent proportionnellement plus long-temps que les quadrupèdes, car moins la substance des os a de solidité, plus il faut de temps à l'os pour se durcir et s'obstruer, et l'on n'ignore pas que c'est de cet endurcissement des os que vient en général la mort naturelle. Le perroquet, le corbeau, la corneille, l'aigle, le cygne et beaucoup d'autres encore passent pour vivre jusqu'à cent ans et plus.

Si le sens de la vue et celui de l'ouïe sont très-actifs dans l'oiseau, s'il jouit d'une grande flexibilité dans ses membres, il est moins bien partagé du côté du toucher, du goût et de l'odorat. Les pieds sont la seule partie de leur corps qui soit divisée ; ce n'est donc que par le moyen de leurs pieds qu'ils peuvent connaître la forme des objets ; mais comme leurs doigts sont toujours recouverts d'une peau dure et calleuse, le sens du tact est nécessairement en eux très-obtus. Quant à l'odorat et au goût, on peut dire qu'en général les oiseaux en sont totalement dépourvus. Leur langue presque cartilagineuse ne saurait juger qu'imparfaitement de la saveur des substances même dont ils se nourrissent ; aussi ne font-ils qu'avaler sans mâcher. Il n'y a guère d'exception qu'en faveur des oiseaux carnassiers, dont la langue plus molle trouve mieux sans doute le goût des alimens.

En résultat, le sens de la vue est le premier dans tous les oiseaux, sans en excepter même les oiseaux de nuit, qui ne voient mal pendant le jour que parce que leurs yeux, trop sensibles, sont blessés par l'abondance de la lumière. Dès lors les sensations les plus vives dans ces animaux sont celles qu'ils reçoivent par le sens de la vue, et ces sensations, devenant dominantes parce qu'elles sont plus fortes et plus nombreuses, modifient le naturel et produisent les habitudes.

Nous ferons observer en finissant que, dans le plus grand nombre d'espèces des oiseaux, le mâle diffère de la femelle par les couleurs, par la forme et par la taille ; que, dans nos descriptions, c'est toujours du mâle que nous parlons ; qu'enfin, comme il est très-difficile de faire prendre par le discours une idée précise des couleurs et même de la forme, le lecteur devra toujours consulter la figure coloriée.

L'AIGLE COMMUN.

L'aigle a été nommé le roi des oiseaux; et si la taille, le courage et la force suffisent pour avoir droit à l'empire, l'aigle mérite le titre qu'on lui donne; mais lorsque, pour le montrer plus digne de le porter, on vante sa magnanimité, sa tempérance, il faut se garder de prendre ces mots à la lettre. L'aigle n'attaque point les petits animaux, parce qu'ils ne lui offrent pas une proie suffisante, et le sang qu'il aime; il abandonne une portion de sa victime, parce qu'une fois rassasié, il manque de prévoyance. L'aigle commun, tantôt brun, tantôt noir, est un peu plus petit que l'aigle fauve ou doré; mais il est en proportion beaucoup plus fort. Il crie aussi moins rarement; et au lieu de chasser ses aiglons lorsqu'ils sont un peu grands, comme le fait l'aigle fauve, il les nourrit avec soin, les élève et les conduit dans leur jeunesse. L'aigle fait ordinairement son nid entre deux rochers; il le construit comme un plancher, avec de minces bâtons longs de cinq ou six pieds, portant par les deux bouts, entrelacés de branches flexibles posées en travers, et recouverts de plusieurs lits de joncs et de bruyères. Ce nid, qu'on nomme aire à cause de sa forme plate, n'est point recouvert par-dessus; il n'est abrité que par les saillies du rocher. L'aigle ne pond qu'une fois par an, et seulement deux ou trois œufs; encore y en a-t-il souvent d'inféconds. — (*V.* 1er T., Oiseaux, n° 1.)

LE PYGARGUE.

Le pygargue, qu'on nomme aussi l'*aigle à queue blanche*, parce qu'en effet les plumes de sa queue sont blanches dessous, ne se distingue de l'aigle que par la nudité de ses jambes la couleur jaunâtre de son bec. Il fait son nid sur les grands arbres, en chasse ses petits de fort bonne heure, est d'un naturel carnassier et féroce. Il aime les climats froids, et on le trouve dans toutes les contrées septentrionales de l'Europe. Il fabrique son nid de la même manière que l'aigle; il n'attaque, pour en faire sa proie, que les grands animaux; et de même que l'aigle, il se rassasie sur le lieu même, abandonnant ce qu'il n'a pu dévorer, ce qui l'expose à manquer souvent de vivres. — (*V.* 1er T., O., n° 2.)

LE JEAN-LE-BLANC.

Cet oiseau de proie, très-commun en France, mais rare dans les autres contrées de l'Europe, a reçu de nos villageois le nom qu'il porte, à cause de la blancheur de toutes les parties inférieures de son corps. Le dos, le croupion, le dessus du cou et la tête sont d'un brun-cendré, quoique toutes les plumes soient blanches à leur naissance; mais elles sont brunes dans les trois-quarts de leur longueur. Le jean-le-blanc ne vit que de chair; il tient, par les formes et par les habitudes, de l'aigle et de la buse. Il ne craint pas la plus forte lumière; il supporte le froid le plus vif sans en paraître incommodé. Il ne boit jamais que lorsqu'il s'est bien assuré qu'il est seul et qu'il n'a rien à craindre. Cette particularité, qui lui est commune avec presque tous les oiseaux de proie, tient à ce que, pour boire, il est obligé de tremper son bec dans l'eau jusqu'aux yeux. — (*V.* 1er T., O., n° 3.)

LE PÉRÉNOPTÈRE.

C'est le nom par lequel Buffon désigne une espèce de vautour qu'on trouve dans les Pyrénées, dans les Alpes et dans les montagnes de la Grèce, remarquable par la nudité de sa tête et de son cou, qui ne sont recouverts que d'un simple duvet, et par un collier de petites plumes blanches et roides placé en forme de fraise au-dessous du cou. Presque aussi grand que l'aigle fauve, mais beaucoup moins fort, et surtout moins courageux, il se laisse battre et chasser par les corbeaux; est paresseux, sans cesse affamé; pousse toujours des cris plaintifs et cherche des cadavres. On a remarqué que lorsqu'il est à terre, il tient toujours ses ailes étendues. — (*V.* 1er T., O., n° 14.)

LE GRIFFON.

C'est le *grand vautour* des anciens, qui l'emporte par la taille sur l'aigle de la grande espèce, et se trouve très-haut monté sur ses jambes, longues de plus d'un pied. Comme le pérénoptère, il a au bas du cou un collier de plumes blanches. Sa couleur générale est le brun-gris tirant sur le bleu; sa queue est courte, relativement à ses ailes, qui sont très-longues. Quelques naturalistes l'ont désigné par le nom de vautour rouge, et de vautour jaune ou fauve. On le trouve en Egypte, en Arabie et dans les îles de l'Archipel. — (*V.* 1er T., O., no 12.)

LE ROI DES VAUTOURS.

Le roi des vautours, qu'on ne trouve que dans l'Amérique méridionale, est le plus bel oiseau de ce genre; c'est ce qui lui a fait donner le nom qu'il porte; mais il est bien moins grand que le griffon et que le vautour ordinaire. L'une des particularités les plus remarquables qu'offre cet oiseau, c'est l'ampleur de sa fraise, formée de longues plumes, douces et flexibles, de couleur de cendre, et dans laquelle l'animal peut cacher son cou et une grande partie de la tête. Ses habitudes contrastent avec la beauté de ses formes; il est sale, puant, ne se nourrit que de rats, de reptiles et d'immondices. Aussi sa chair est-elle de si mauvais goût que les sauvages mêmes n'en peuvent manger. — (*V.* 1er T., O., no 13.)

LE PETIT VAUTOUR.

Cet oiseau, qu'on appelle aussi *vautour à tête blanche*, est probablement le même que les anciens nommaient le vautour blanc, commun dans la Grèce, en Egypte, en Allemagne et même dans les contrées du nord de l'Europe. Sa tête et le dessous du cou, de couleur rougeâtre, sont dégarnis de plumes; celles du reste du corps sont blanches, à l'exception des pennes des ailes qui sont noires. — (*V.* 1er T., O., no 11.)

LE GERFAUT.

Par ses formes, par sa taille, par son naturel, le gerfaut doit être placé au premier rang des oiseaux de la fauconnerie. Plus grand que tous, il a plusieurs caractères particuliers qui le rendent très-propre à profiter de l'éducation qu'on lui donne, car il joint à la docilité le courage et l'intelligence. Il aime les climats froids, et on ne le trouve que dans l'Islande, la Norwége, la Russie et la Tartarie; mais transporté aux climats tempérés, il s'acclimate très-bien sans que ce changement lui ôte rien de sa vivacité et de sa vigueur. Il attaque sans crainte les oiseaux les plus grands; la cigogne, la grue, le héron, lui servent de proie; il prend aussi les lièvres. Le gerfaut est l'oiseau le plus estimé du fauconnier. — (*V.* 1er T., O., n° 9.)

LE FAUCON.

Le faucon habite sur le sommet des plus hautes montagnes, s'approche très-rarement de la plaine, vole à une hauteur immense et avec une rapidité sans égale, est d'un naturel sauvage, et coûte beaucoup de temps et de peine à élever pour la chasse à laquelle on a donné son nom. Cet oiseau est très-courageux, il attaque toujours son ennemi directement et sans détour; il poursuit le milan, lui enlève sa proie, le bat, le chasse; mais on dirait qu'il dédaigne de lui donner la mort. On trouve le faucon dans toutes les îles de la Méditerranée, et même aux Orcades et en Islande. Celui qui est naturel en France est à peu près de la grosseur d'une poule. Sa couleur générale est verdâtre; mais elle varie avec l'âge : on en trouve qui ont les pieds et partie du bec jaunes. On les désigne sous le nom de *becs-jaunes* ou *béjaunes*, mot qui a passé dans la langue comme synonyme de niais. Ces faucons en effet ne peuvent être dressés, et les fauconniers les rejettent de leur école. Il existe dans le genre des faucons un grand nombre de variétés; mais on ne trouve en France et dans les climats tempérés de l'Europe que le faucon commun, qu'on nomme aussi faucon gentil. — (*V.* 1er T., O., n° 8.)

LE MILAN.

Plus petits que le vautour et que l'aigle, mais plus nombreux et plus incommodes, les milans fréquentent les lieux habités, parce qu'ils leur fournissent une proie facile. On trouve leurs nids au pied des montagnes, près des terres cultivées, abondantes en reptiles, en insectes et en gibier. Le vol du milan est aisé, rapide; on dirait que cet oiseau est né pour résider au milieu des airs: car il se plaît à voler, à parcourir tous les jours des espaces immenses. On aime à le voir planer dans les hautes régions. Ses ailes étroites et longues paraissent immobiles, la queue seule se meut et dirige les évolutions de l'oiseau qui, tantôt s'abaisse, tantôt s'élève, quelquefois glisse au lieu de voler; avance, recule, s'arrête, et souvent demeure fixé à la même place des heures entières, sans qu'on puisse voir dans ses ailes aucun mouvement. Sa vue n'est pas moins perçante que son vol prompt et rapide; il aperçoit sa proie à une distance infinie. Cet oiseau est très-vorace, et il s'accommode de tout; mais il n'attaque jamais que les animaux sans défense, car il est extrêmement lâche et pusillanime. On le trouve dans tout l'ancien continent. —(*V*. 1er T., O., n° 5.)

LE BUSARD.

Il est moins paresseux, moins stupide que la buse, à laquelle il ressemble, mais il est aussi plus vorace et plus méchant; il habite les haies et les buissons voisins des marais, a de longues jambes, niche à peu de hauteur du sol, se nourrit de poisson et de gibier, et, quand il en manque, de reptiles, de vers, de grenouilles; vole plus pesamment que le milan, s'élève moins haut; mais il se défend beaucoup mieux contre les oiseaux qui le poursuivent. Un seul faucon ne suffit point pour le prendre.—(*V*. 1er T., O., n° 4.)

L'OISEAU SAINT-MARTIN.

Cet oiseau, dont la taille excède un peu celle de la corneille, a été confondu par quelques naturalistes avec le faucon lanier; mais il appartient plutôt au genre des buses, avec lesquelles il a beaucoup de rapports, tant par la forme physique que par les habitudes. On le trouve en France, en Allemagne et en Angleterre. Il vit de lézards, de reptiles et de petits animaux qu'il déchire avec le bec, au lieu de les avaler tout entiers, comme font les autres oiseaux de proie. —(*V*. 1er T., O., n° 7.)

L'ÉPERVIER.

L'épervier est à peu près de la taille d'une pie; mais la femelle est beaucoup plus grosse que le mâle. Il fait son nid sur les arbres les plus élevés. Il habite la France, et généralement tout l'ancien continent, car on a trouvé son espèce répandue depuis la Suède jusqu'au cap de Bonne-Espérance. Cet oiseau est d'un naturel doux et docile; on l'apprivoise aisément, et on le dresse de même pour la chasse des perdreaux, des cailles et des pigeons sauvages. Il fait une grande destruction pendant l'hiver des pinsons et des autres petits oiseaux qui vivent en troupe. — (*V.* 1er T., O., n° 6.)

LA CRÉCERELLE.

Cet oiseau de proie, très-commun en France, est vif, beau, courageux et susceptible d'éducation lorsqu'il est pris jeune. Il se nourrit de petits oiseaux qu'il dépouille de leurs plumes avant de les dévorer; il prend aussi des souris et des mulots; il dépèce ces derniers, mais il avale les autres tout entiers. Une particularité singulière, c'est que toute la peau de la souris se roule dans l'estomac de l'oiseau, en forme de pelote qu'il rend par le bec; et si l'on met ces pelotes dans l'eau chaude pour les ramollir, on y trouve la peau de la souris entière comme si on l'avait écorchée. La crécerelle habite dans les bois et dans les fentes des vieux murs. Comme l'épervier, elle fait la guerre aux moineaux et aux pinçons. — (*V.* 1er T., O., n° 10.)

L'AUTRUCHE.

L'autruche, que les Grecs modernes, les Turcs, les Persans, les Arabes, appellent l'oiseau-chameau, peut être considérée, avec quelques autres espèces, comme liant le genre des quadrupèdes à celui des oiseaux, de même que l'écureuil volant lie au genre des oiseaux celui des quadrupèdes. L'autruche, en effet, est privée de la faculté de voler, quoiqu'elle porte des ailes; et, par son organisation intérieure plus encore que par ses formes corporelle, elle ressemble moins aux oiseaux qu'aux quadrupèdes.

L'autruche vit généralement de matières végétales; mais elle avale souvent du fer, du bois, des os, des pierres, tout ce qui se présente. Cette extrême voracité de l'autruche vient de la grande capacité de son estomac et de la nécessité qu'elle éprouve de le remplir. Cet animal a d'ailleurs le sens du goût et celui de l'odorat très-obtus; ce qui l'empêche de faire la différence des diverses substances qui lui servent d'aliment. L'autruche ne se trouve guère qu'en Afrique et en Arabie; elle cherche les climats chauds et les lieux solitaires. Les Africains mangent sa chair; mais elle est de mauvais goût. Les Juifs et les Romains ne la dédaignèrent pas; Moïse en prohiba l'usage aux premiers. Les plumes de l'autruche sont très-recherchées par les Orientaux, qui s'en parent; elles ne le sont pas moins en Europe, où on s'en sert pour orner les dais, les casques, les bonnets, les habillemens de théâtre. Son cuir est épais et dur; les Éthiopiens le vendent aux marchands d'Alexandrie. Les Arabes s'en couvraient autrefois quand ils entraient en campagne. Les œufs de l'autruche sont gros, durs et pesans. La coque sert à faire des espèces de coupes ou tasses, qui durcissent à l'air, et prennent l'apparence de l'ivoire. La course de cet animal est très-rapide. L'autruche devance le meilleur cheval. Quand on la prend jeune, on réussit à l'apprivoiser; mais son éducation reste toujours imparfaite, à cause de son naturel farouche et peu traitable. — (*V.* 1er T., O., n° 15.)

LA PIE-GRIÈCHE ROUSSE.

La pie-grièche est un très-petit oiseau; mais son courage qui centuple ses forces, son bec large et crochu, son goût pour la chair doivent la faire mettre au rang des oiseaux de proie. Elle partage le domaine des airs avec l'épervier, le faucon, le vautour; et tous ces oiseaux paraissent la respecter. Quand ils s'approchent trop, elle fond sur eux, s'attache à leur corps, et les blesse cruellement sans donner de prise sur elle-même, à cause de sa petitesse. La pie-grièche rousse se distingue de la grise, soit parce qu'elle est encore plus petite, soit par la couleur rousse, quelquefois rouge, de sa tête. Elle s'éloigne en septembre de nos climats pour revenir au printemps. On assure que sa chair est bonne à manger. Les pies-grièches en général font leur nid avec beaucoup d'art et de propreté, et prennent grand soin de leurs petits. — (*V*. 2e T., Oiseaux, no 2.)

L'ÉMÉRILLON.

C'est le plus petit des oiseaux de proie qu'on dresse pour la fauconnerie ; à peine excède-t-il la grosseur d'une grive ; mais, semblable au faucon par la forme, le plumage et l'attitude, il lui ressemble encore par le courage et les habitudes ; il joint à ces qualités la docilité qui manque au faucon. On s'en sert pour chasser les alouettes, les cailles, et même les perdrix, qu'il tue et qu'il apporte à son maître, quoiqu'il soit bien plus petit qu'elles. Ce qui distingue l'émérillon de tous les autres oiseaux de proie, c'est que dans son espèce le mâle est aussi grand que la femelle. Cet oiseau vole très-vite, presque à fleur de terre ; il fréquente les lieux fourrés pour y saisir plus facilement les petits oiseaux. — (*V*. 2e T., O., no 1.)

LE GRAND-DUC.

C'est le premier et le plus grand des oiseaux de proie nocturnes. Quand tous les animaux reposent ou se taisent, ce hideux animal sort de sa retraite, il éveille par ses cris la proie qu'il cherche, la met en fuite, la poursuit, l'atteint, la dépèce et l'emporte au fond des rochers caverneux qu'il habite. Rarement il descend dans la plaine, à moins qu'elle ne soit déserte ; mais on le voit, ou plutôt on l'entend perché sur les vieux monumens ruinés et abandonnés. Il se nourrit de lièvres, de lapins, de mulots, de souris, de serpens, de lézards, de crapauds, etc. Quand il a des petits, il chasse avec tant d'ardeur, que son nid s'emplit de provisions. Le duc supporte mieux la lumière que les autres oiseaux de nuit. Souvent on le voit assailli par de nombreux essaims de corneilles ; mais il soutient courageusement le choc, et finit ordinairement par les disperser. Les fauconniers se servent du duc apprivoisé pour attirer le milan, les corbeaux et les corneilles. On trouve le duc dans les deux continens, au midi et au nord. — (*V*. 2e T., O., no 3.)

LE CHAT-HUANT.

Cet oiseau se distingue des autres chouettes par la variété et même la beauté de son plumage, aussi bien que par son cri, qui ressemble à celui par lequel un homme en appelle un autre (hoho, hoho). Les chats-huans vivent dans les bois; ils font leurs nids dans les creux des vieux arbres. Ils ont, comme tous les oiseaux de proie nocturnes, la tête grosse, l'œil fixe, le bec, les ongles crochus. La couleur des yeux est bleuâtre; ceux de l'effraie sont jaunes. — (*V.* 2e T., O., no 4.)

LA CHOUETTE.

La chouette, celle qui donne son nom à tout le genre, et qu'on désigne en particulier par celui de chouette des rochers, pour la distinguer de l'effraie, ou par celui de *grande chevêche*, parce qu'elle ressemble à l'oiseau de ce nom, est commune en Europe, mais se laisse voir rarement, parce qu'elle cherche pour sa demeure les lieux les plus isolés, les montagnes escarpées, les précipices, les rochers inaccessibles, le fond des cavernes et des carrières abandonnées. Le cri de la chouette est moins désagréable et moins aigre que celui de l'effraie, qui habite plus près de nous, principalement sur les toits des églises, sur les clochers, sur les tours des vieux châteaux, et que les gens simples regardent comme des oiseaux de mauvaise augure, annonçant par leurs cris la mort prochaine de quelque individu. — (*V.* 2e T., O., no 5.)

LE PAON.

Le paon, par la beauté, est le roi des oiseaux, comme l'aigle, par la force et par le courage. L'aigrette mobile qui orne sa tête, les longues plumes de sa queue brillent des plus belles couleurs. On dirait que lui-même il sent ce qu'il vaut: on le voit, fier de sa parure, regarder avec complaisance ceux qui le considèrent, et déployer devant eux toutes les richesses de son plumage. Mais lorsqu'à la fin de chaque année ses plumes se fanent et tombent, il évite de se montrer; il cherche pour se cacher les lieux les plus sombres, et il n'en sort qu'après que le printemps est venu lui rendre ce que l'hiver lui avait enlevé. Le paon est originaire de l'Inde; de là il a passé dans le reste de l'Asie, d'où il s'est répandu dans tout l'ancien continent. Les anciens estimaient beaucoup le paon, à cause de ses belles plumes : aussi le prix de ces oiseaux était-il excessif à Rome au temps des empereurs. La chair en est dure, sèche et coriace; il n'y a guère que celle des jeunes paons qu'on puisse manger. Autrefois en France on employait les plumes à faire des éventails, des couronnes pour les troubadours, et même la trame de certaines étoffes dont la chaîne était de soie et de fil d'or. — (*V.* 2ᵉ T., O., nᵒ 8.)

LE FAISAN DORÉ.

Cet oiseau, qui se trouve dans les vastes provinces de la Chine, n'est qu'une variété du faisan commun, embelli par l'influence d'un plus beau climat. Le rouge, le bleu et le jaune doré dominent dans son plumage. Sa tête est ornée de longues et belles plumes qu'il relève à volonté. Les faisanes de cette espèce sont beaucoup moins belles que leurs mâles; mais on assure que lorsqu'elles vieillissent, leurs couleurs deviennent plus pures et plus vives. Les Chinois font grand cas des plumes de la queue de ce faisan, à cause de leur longueur, et surtout des couleurs dont elles brillent. — (*V.* 2ᵉ T., O., nᵒ 14.)

LE COQ.

La démarche du coq est grave et lente; ses ailes courtes ne lui permettent de voler qu'avec effort; il est granivore, mais il avale autant de petits cailloux que de grains, ce qui facilite sa digestion. Le coq a du feu dans les yeux, de la liberté dans les mouvemens, des proportions qui annoncent la force. Il n'est personne qui n'ait entendu parler du combat des coqs, dont le spectacle est si recherché par nos voisins. Ce même spectacle fit autrefois l'amusement favori des habitans de Rhodes et de Pergame; les Chinois, les Javanais, les insulaires des Philippines en font encore aujourd'hui leurs délices. — (*V.* 2ᵉ T., O., nᵒ 9.)

LE DINDON.

L'Amérique est la patrie du dindon ; il était inconnu en Europe avant la découverte du Nouveau-Monde. L'Afrique et l'Asie ne le connaissaient pas davantage, car le dindon, lourd, pesant, volant mal et ne nageant pas, ne pouvait s'éloigner du sol qui l'avait vu naître. Le dindon sauvage diffère du domestique, en ce qu'il est plus noir et plus gros ; il a d'ailleurs les mêmes mœurs, les mêmes habitudes, la même stupidité ; sa chair est moins bonne. Il y a dans les dindons, comme dans les coqs, une variété qui se distingue par une huppe tantôt blanche, tantôt noire, qui couvre le sommet de la tête. Le dindon a une forte aversion pour la couleur rouge ; quoique naturellement timide, il s'irrite facilement, et tâche alors de frapper à coups de bec l'objet qui cause son agitation. — (*V.* 2e T., O., n° 7.)

LA PINTADE.

La pintade, connue des anciens sous le nom de méléagride, et des modernes sous celui de poule d'Afrique, n'est pas moins connue dans nos basses-cours que le dindon et le coq. Son plumage, sans être paré de couleurs éclatantes, est plus varié que dans la poule ordinaire. Le fond en est gris-bleuâtre, parsemé de petites taches blanches et rondes. La pintade est un oiseau très-criard ; elle devient même par là si incommode que, bien que sa chair soit d'un goût exquis bien supérieur à celui de la volaille commune, on en voit peu dans les basses-cours. C'est un animal vif, inquiet, pétulant, que les dindons même craignent, malgré leur volume ; il vole assez pesamment, se perche la nuit pour dormir, et cherche de préférence les lieux marécageux et humides. La pintade est à peu près de la taille de nos poules, mais ses œufs sont plus petits, et ils ont la coquille plus dure. Ces œufs sont très-bons à manger. — (*V.* 2e T., O., n° 10.)

LE LAGOPÈDE.

Le lagopède est l'oiseau qu'on a très-improprement appelé *perdrix blanche*, puisqu'il n'est point une perdrix. Il habite les pays froids, les montagnes couvertes de neige ; il ne se plaît qu'au milieu des frimas. Sa grosseur est celle d'un pigeon ; sa couleur, d'un blanc éblouissant ; la qualité de sa chair, excellente ; son naturel, sauvage ; seul, de tous les oiseaux, il a le dessous des pieds garni de plumes. Les lagopèdes volent par troupes, et s'élèvent peu ; lorsqu'ils aperçoivent un homme, ils restent immobiles sur la neige ; mais la blancheur de leur plumage, qui a plus d'éclat que la neige elle-même, les fait découvrir. Ils se nourrissent des chatons et des feuilles de pin, de bouleau, de bruyère. La nature de ces alimens donne à leur chair une légère amertume ; elle s'approche pour le goût de celle du lièvre. — (*V.* 2e T., O., n. 12.)

LA GÉLINOTTE.

Cet oiseau, qu'on nomme aussi *poule des coudriers*, parce que c'est d'ordinaire sous les coudriers, ou la grande fougère des montagnes, qu'il cache son nid, a, comme la poule, beaucoup de peine à voler, ce qui l'a fait regarder comme une véritable poule sauvage. Sa chair est exquise : aussi la gélinotte porte-t-elle en Allemagne le nom d'*oiseau de César*. Elle est farouche, et ne s'apprivoise que très-difficilement ; elle survit peu à la perte de sa liberté. Les chasseurs ont remarqué que si l'on prend un mâle au piége, la femelle revient plusieurs fois accompagnée de plusieurs autres mâles ; que si c'est au contraire la femelle qui a été prise, le mâle s'enfuit, et ne paraît plus. — (*V.* 2e T., O., no 6.)

LE GANGA.

C'est le nom qu'on donne à la gélinotte des Pyrénées. Cet oiseau diffère de la vraie gélinotte par les ailes qui sont beaucoup plus longues, et dont il se sert pour voler avec assez d'aisance et de rapidité. Il est à peu près de la grosseur d'une perdrix, et il a la chair aussi bonne. On trouve le ganga en Espagne, en Italie, en Syrie, et généralement dans tous les climats chauds de la zone tempérée. — (*V.* 2e T., O., no 13.)

LE CASOAR.

Le casoar, du genre de l'autruche, a les ailes plus petites que cette dernière, mais armées d'un plus grand nombre de piquans; il porte sur la tête une espèce de casque, formé par le renflement des os du crâne. Cet animal, qu'on a trouvé dans l'île de Java et dans les contrées méridionales de l'Asie, ne se sert pour sa défense que des pieds et des ongles crochus qui les garnissent. Son allure est pesante et sa démarche sans grâce, mais il est fort léger à la course. De même que l'autruche, il est omnivore, et plus vorace encore qu'elle, ce qui tient à sa conformation intérieure. — (*V.* 2ᵉ T., O., nᵒ 11.)

LA CANEPETIÈRE.

Cet oiseau, qui ne diffère guère de l'outarde que par la taille, habite les contrées tempérées de l'Europe, où même il est peu nombreux. Il est naturellement soupçonneux et rusé, de sorte qu'il est très-mal aisé de le prendre, soit parce qu'il se tient toujours aux aguets, soit parce qu'il sait échapper au danger par un vol très-rapide qui le place à deux ou trois cents pas de celui qui le poursuit, et lorsqu'il est à terre, à la faveur d'une course presqu'aussi vive que son vol. Sa chair est noire et d'un très-bon goût; ses œufs sont aussi très-estimés. — (*V.* 2ᵉ T., O., nᵒ 15.)

LE MENURE-PARKINSON, OU L'OISEAU LYRE.

Cet oiseau, de la taille d'un faisan, habite les contrées montagneuses de la Nouvelle-Hollande, et se tient constamment perché sur les arbres, d'où il ne descend que pour chercher sa nourriture. Sa démarche est semblable à celle du paon, mais ce qu'il offre de plus extraordinaire, c'est la forme de sa queue, dont les deux grandes pennes du milieu, recourbées en arc, l'une en sens inverse de l'autre, ressemblent aux deux branches d'une lyre. Il est à remarquer au surplus que cette conformation singulière n'existe que dans le mâle, et que la queue de la femelle n'a rien de particulier. La couleur générale du menure est le brun-foncé. Il est quelquefois d'un noir de jais très-luisant. — (*V.* 3ᵉ T., Oiseaux, nᵒ 13.)

LE PARADISIER ROUGE, OU SAMALIS.

Le paradisier rouge, ainsi nommé, à cause de la couleur des plumes subalaires, est du genre des manucodes ou oiseaux de paradis sur lesquels la nature a répandu de si vives couleurs. Celui-ci, long d'environ quatorze ou quinze pouces, offre sur le front, sur la gorge et sur le cou un beau vert d'émeraude; sur la tête brille le jaune; le haut de la poitrine et du manteau est de la même couleur; le bas du dos et le croupion sont d'un jaune brun; les plumes des parties intérieures, d'une teinte plus claire. Les plumes des ailes sont d'un rouge vif, sanguin, jusqu'aux trois-quarts de leur longueur, et se terminent par un bout blanc. Les filets, au nombre de deux, se prolongent bien au-delà de la queue. — (*V.* 3ᵉ T., O., nº 5.)

LE HÉRON BLANC A CALOTTE NOIRE.

Cet oiseau, qui se trouve à Cayenne, est remarquable par la blancheur de son plumage, et surtout par l'espèce de calotte noire terminée par un panache de cinq ou six brins blancs, et recouvrant le sommet de la tête. Il a près de deux pieds de longueur, et il habite le long des rivières. Ses habitudes et son naturel ne diffèrent pas de ceux des hérons ordinaires. — (*V.* 3ᵉ T., O., nº 4.)

LA CORACINE CÉPHALOPTÈRE.

La coracine est de la taille du geai; elle se nourrit de baies, de grains et d'insectes; son plumage noir brille, à l'extrémité de la huppe et du jabot, de reflets métalliques; la huppe se compose d'un grand nombre de plumes droites qui naissent à la racine du bec, et dont les sommités ondoyantes retombent en avant comme un panache. Cet oiseau, originaire du Brésil, semble se rapprocher du genre des corbeaux plus que de tout autre. — (*V.* 3ᵉ T., O., nº 3.)

LE KAKATOÈS A HUPPE ROUGE.

On donne le nom de kakatoès aux perroquets de la plus grande espèce de l'ancien continent; ils se distinguent des autres perroquets par leur plumage blanc, leur bec plus crochu, et surtout la belle houppe de plume qui orne leur tête; les kakatoës ne peuvent apprendre à parler, mais ils déploient beaucoup d'intelligence pour tout le reste. Ils sont doux, caressans, aisés à dresser. Celui dont il s'agit ici est l'un des plus grands du genre. Sa huppe se compose d'un rang de plumes blanches et d'un autre rang de plumes rouges. (*V.* 3e T., O., n° 1.)

L'AIGRETTE ROUSSE.

Cet oiseau, qui habite les climats tempérés du nouveau continent, n'est qu'un héron de la petite espèce, cherchant les sables et les vases du rivage de la mer, perchant et nichant sur les arbres. On sait que l'aigrette d'Europe doit son nom aux belles et longues plumes soyeuses qu'elle a sur le dos, et qu'on employait autrefois à faire des aigrettes pour embellir la coiffure des femmes ou orner les casques des guerriers. Au temps de la chevalerie, on en formait en France des panaches pour les chevaliers; elles sont encore aujourd'hui très-recherchées dans l'Orient. L'aigrette rousse de la Louisiane a le corps d'un gris noirâtre, et ses longues plumes de couleur rousse comme la rouille. — (*V.* 3e T., O., n° 2.)

LE COLIBRI-TOPAZE.

Le colibri, que plusieurs naturalistes ont confondu avec l'oiseau-mouche, a de commun avec ce dernier les habitudes et la beauté; il en diffère par la forme du bec, plus long dans le colibri, légèrement renflé par le bout et courbé dans toute sa longueur; il en diffère aussi par la taille et par la grosseur; mais comme l'oiseau-mouche, il vit sur les fleurs, voltige sans cesse autour d'elles d'un vol léger et rapide, et porte un plumage brillant des plus riches couleurs. Le colibri-topaze a sur la gorge et le devant du cou une plaque-topaze du plus grand éclat. Vue de côté, elle se change en un beau vert doré; vue par-dessous, elle paraît d'un vert pur. Sa tête est couverte d'un noir velouté; un filet noir environne la plaque topaze; le plus beau pourpre orne la poitrine et le haut du dos; le ventre est rouge et or. Ce colibri habite l'Amérique méridionale; ils sont très-nombreux dans les environs de Quito, dont la température toujours égale leur offre constamment les mêmes jouissances. — (*V.* 3e T., O., n° 7.)

LE COLIBRI A CRAVATE VERTE.

Ce charmant oiseau diffère beaucoup par le plumage du colibri-topaze. Il a le dessus du corps et de la queue d'un vert doré un peu sombre; le dessous de sa queue est tacheté de blanc, de violet, et de couleur d'acier bruni; les côtés du cou et de la gorge sont roux mêlé de blanc; un blanc très-pur est la couleur du ventre. Une raie de vert d'émeraude très-vif règne sur sa gorge; on voit une tache noire au milieu de sa poitrine. Sa queue est arrondie avec grâce, mais elle est dénuée des deux brins longs, qui, dans les autres oiseaux de son espèce, se prolongent à deux ou trois pouces de la queue même. — (*V.* 3e T., O., n° 9.)

LE HUPPE-COL.

Une huppe rousse assez longue orne la tête de cet oiseau-mouche; mais ce qu'il offre de plus extraordinaire, ce sont les deux huppes latérales qui se voient aux deux côtés du cou, et se composent chacune de sept à huit plumes. Les deux plus longues sont de couleur rousse; elles s'élargissent par le bout, qui est marqué d'un point vert. L'oiseau peut les abaisser ou les relever à son gré; quand il les relève, il paraît tout rond. Sa gorge est d'un beau vert doré qui, vu de bas en haut, semble brun. La couleur de la tête et du corps est pareillement verte, mais elle se nuance d'or et de bronze jusqu'à la naissance de la queue; le dessous du corps est vert doré dans la partie antérieure, blanc dans le reste. La longueur de cet oiseau, la queue et le bec compris, n'arrive pas à deux pouces. — (*V.* 3e T., O., n° 8.)

LE RUBIS.

Cette espèce d'oiseau-mouche est la seule qui, passant au-delà de l'Isthme, s'avance jusqu'à la Caroline; on prétend même qu'elle se trouve dans le Canada. Elle doit son nom à la vivacité, à l'éclat de la couleur purpurine de sa gorge; elle brille comme un rubis; ce sont les mêmes reflets de lumière. Ce qui contribue à l'effet, c'est la forme et l'arrangement des plumes de la gorge: elles sont taillées et placées en écailles arrondies et détachées. Le dessus de son corps est d'un vert doré qui, vu de côté, se change en couleur de cuivre rouge; la poitrine est mêlée de noir et de gris. La queue, verte sur le milieu, est pourpre sur les bords. Les grandes pennes des ailes sont recourbées en arrière, de sorte que les ailes ouvertes ressemblent à un arc tendu dont le corps de l'oiseau occupe le centre. — (*V*. 3ᵉ T., O., nº 10.)

LE RUBIS-ÉMERAUDE.

Beaucoup plus grand que le rubis de la Caroline, l'émeraude n'est pas moins favorisé que lui sous le rapport des belles couleurs. Sa gorge est d'un rubis éclatant, qui, suivant les aspects, se change en couleur de rosette ou de cuivre pur. La tête, le cou, le dessus du corps sont d'un vert d'émeraude à reflets. Il habite le Brésil et la Guyane. Sa longueur totale est d'environ quatre pouces et demi. — (*V*. 3ᵉ T., O., nº 6.)

LE MANUCODE.

Les habitans de l'Inde ont appelé *manucodiata*, c'est-à-dire *oiseau de Dieu*, un individu de la classe des paradisiers ou oiseaux de paradis, qu'à cause de sa beauté ils regardent comme le roi de l'espèce; et, suivant la coutume des Orientaux, ils ont enveloppé de fables l'histoire de cet oiseau, que les Européens désignent sous le nom de *manucode*. Sa tête est plate, couverte de plumes veloutées; ses couleurs sont changeantes; deux longs filets sortent de sa queue; leur extrémité, garnie de barbes, se roule en boucle, le reste de la tête est nu; un paquet de plumes plus longues que les autres est placé sous chaque aile; ces plumes ont à peu près la forme d'un éventail qu'on ouvrirait en le tenant horizontalement. — (*V*. 3ᵉ T., O., nº 12.)

LE MAGNIFIQUE.

Cet oiseau, de la même espèce que le manucode, a été trouvé dans la Nouvelle-Guinée. Il se distingue des autres manucodes par deux bouquets ou touffes de plumes qui sont placés derrière le cou et à sa naissance. Le premier se compose de plumes étroites, jaunâtres, marquées vers l'extrémité d'une tache noire, relevées sur leur base; le second, un peu au-dessous de l'autre, est formé de longues barbes détachées, qui sortent de tuyaux assez courts, et se réunissent au nombre de quinze ou vingt pour former des espèces de plumes d'un jaune très-clair. Les deux filets de la queue sont longs d'environ un pied, mais très-minces; d'un bleu nuancé de vert; ils se terminent en pointe, et n'ont de barbes que vers le milieu de leur longueur et à la partie intérieure. Sur le milieu du cou et de la poitrine, on remarque une rangée de plumes courtes qui offrent une série de petites raies transversales, où le vert changeant et le vert foncé sont placés alternativement. —(*V.* 3e T., O., no 11.)

LE PAPEGEAI MAILLÉ.

Ce perroquet, qu'on trouve dans la Guyane, où il a été probablement transporté de l'ancien continent, a le cri aigu et perçant, ce qui le distingue de tous les autres perroquets de l'Amérique. Son plumage est très-varié, et c'est ce qui l'a fait nommer *maillé* par les oiseleurs. La nuque et les côtés du cou sont d'un beau rouge brun, bordé de bleu; la poitrine et l'estomac présentent les mêmes couleurs, mêlées de vert. Le dos et la queue sont d'un beau vert soyeux; quelques pennes des ailes paraissent d'un bleu violet, d'autres sont brunes. Ce que cet oiseau a de plus extraordinaire, ce sont les plumes longues, étroites, blanches et rayées de noir, qui garnissent le haut de sa tête et entourent son cou; quand il est irrité, ses plumes se relèvent et forment une espèce de crinière ou de fraise d'un effet très-singulier. — (*V.* 3e T., O., no 11.)

L'OISEAU MOUCHE A COLLIER.

Cet oiseau, l'un des plus grands de l'espèce, et connu vulgairement sous le nom de *jacobin*, se trouve à Cayenne et à Surinam,

La longueur de son corps, le bec compris, est de cinq pouces. La tête, la gorge et le cou sont d'un bleu foncé, nuancé de vert; derrière le cou, près du dos, il a une bande blanche qui ressemble à un demi-collier. Le dos est vert doré; l'extrémité de la queue est blanche, bordée de noir; la poitrine et le flanc offrent aussi ces deux couleurs distribuées de la même manière; le ventre est tout blanc. C'est peut-être à cause de ce mélange du blanc et du noir, qu'on l'a nommé *jacobin* (1). — (*V.* 3e T., O., n° 14.)

L'OISEAU DE PARADIS.

La crédulité orientale s'empara d'abord de l'histoire de ce bel oiseau, auquel on attribue les propriétés les plus extraordinaires, et les Européens ne se montrèrent pas moins crédules que les Orientaux. Cet oiseau, a-t-on dit, vole sans cesse, même en dormant; comme il n'a point de pieds, il ne se repose quelques instans qu'en se cramponnant aux branches des arbres au moyen des longs filets de sa queue; il dédaigne les alimens grossiers et terrestres; il vit de vapeur et de rosée, etc. On sait aujourd'hui qu'il a des pieds, assez gros même, mais que les marchands les lui arrachent, ainsi que les cuisses et les entrailles, pour mieux les conserver; on sait aussi qu'il se nourrit des feuilles ou des baies des plantes aromatiques, et c'est pour cette raison qu'on ne le rencontre que dans les lieux où croissent les épiceries, et particulièrement aux îles Moluques. Cet oiseau se distingue de tous les autres par les longues plumes qui prennent naissance dans ses flancs, au nombre d'environ cinquante de chaque côté, et qui se prolongent bien au-delà de la queue. Ces plumes, de différentes longueurs, ont les barbes effilées et séparées de manière à former une espèce de réseau transparent. Les Indiens estiment beaucoup ces plumes qu'ils emploient comme ornement; il y a cent cinquante ans qu'on en faisait en Europe le même usage.

Une autre particularité bien remarquable, c'est que de la queue de l'animal sortent deux filets déliés, revêtus de barbes vers l'extrémité, et beaucoup plus longs encore que les plumes

(1) Par allusion au blanc et au noir qu'on voyait sur l'habit des Dominicains ou Jacobins.

des côtés. Quant aux couleurs du corps, elles sont très-variées; de plus elles sont changeantes suivant la direction des rayons lumineux qui les frappent. — (*V.* 4e T., O., no 8.)

LE PETIT AZUR.

Ce joli petit oiseau, du genre des gobe-mouches, est naturel des îles Philippines. Son dos, sa tête, sa poitrine sont d'un beau bleu d'azur. Il a sur le derrière de la tête une tache noire, et au milieu de la poitrine une marque de la même couleur. Le bleu s'étend vers la queue en se dégradant jusqu'au blanc. Le ventre est aussi d'un blanc bleuâtre. — (*V.* 4e T., O., no 14.)

LA BÉCASSE.

Peu d'oiseaux sont aussi répandus que la bécasse; il n'en est pas qu'on lui préfère, tant à cause de la bonté de sa chair, que parce qu'il est très-aisé de la prendre au piége. Tant que l'été dure, elle habite sur les montagnes; aux approches de l'hiver, elle descend dans les plaines, et s'abat au milieu des taillis ou des bois de haute futaie, dont le sol, couvert de terreau, recèle les vers et les insectes dont elle se nourrit. Elle se tient cachée tout le jour parmi les buissons, et ne quitte sa retraite qu'après le coucher du soleil, ce qui fait présumer qu'elle aime peu le grand jour ou qu'elle ne le supporte qu'avec peine. Le temps où l'on recherche le plus la bécasse, c'est la fin de l'automne et le commencement de l'hiver; sa chair est alors grasse et succulente. Les chasseurs savent profiter de ce temps pour lui faire la guerre, car à peine le mois de février est-il arrivé, qu'elle reprend le chemin des montagnes. — (*V.* 4e T., O., no 10.)

LA PERRUCHE A COLLIER ROSE.

Cette perruche est richement habillée. Tout son corps est d'un vert clair et doux, plus vif sur les pennes de l'aile, et mêlé de jaune sur celles de la queue. Un petit collier rose entoure le dessus du cou; la gorge est d'un beau noir; une teinte bleuâtre semble jetée sur les plumes de la nuque; ces plumes se rabattent d'elles-mêmes sur le collier. Cette espèce se trouve en Afrique, d'où les vaisseaux négriers l'ont transportée dans les colonies européennes de l'Amérique. — (*V.* 4e T., O., no 4.)

LE PIC DE GOA.

Ce pic, dont la ressemblance avec le pic vert du Bengale fait présumer qu'il appartient à la même espèce, est un peu moins grand que le pic-vert d'Europe. La coiffe rouge de sa tête est bordée à la tempe d'une raie blanche qui s'élargit sur le cou; une bande noire descend depuis l'œil, et s'étend jusqu'à l'aile dont le dessus est marqué d'une belle tache jaune doré; le ventre, la poitrine et le devant du cou sont légèrement maillés de blanc et de noir, le reste du corps est vert. — (*V.* 4e T., O., no 15.)

LE LORI ROUGE ET VIOLET.

On a donné dans l'Inde le nom de *lori* à une famille assez nombreuse de perroquets dont le cri rend assez bien ce mot. Leur couleur dominante est le rouge; c'est ce qui établit entre eux et les autres perroquets la plus grande différence. Comme eux ils apprennent à parler et à siffler, et ils s'accoutument aisément à la captivité. Le lori de *Gueby* a tout le corps d'un rouge éclatant; des écailles régulières d'un brun violet descendent depuis le sommet de la tête jusqu'au ventre en passant par les côtés du cou; les grandes plumes des ailes sont coupées de rouge et de noir, les petites sont d'un violet brun; la queue est de couleur de cuivre rouge. Ce lori est de petite taille, sa longueur totale n'excédant pas huit pouces. — (*V.* 4e T., O., no 3.)

L'ARA BLEU.

L'ara est le plus beau de tous les perroquets: de brillantes couleurs ornent son plumage. Sa contenance est ferme et presque dédaigneuse; mais son naturel doux et paisible le rend facile à dresser, et même, à ce qu'on dit, capable d'attachement pour ceux qui le nourrissent. Il vit dans le Nouveau-Monde entre les tropiques; l'ancien continent ne possède que ceux qu'on y apporte. Il y en a de quatre espèces; le rouge, le bleu, le vert et le noir. Le bleu se trouve plus particulièrement au Brésil. Tout le dessus de son corps, de ses ailes et de sa queue est d'un bleu d'azur sans mélange, et à reflets éblouissans; tout le dessous est d'un jaune vif et plein. Les Brésiliens regardent cet oiseau comme une des merveilles de la nature. — (*V.* 4e T., O., no 2.)

LE PIC RAYÉ DE SAINT-DOMINGUE.

Le pic, pourvu par la nature d'un bec tranchant, droit, fort, taillé par la pointe comme un ciseau, et d'une langue effilée dont la pointe osseuse ressemble à un aiguillon, a été condamné à chercher sa pâture sous l'écorce des arbres, qu'il est obligé de percer avec non moins de difficulté que de fatigue; il ne se nourrit que des petits vers qui se logent dans le bois. L'espèce du pic est très-répandue, tant dans l'ancien continent que dans le nouveau. Le pic rayé de Saint-Domingue, de la grosseur de l'épeiche, ou pic varié d'Europe, a le plumage de couleur vert olive, coupé transversalement de raies ou bandes noires. Il a tout le haut de la tête rouge, de même que l'extrémité du croupion, la queue noire, la gorge blanche et le dessous du corps grisâtre. — (*V.* 4e T., O., no 12.)

LE SERIN.

Le serin, originaire des Canaries, vit au milieu de nous; doux, familier, sociable, capable de reconnaissance, et même d'attachement, doué d'une voix flexible et mélodieuse que l'art perfectionne, il nous est connu : que pourrions-nous en dire que tous ne sachent? On en compte trois grandes variétés : le venturon ou serin d'Italie, qui se trouve dans toutes les régions tempérées de l'Europe; le cini ou serin vert de Provence, plus grand que le venturon, et remarquable par la vivacité de ses couleurs autant que par la force de son ramage; le canari, qu'on peut regarder comme la tige primitive de l'espèce, et dont la couleur est plutôt grise que jaune. — (*V.* 4e T., O., no 11.)

LE ROUGE-CAP.

Ce nom, qui signifie *tête rouge*, a été donné à un oiseau de la Guyane, dont le corps, ainsi que les pieds et la partie supérieure du bec, est d'une belle couleur noire, mais dont la tête est toute couverte du plus beau rouge. Cette espèce est rare même dans la Guyane, seul pays où on l'a trouvée ; aussi ne connaît-on presque rien de ses mœurs et de ses habitudes. — (*V*. 4ᵉ T., O., nº 13.)

LE KAKATOÈS A HUPPE JAUNE.

Le plumage de ce beau perroquet est blanc, avec une teinte jaunâtre sous la queue et les ailes ; quelques taches jaunes se voient autour des yeux. La huppe se compose de plusieurs plumes longues, molles, affilées, que l'oiseau relève ou abaisse à son gré ; elles sont d'un beau jaune citron. Ce kakatoès est doux, intelligent et docile, et il s'apprivoise fort aisément : il apprend de même à obéir aux commandemens de son maître. — (*V*. 4ᵉ T., O., nº 7.)

L'ÉTOURNEAU.

L'étourneau, lorsqu'il est jeune, a tant de ressemblance avec le merle, qu'il est bien difficile de l'en distinguer ; mais à mesure qu'il vieillit, il acquiert quelques traits caractéristiques, auxquels on peut le reconnaître. Son bec est plus obtus, sa tête plus aplatie, son plumage orné de mouchetures que le merle n'a point ; mais ces deux oiseaux continuent de se ressembler par plusieurs habitudes, avec la différence que le dernier cherche l'isolement et la solitude, tandis que l'autre aime la société. Les étourneaux volent toujours par troupe, mais par troupe nombreuse et serrée qui oppose aux oiseaux de proie une masse compacte qu'ils ne peuvent rompre, et que les oiseleurs, plus à craindre pour eux que le milan et le vautour, attaquent toujours avec avantage. Au fond, l'étourneau semble regretter peu sa liberté, puisqu'il s'accoutume aisément à vivre sans elle. Il s'apprivoise comme le perroquet, et il apprend à parler mieux que lui, peut-être ; car il répète souvent des phrases assez longues. Ainsi dressé, l'étourneau prend le nom de sansonnet, mot formé de celui de *chansonnier* qu'on lui donna d'abord. Sa chair est naturellement amère, sèche et filandreuse; elle est peu estimée. — (*V.* 4e T., O., n° 9.)

LE SUPERBE, OU MANUCODE NOIR DE LA NOUVELLE-GUINÉE.

A l'exception de quelques nuances d'un beau vert qui brillent sur la tête et la poitrine de cet oiseau, la couleur de son plumage est d'un noir brillant et velouté. Deux petits bouquets de plumes pareillement noires s'élèvent comme une huppe au-dessus des narines; mais ce qui lui a valu le nom de superbe, ce sont les deux rangs de longues plumes qui sortent des épaules, et couvrent son dos et ses ailes comme un éventail. On ne le trouve que dans la Nouvelle-Guinée, île considérable de la mer du Sud. — (*V.* 4e T., O., n° 6.)

LE PROMÉROPS, OU MANUCODE A DOUZE FILETS.

Les promérops, de la famille des manucodes, fréquentent uniquement les bois de haute futaie, où, dans les insectes qu'on y voit pulluler, ils trouvent une pâture abondante. Ils sont vifs, pétulans, vivent par couples, ou en troupes composées d'une nichée entière; ils nichent dans les creux des arbres. Leur bec est de forme triangulaire, plus long que la tête, fendu jusqu'au dessous des yeux, arqués de couleur noirâtre. Les plumes de la tête, de la poitrine et du cou, d'un vert sombre ou d'un pourpre violet foncé, sont douces et veloutées; celles qui couvrent les côtés de la poitrine ont une bordure verte. D'autres plumes d'un blanc jaunâtre, à barbes lisses, sont implantées sur les flancs et mises en mouvement par un muscle extenseur; les plus longues s'étendent au-delà de la queue, et quelques unes, ordinairement au nombre de douze, se terminent par un long filet nu et sans barbes, assez semblable à un crin de cheval. Le blanc, le jaune, le noir pourpré, le vert chatoyant, le violet, se marient et se nuancent sur le plumage de ces oiseaux, habitans de l'Afrique méridionale. — (*V.* 4e T., O., n° 1.)

LE SIFILET.

Cette espèce de manucode ou d'oiseau de paradis doit son nom aux six filets déliés, qui sortent de sa tête, non de ses flancs ou de sa queue comme en d'autres espèces. Ces filets sont nus, excepté à l'extrémité, où l'on voit quelques barbes sur une étendue de cinq ou six lignes; la longueur du filet est d'environ six pouces. Cet oiseau se fait encore remarquer par une huppe de plumes roides et étroites, qui s'élève sur la base de la partie supérieure du bec, et par la longueur des plumes du ventre et du bas-ventre, qui ont jusqu'à quatre ou cinq pouces, et s'étendent en divers sens. Le sifilet, comme tous les oiseaux de paradis, brille des couleurs les plus riches et les plus variées.—(*V.* 4e T., O., n° 5.)

LE SOUI-MANGA VERT-DORÉ CHANGEANT A LONGUE QUEUE.

Cet oiseau, qu'on trouve au Sénégal, a la poitrine rouge; tout le reste du corps d'un vert doré foncé, brillant et changeant en rosette; les grandes plumes de l'aile noirâtres et bordées du même vert; celles de la queue brunes, les pieds et le bec noirs; le bas-ventre nuancé de blanc. Le soui-manga, de la grosseur d'un moineau, peut avoir de six à sept pouces, le bec et la queue compris, à l'exception pourtant de deux pennes étroites et longues qui prennent naissance sur le croupion et qui s'étendent d'environ trois pouces au-delà de la queue.—(*V.* 5e T., O., n° 1.)

LE GUÉPIER VERT A GORGE BLEUE.

On a donné en France le nom de guépier à un assez petit oiseau qui se nourrit de mouches, d'insectes et de guêpes. De même que l'hirondelle de rivage, il niche au fond des trous qu'il creuse dans la terre, tant avec ses pieds, qui sont courts et forts, qu'avec son bec, qui est si dur que les Siciliens l'appellent *Bec de fer*. Ces trous ont, pour l'ordinaire, six ou sept pieds de longueur ou de profondeur. On croit que plusieurs familles s'y réunissent. Le guépier vert à gorge bleue est un des plus jolis individus de ce genre, qui est assez nombreux ; celui-ci se trouve non-seulement en Europe, mais encore en Asie et en Afrique. — (*V.* 5e T., O., n° 6.)

LE CORBEAU.

Le corbeau fut de tous les temps un objet de dégoût et d'horreur pour les hommes. Cette aversion profonde naquit de l'idée que cet oiseau ne se nourrissait que de cadavres, quoiqu'il puisse vivre de fruits, de graines et d'insectes. Ses habitudes, son plumage noir, son air lugubre, son port ignoble, son regard farouche, l'infection que son corps exhale, les idées sinistres qui s'attachent à sa présence, tout concourt pour augmenter ce sentiment de répugnance qui, exagéré dans la suite par la superstition et la crédulité, finit par en faire le précurseur de l'infortune, des misères et de la mort. Ce qu'on peut dire de sa science prétendue de l'avenir, c'est qu'il connaît très-bien l'élément qu'il habite, et que, sensible à ses moindres variations, il nous les annonce par ses cris. Le corbeau est bien moins farouche qu'on ne le croit communément, car il s'apprivoise, devient familier et se montre même capable d'aimer son maître; on est parvenu aussi à le dresser pour la chasse. Cet oiseau vit dans les lieux écartés de toute fréquentation; il fait son nid sur les hautes montagnes, dans les creux des rochers, quelquefois sur la cime des arbres les plus élevés. Il est fort et courageux. Il déploie surtout sa vigueur et son audace quand il a des petits et qu'il combat pour leur défense. On sait que le corbeau est noir, non toutefois d'un noir exclusif, car on remarque en certaines parties de son corps des reflets bruns ou verdâtres. Sa couleur devient beaucoup plus claire, lorsqu'il vieillit; elle se change presque en jaune. On prétend que la durée de sa vie est d'un siècle. La chair de corbeau est dure, noire, puante, et de fort mauvais goût.—(*V.* 5e T., O., n° 7.)

LE CHARDONNERET.

Ce charmant oiseau, que sans doute nous estimerions davantage s'il était plus rare ou qu'il vînt de loin, se distingue par la beauté de son plumage, la douceur de sa voix, sa docilité à l'épreuve et la finesse de son instinct. Les plus belles couleurs brillent sur son corps, le rouge cramoisi, le noir velouté, le jaune doré, le blanc et toutes leurs nuances. Dans l'état de liberté, le chardonneret niche sur les branches des arbres, et principalement sur les noyers et les pruniers; quelquefois on trouve ses nids dans les taillis et sur les buissons épineux. Il est d'un naturel très-doux, ce qui n'exclut pas la vivacité ni même la pétulance; mais cette pétulance n'est pas un obstacle à ce qu'on lui apprenne à exécuter divers commandemens avec précision. Le chardonneret est un oiseau de passage qui, l'hiver, se rapproche des pays chauds; il va pour lors par troupes très-nombreuses. Il vit fort long-temps, même en cage, quinze ou vingt ans au moins, suivant plusieurs naturalistes. — (*V.* 5e T., O., nº 12.)

LE BENGALI PIQUETÉ.

Les bengalis, qui, ainsi que leur nom l'indique, se trouvent plus particulièrement au Bengale, sont des oiseaux familiers et destructeurs, comme les moineaux d'Europe. Ils se jettent par troupes dans les champs semés de millet, et ils y commettent de grands dégâts. Leurs mœurs sont au surplus assez douces, et ils contractent assez aisément les habitudes de la captivité. Parmi les diverses espèces de bengalis répandues en Asie, on distingue celle du bengali piqueté. Son corps est d'une couleur brune mêlée de rouge sombre; une teinte moins rouge s'étend sur la partie inférieure du corps et sur les côtés de la tête; le bec est d'un rouge foncé; les pieds sont d'un jaune clair. Le bengali chante très-agréablement. — (*V.* 5e T., O., nº 5.)

LA SARCELLE.

La sarcelle ressemble au canard par la conformation, les proportions de forme, les habitudes et le plumage; elle n'en diffère que par la taille qui est un peu moindre, et qui n'excède pas celle de la perdrix. Les sarcelles voyagent par troupes; les insectes qui voltigent sur les eaux, les graines des plantes aquatiques sont les alimens qu'elles préfèrent. Leur chair est assez estimée; on a réussi plusieurs fois à apprivoiser quelques-uns de ces oiseaux pris jeunes. Le gris et le noir, maillés par petits carrés, sont les couleurs générales du corps de la sarcelle ; on voit sur les ailes quelques nuances de vert, et sur les flancs des hachures d'un gris foncé sur gris blanc. — (*V.* 5e T., O., n° 4.)

LE CHIPEAU, OU RIDENNE.

Sa tête, finement mouchetée de brun noir et de blanc, et trois bandes sur l'aile, l'une blanche, l'autre noire, et la troisième d'un beau marron rougeâtre, sont les principaux traits auxquels on distingue ce canard de ceux de son espèce. Il plonge aussi bien qu'il nage ; c'est en plongeant qu'il évite les traits du chasseur. Il abonde sur les côtes de la Picardie, où il est apporté par les vents de nord-est du mois de novembre ; l'hiver passé, il reprend les routes du nord ; le premier souffle du vent du sud est pour lui un signal de retraite. — (*V.* 5e T., O., n° 2.)

LE NONNAIN.

C'est le nom par lequel on désigne une des nombreuses espèces des pigeons domestiques. Les nonnains ont sur la tête une forme de demi-capuchon qui descend le long du cou jusqu'à la poitrine comme une cravatte de plumes droites. De tous ces pigeons, les meilleurs sont ceux dont le plumage est tout-à-fait blanc. — (*V.* 5e T., O., n° 11.)

LA POULE D'EAU.

La poule d'eau ressemble beaucoup plus au râle qu'à la poule ; ses habitudes, qui répondent à sa conformation, lui font choisir pour retraite le bord des rivières, où elle se tient cachée tout le jour parmi les roseaux ou les racines des saules. On vante l'instinct de la femelle, quand elle a des petits, pour les soustraire à tous les regards jusqu'à ce qu'ils soient en état de se pourvoir eux-mêmes. Elle passe l'hiver dans les plaines ; le retour du printemps la ramène aux montagnes. L'espèce de cet oiseau, dont la chair fournit un assez bon aliment, est extrêmement répandue. — (*V*. 5e T., O., no 14.)

LA SARCELLE DE LA CHINE.

La richesse et la singularité de son plumage font de cet oiseau un objet d'admiration pour les Chinois, qui le représentent sur tous leurs dessins. Un superbe panache vert et pourpre s'élève sur le sommet de la tête et s'étend jusque sur le dos; le cou et les côtés de la face sont garnis de plumes étroites d'un rouge orangé; le roux pourpre brille sur sa poitrine; des plumes blanches lisérées de noir couvrent ses flancs; les pennes de ses ailes sont noires et bordées de blanc. Une plume à chaque aile porte sur le côté extérieur de la tige des barbes très-longues, d'un rouge orangé bordé de blanc et de noir; ces deux plumes, relevées sur le dos, ressemblent à deux ailes de papillon.—(*V*. 5e T., O., no 13.)

LE BEAU CANARD HUPPÉ.

Une aigrette de plumes blanches, vertes et violettes, pendantes en arrière comme un panache, orne la tête de ce beau canard; sur sa poitrine, d'un roux riche en reflets, sont de petites taches blanches semblables à des flammes. La bande rousse est coupée sur les épaules par un trait blanc, qu'un trait noir relève. Les plumes des flancs sont délicatement lisérées de petites lignes noirâtres; celles des ailes sont d'un beau brun qui se fond en noir; le dessous du corps est gris blanc de perle. Ces canards sont originaires de la Caroline, d'où ils ont été transporté en Angleterre. Ils aiment à se percher sur les grands arbres, et cherchent pour nicher les trous que les pics y ont faits, particulièrement les cyprès. Au moindre danger qui les y menace, ils abandonnent leurs nids et vont chercher un asile au milieu des eaux, portant leurs petits sur le dos. Ils les y portent pareillement pour leur apprendre à nager.—(*V*. 5e T., O., no 3.)

LE COURALE, OU PETIT PAON DES ROSES.

Une longue et large queue distingue cet oiseau du simple râle;

la forme du bec et des pieds est la même. Le noir, le brun, le roux, le fauve, le gris blanc teignent son plumage; toutes ces couleurs, diversement entremêlées, forment un ensemble doux et moelleux. On trouve le courâle ou râle sans queue dans la Guyane et sur les bords des rivières, où il vit dans la solitude; il fait entendre de temps en temps un sifflement lent et plaintif. Les habitans de Cayenne l'ont appelé, on ne sait pourquoi, petit paon des roses; car il n'existe aucun rapport entre le paon et lui. — (*V.* 5e T., O., no 10.)

LE COLIOU.

Cet oiseau appartient à l'ancien continent; on ne l'a jamais trouvé en Amérique; il n'existe pas même en Europe, où il ne trouverait point de climats assez chauds. Il a, comme la veuve, une large queue du milieu de laquelle sortent deux plumes qui se prolongent à plusieurs pouces. Son bec est court, large à sa base et pointu comme celui du bouvreuil. Il en existe plusieurs variétés; le coliou du Sénégal se distingue des autres par la huppe qu'il porte sur la tête, et par une bande de bleu céleste qui couvre la partie supérieure du cou. Sa couleur générale est le bleu cendré. —(*V.* 5e T., O., no 15.)

LE TIJÉ, OU GRAND MANAKIN.

Le tijé, qui est le plus grand de l'espèce des manakins, habite les forêts de l'Amérique, mais seulement entre les tropiques. Il se nourrit de fruits sauvages, de baies et d'insectes. Son vol est assez rapide, mais court et peu élevé. Sa grosseur est celle d'un moineau. Il a le dessus de la tête couvert de plumes rouges, plus longues que les autres, et qu'il relève à volonté; son dos est d'un beau bleu, de même que la partie supérieure des ailes; le reste du corps est d'un beau noir velouté. Les manakins se rassemblent en petites troupes, mais ce n'est que le matin; le soir ils se séparent, et chacun passe la nuit seul. — (*V.* 5e T., O., no 9.)

LE COQ DE ROCHE.

C'est un des plus beaux oiseaux de l'Amérique méridionale.

Son plumage, d'un rouge très-vif, est parfaitement étagé et n'offre aucune nuance de couleur étrangère. Sa queue est fort courte et coupée carrément; quelques plumes de la couverture des ailes, plantées verticalement, forment une espèce de frange de chaque côté; une belle huppe double, en forme de demi-cercle, orne la tête. Le coq de roche habite les rochers; il niche dans les fentes qu'il y rencontre, dans les cavernes, et partout où il trouve un abri contre la lumière, qu'il semble craindre. Il est d'un naturel vif, mais farouche; il fuit rapidement dès que le moindre danger s'annonce. Il se nourrit de fruits sauvages, gratte la terre comme les poules, et se familiarise assez aisément avec elles, lorsqu'on les prend jeunes. — (*V.* 5e T., O., no 8.)

L'ÉPERONNIER.

Ce magnifique oiseau, naturel de la Chine, n'appartient, comme l'ont dit quelques naturalistes, ni à l'espèce du faisan, ni à celle du paon, car, quoiqu'il ait certains caractères qui lui sont communs avec ces deux oiseaux, il en diffère par plusieurs traits essentiels, et notamment par le double éperon qu'il porte à chaque pied, ce qui l'a fait nommer *éperonnier*. Sa tête est ornée d'une espèce de huppe formée par quelques plumes qui se relèvent et se jettent un peu en avant; mais c'est principalement par son superbe plumage qu'il se distingue. Sa queue, composée de plusieurs grandes pennes, est semée de taches brillantes de forme ovale, et d'une belle couleur de pourpre avec des reflets bleus, verts et or; ces taches, semblables aux yeux du paon, se terminent par deux cercles, l'un noir et l'autre orangé; chaque penne a deux de ces taches, qui ne sont séparées que par la tige. Le dos et les ailes de l'éperonnier sont pareillement couverts de taches semblables en tout, excepté pour la forme qui est toute ronde. Le fond du plumage est brun, ce qui fait ressortir beaucoup mieux toutes ces taches. Ce qui est singulier, c'est que toutes ces couleurs si belles semblent uniquement empreintes sur la face supérieure de la penne, puisque la face inférieure est tout unie et d'une couleur sombre. — (*V.* 6e T., O., no 1.)

LE FRANCOLIN.

Le francolin a beaucoup de rapports avec la perdrix, mais il en diffère par son plumage, qui est très-beau et relevé par un large collier de couleur orangée. Comme il aime les climats chauds, on ne le trouve guère en Europe que dans les contrées les plus méridionales; il est moins rare sur toute la côte de Barbarie. Sa chair a un goût exquis. Il vit de grains; il a, au lieu de chant, un sifflement très-aigre qu'on entend de loin, aime à se tapir dans le sable, se plaît de même dans les lieux marécageux, est un peu plus gros que la perdrix grise, et vit à peu près autant qu'elle. — (*V.* 6e T., O., n° 8.)

LE TOURACO.

Ce bel oiseau, habitant de l'Afrique, est de la grosseur d'un geai. Sa tête est couronnée d'un faisceau de plumes fines, soyeuses, à brins très-déliés, tantôt noires et tantôt vertes. Son dos et sa queue brillent d'un riche bleu pourpré; les grandes plumes de l'aile sont d'un beau rouge cramoisi légèrement lisérées de noir vers la pointe. Son bec recourbé est peu propre à saisir des graines, aussi ne vit-il que de fruits; ses ongles sont aigus et forts, ses doigts recouverts de petites écailles; il est d'un naturel très-vif; on le voit s'agiter sans cesse, et sautiller sans marcher. Sa voix est rude et perçante, et son cri désagréable. — (*V.* 6e T., O., n° 2.)

L'HIRONDELLE DE CHEMINÉE.

On a donné ce nom à l'hirondelle commune, parce qu'elle fait son nid dans nos cheminées, sous nos toits, dans l'intérieur même de nos maisons, toujours près des lieux habités par l'homme. C'est un oiseau de passage qui ne se montre guère dans nos climats qu'après l'équinoxe du printemps, s'en retourne à la fin de l'automne, mais ne manque pas de revenir l'année suivante occuper son ancien nid, ou pour mieux dire, construire un nouveau nid au-dessus du premier. Ces nids sont très-bien faits, et non moins solides ; ils sont de terre gâchée avec de la paille, du crin, de la mousse et d'autres substances semblables. L'hirondelle vit principalement d'insectes, de chenilles, de vers, de scarabées. Quand ces oiseaux se disposent pour le départ, ils se rassemblent sur quelque grand arbre au nombre de trois ou de quatre cents, et ils ne se mettent en route que la nuit, afin de dérober leur marche aux oiseaux de proie. Ils se rendent ordinairement en Afrique, en traversant la Méditerranée. — (*V.* 6e T., O., nº 15.)

LA HUPPE.

Les huppes sont en Europe des oiseaux de passage, car elles n'y passent point l'hiver; il est même des contrées où elles sont très-rares, ou du moins elles ne nichent jamais; mais dès les premiers jours du printemps on les retrouve en quantité sous le beau ciel de la Grèce, de l'Italie, de l'Espagne et de la France. Le gris tirant tantôt sur le rouge, tantôt sur le roux, le blanc et le noir sont les couleurs dominantes de la huppe; ce qui la distingue principalement des autres oiseaux, c'est la belle huppe dont sa tête est ornée. Cette huppe se compose de deux rangées longitudinales de plumes dont les plus longues sont celles du milieu de chaque rangée. Quand l'animal les redresse elles forment une espèce de couronne semi-circulaire d'environ deux pouces et demi de hauteur; dans l'état ordinaire, la huppe est renversée en arrière. Cet oiseau, auquel on a autrefois attribué des propriétés non moins merveilleuses que celles que les Orientaux prêtaient à l'oiseau de paradis, se laisse apprivoiser aisément et s'attache fortement à la personne qui le soigne. Sa nourriture ordinaire, quand il jouit de sa liberté, consiste en insectes, en vers, en chenilles, etc. Ce genre d'alimens contribue à donner à sa chair un fumet désagréable, ce qui fait que peu de personnes en mangent. La huppe dépose ses œufs dans des trous d'arbres ou de vieux murs sans les garnir de paille ni d'aucune litière. Ces sortes de nids sont très-profonds, et par conséquent très-sales; de là est née l'opinion, démentie par les faits, que cet oiseau se plaît dans la malpropreté, car la malpropreté dans le nid n'est qu'accidentelle. — (*V.* 6e T., O., nº 4.)

LE CYGNE.

Par l'éclatante blancheur de son plumage, par ses formes nobles et gracieuses, par la douceur de ses mœurs et la franchise de son naturel, par son courage et la force extrême de ses ailes, où la nature a placé ses moyens de défense, le cygne mérite d'être nommé le roi des oiseaux aquatiques. Il nage avec beaucoup d'aisance, et c'est peut-être dans la liberté de ses mouvemens sur l'eau que l'homme a puisé la première idée de l'art de la navigation. Formé en apparence pour vivre sur les eaux, le cygne ne laisse pas, au moins dans l'état sauvage, de s'élever, quand il veut, à une hauteur prodigieuse. Il vit, dit-on, fort long-temps; mais il faut pourtant reconnaître qu'on exagère en lui donnant jusqu'à trois siècles de vie. Comme le cygne se nourrit de petits poissons, d'insectes, et assez fréquemment d'herbe des marais, il aime à s'établir sur le bord des lacs et des rivières. Le cygne domestique fait l'ornement des eaux de nos jardins. Mais ce fameux chant du cygne, tant célébré par les anciens, est loin d'être aussi doux que son plumage est beau; il consiste en un cri aigu et désagréable, qui produirait même une âpre discordance, si le mâle et la femelle le faisaient entendre à la fois. — (*V.* 6e T., O., n° 9.)

LE PÉLICAN.

Le pélican, remaquable par sa haute taille, et surtout par le sac qu'il porte sous le bec, et dans lequel il enferme sa pêche, a le vol puissant, rapide et soutenu, et par un privilége qu'il ne partage qu'avec peu d'oiseaux, il est excellent nageur. Les pélicans vivent en troupes et pêchent en commun : il est curieux de les voir se ranger en ligne, former un cercle que peu à peu ils resserrent, y renfermer le poisson, le prendre et faire ensuite le partage de la capture. Le pélican habite les pays chauds; on en a vu jusqu'à la Nouvelle-Hollande; les rives du Danube sont en Europe une barrière qu'il ne franchit pas. Il fréquente aussi les déserts de la Perse et de l'Arabie, où on lui a donné le nom de *tacab* ou porteur d'eau, parce qu'il va très-loin chercher de l'eau qu'il porte dans son sac à ses petits. Sa voix rauque ressemble au braiement de l'âne. — (*V.* 6e T., O., n° 6.)

LA POULE SULTANE.

La poule sultane, originaire de Madagascar, est le porphyrion des anciens, à longs pieds, à plumage bleu nuancé de vert, au bec couleur de pourpre fortement implanté sur le front, de la grosseur d'un coq ordinaire, n'ayant au surplus avec la poule rien de commun que le nom. Cet oiseau a les jambes fort longues, de même que les pieds; mais sa queue et son cou sont très-courts. Son front est chauve et chargé d'une plaque osseuse qui s'étend jusqu'au sommet de la tête, et paraît être le prolongement de la substance cornée du bec. Cet oiseau, qu'on trouve aujourd'hui en Sicile, où il semble s'être acclimaté, est doux, timide, aimant la solitude; on réussit assez aisément à l'apprivoiser. Il se nourrit de fruits, de raisins et même de graines; il mange le poisson avec avidité. — (*V.* 6e T., O., n° 5.)

L'OISEAU ROYAL.

Cet oiseau, qu'on pourrait croire, par sa conformation, appartenir au genre des grues, s'il n'avait pour patrie les régions brûlantes de l'équateur, doit le nom qu'il porte à un bouquet de plumes, ou plutôt de brins soyeux qui forment sur sa tête une superbe aigrette ou une couronne de couleur isabelle. Il est monté sur de très-hautes jambes; aussi, quand il se relève, sa taille est au moins de quatre pieds; il vit de petits poissons et de graines, court très-vite en s'aidant de ses ailes, a un vol élevé, rapide et soutenu. On ne le trouve guère que dans la Nigritie et les contrées voisines. Son cri ressemble à la voix de la grue, ou plutôt aux accens rauques d'une trompette; il le fait entendre, dès qu'il éprouve quelque besoin; il s'accommode assez bien de la domesticité, mais il aime qu'on s'occupe de lui; il s'ennuie dès qu'il est seul. — (*V.* 6e T., O., n° 3.)

LA FRÉGATE.

De tous les oiseaux qui parcourent l'atmosphère au-dessus des mers, il n'en est point dont le vol soit aussi rapide que celui de la frégate : le trait lancé d'un bras vigoureux ne fend pas les airs avec plus de vitesse. La frégate doit cet avantage à l'étendue prodigieuse de ses ailes, qui ont de huit jusqu'à quatorze pieds d'envergure, quoique son corps ne soit pas plus gros que celui d'une poule ordinaire. Cet oiseau vit de poissons, et principalement de poissons volans qu'il saisit avec beaucoup d'adresse, lorsque, pour échapper aux dorades ou aux bonites qui les poursuivent, ils s'élancent hors de l'eau. Comme ces poissons vont d'ordinaire par troupes serrées, la frégate, du haut des airs, distingue très-bien le lieu où la troupe passe; aussitôt elle se précipite, et rasant l'eau sans la toucher, elle saisit sa proie avec le bec et les griffes. Quand sa chasse n'est pas heureuse, et qu'elle aperçoit un fou (1), elle le poursuit, le frappe de ses ailes, et l'oblige à dégorger le poisson qu'il avait avalé, et le reçoit dans son bec avant qu'il soit tombé. Si la frégate vole rapidement, elle a beaucoup de peine à prendre son essor, à moins qu'elle ne parte d'un lieu très-élevé, d'où elle peut mettre ses grandes ailes en exercice. Elle s'éloigne peu de la région des tropiques. Les insulaires de la mer du Sud se font des bonnets de ses plumes, et ils tirent de sa graisse une huile qu'ils regardent comme un spécifique contre les douleurs rhumatismales. — (*V.* 6e T., O., no 11.)

LE CANARD.

Le canard domestique est trop connu pour qu'il soit besoin d'en parler : le canard sauvage est un oiseau voyageur qui, vers la mi-octobre, arrive par troupes nombreuses des régions hyperborécnnes aux régions tempérées. Il est fort, vigoureux, méfiant et rusé; plus d'une fois, il trompe l'espérance des chasseurs. Il se nourrit d'insectes aquatiques, de petits poissons, de jeunes grenouilles, de grains de jonc, de plantes marécageuses; sa chair est de meilleur goût que celle du canard domestique. On attribue à son sang des vertus efficaces contre les poisons, et l'on ajoute qu'il formait la base de l'antidote qu'employait Mithridate. — (*V.* 6e T., O., no 7.)

(1) Autre poisson qui vit de poissons.

LE CARDINAL HUPPÉ.

Cet oiseau se trouve dans les climats tempérés de l'Amérique, comme l'indique assez le nom de *gros-bec de Virginie* qu'on lui donne aussi. Le premier nom lui convient davantage, parce qu'il indique sa couleur, qui est le rouge, et l'ornement qui pare sa tête ; c'est une belle huppe qu'il peut remuer à volonté. On dit que cet oiseau a la voix agréable et qu'il apprend à siffler comme le serin de Canarie. — (*V.* 6e T., O., no 14.)

LA VEUVE A COLLIER D'OR.

On donne en Europe le nom de veuve à un petit oiseau du pays de Whidha, sur la côte de Guinée. Ce mot de Whidha, dont nous avons fait Tuida, rappelle celui dont se servent les Portugais pour nommer une *veuve ;* et par une erreur née de la conformité des deux mots, les Portugais, qui les premiers abordèrent dans cette contrée, appelèrent *veuve* l'oiseau de Tuida. On compte plusieurs espèces de veuves ; celle dont il s'agit ici a derrière le cou un demi-collier très-large, d'un beau jaune doré, la poitrine orangée, le ventre et les cuisses larges, la tête, la gorge, le dos, les ailes, la queue, d'un noir foncé. Quatre plumes, sortant du haut du croupion, recouvrent la queue ; deux sont larges et longues de six à sept pouces ; les deux autres, de moitié plus étroites, ont une longueur double et se terminent en pointe. — (*V.* 6e T., O., no 13.)

LA BARTAVELLE.

La bartavelle est la perdrix rouge de la Grèce ; elle ne diffère de la nôtre que par sa grosseur, qui est d'un tiers au moins plus considérable. Suivant Aristote, qui en a écrit l'histoire très-détaillée, elle vit quatorze ou quinze ans. Elle se tient communément parmi les rochers, et ne descend dans la plaine que pour faire son nid. Quant à ses mœurs, à ses habitudes, à la manière de se nourrir, d'élever ses petits, elles sont les mêmes dans la bartavelle que dans la perdrix grise. En plusieurs lieux de la

Grèce, et notamment dans l'île de Chypre, on a conservé l'usage cruel de faire combattre ces utiles oiseaux les uns contre les autres, en les excitant par la présence de la femelle. — (*V.* 6e T., O., n° 10.)

LA TOURTERELLE.

C'est un oiseau voyageur comme les pigeons bisets ou les ramiers. Toutes les tourterelles, dit Buffon, sans en excepter une, se réunissent en troupes, arrivent, partent et voyagent ensemble. Leur séjour dans nos climats n'est que de quatre ou cinq mois. Elles s'établissent dans les bois les plus sombres et placent leurs nids sur les plus hauts arbres. On en distingue deux variétés, la tourterelle commune et la tourterelle à collier; cette dernière est un peu plus grosse que l'autre, mais elle n'en diffère ni pour le naturel ni pour les mœurs, et l'on peut ajouter que sous ce double rapport, les tourterelles elle-mêmes ressemblent aux pigeons et aux ramiers. Bien des gens préfèrent la chair de la tourterelle à celle du pigeon. — (*V.* 6e T., O., n° 12.)

LES POISSONS.

INTRODUCTION.

Les poissons sont les habitans naturels des eaux; ils sont répandus dans les mers, les fleuves, les lacs, les rivières, les étangs, etc. Leur grosseur, leur structure sont variées à l'infini; il y en a d'une énorme grandeur, comme les cétacés (les baleines), et de la plus petite dimension, comme le goujon.

Le poisson étant un corps compacte et plus lourd que l'élément dans lequel il se trouve, il resterait toujours au fond de l'eau, si la nature ne l'avait pourvu d'une vessie qu'il peut remplir d'air à volonté. En effet, on remarque dans les poissons un canal qui va de la vésicule aérienne à l'estomac, et qui sert à introduire et à rejeter l'air. Il peut aussi, au moyen de cette vésicule, se rendre, à son gré, plus ou moins pesant que l'eau, ou rester en équilibre sur cet élément; et cela, en y introduisant plus ou moins d'air.

Les poissons ont plusieurs membranes qu'on appelle *nageoires*, et qui servent à les diriger où ils veulent dans l'eau. Ils ont ordinairement l'oeil rond et vif. Les poissons n'ont point de cou, et leur tête tient immédiatement au tronc qui est, pour la plupart, couvert de petites plaques brillantes qu'on nomme *écailles*. Quant aux sens et à l'odorat, on n'a jamais douté que les poissons n'en fussent pourvus ; quelques-uns même, comme le scorpion marin, poussent un cri quand on les touche.

Les poissons se reproduisent par des milliers d'œufs, qui sont très-petits en comparaison de ceux des autres animaux. Il n'y a que les truites et les saumons qui en ont de la grosseur d'un pois. Ces œufs sont si multipliés dans certains poissons, qu'on en a souvent compté cent mille et plus, dans un poisson qui ne pesait qu'une demi-livre. Les œufs, dans quelques-uns, sont renfermés dans une ou deux espèces de sacs qu'on nomme *ovaires*, placés en avant de la vésicule aérienne. Les poissons mâles se distinguent par la *laite* qui est placée le long de l'épine du dos. Les femelles jettent leurs œufs sur toutes sortes de corps qui, souvent portés hors des bords par les tempêtes ou l'agitation des vagues, laissent le *frai* sur le rivage : les œufs et les nouveaux nés périssent quand les eaux se retirent. Un froid subit empêche aussi souvent les femelles de frayer, ou glace le sang dans les petits nouvellement éclos.

Parmi les différentes espèces, il y en a de tellement voraces, que quelques-uns même n'épargnent pas leur progéniture. Dans les poissons, l'urine est filtrée par les reins, et sort par le nombril. On verra, dans la description qui va suivre, combien les œuvres de Dieu sont admirables, et combien le tableau de cette partie importante de la création des êtres qu'il a fait naître pour l'utilité de l'homme, mérite notre hommage et notre reconnaissance.

LA BALEINE FRANCHE.

La baleine est le plus grand de tous les animaux ; elle a l'océan pour domaine, la force et la puissance dans ses attributs. Dans certaines mers on a vu des baleines longues de cinquante toises ; celles qu'on rencontre dans les environs du pôle arctique ont de soixante jusqu'à cent vingt pieds de longueur. Deux canaux qui traversent la tête de la baleine, et qu'on nomme *évens*, lui servent à rejeter l'eau qui pénètre dans ses poumons. Quand l'animal est irrité, l'eau s'échappe avec autant de bruit que de force et de violence. La baleine franche n'a point de dents, mais l'intérieur de son palais est garni de lames flexibles et mobiles qu'on appelle *fanons*, et dont on fait un si grand usage pour les corsets des dames, sous le nom de baleines ; l'intérieur de la gueule est si vaste, que, dans un individu de soixante-douze pieds, deux hommes pourraient y entrer sans se baisser. Par un contraste singulier, l'œil de la baleine est si petit qu'on a souvent de la peine à le découvrir. Cet animal est quelquefois d'un noir très-pur et très-foncé, quelquefois d'un noir grisâtre. Certaines baleines sont jaspées ou rayées de noir et de jaune ; on en a vu au Japon de tout-à-fait blanches. On tire de la baleine beaucoup d'huile qui sert à la peinture. — (*V.* 1re T., P., n° 14.)

LA BALEINOPTÈRE GIBBAR.

Ce cétacé, communément aussi long, mais beaucoup moins gros que la baleine, habite les mers du Groënland ; dans le grand Océan, il descend quelquefois jusqu'aux environs de l'équateur. Le dessous de sa tête, son ventre et sa poitrine sont d'un blanc éclatant ; le reste de son corps est brun et luisant. Il nage plus rapidement que la baleine, a des mouvemens plus vifs, rejette l'eau par les évens avec plus de force et à une plus grande hauteur ; il est plus dangereux qu'elle pour les pêcheurs qui l'attaquent, et pour le poisson dont il fait sa proie. — (*V.* 1re T., P., n° 15.)

LE NARVAL VULGAIRE.

Le narval peut être nommé l'éléphant de la mer. Comme ce quadrupède, il a reçu de la nature une grande masse, une peau très-épaisse, des muscles vigoureux; comme lui il possède ces dents si longues, si dures, si pointues, si utiles pour sa défense, si terribles quand il attaque. Mais le narval vulgaire n'a qu'une dent; elle sort de la mâchoire supérieure, est de forme conique et se termine en pointe; elle est cannelée en spirale, creuse, de la nature de l'ivoire, mais plus compacte et plus dure. La longueur de cette défense est égale à peu près au quart de celle de l'animal; on en a vu qui étaient longues de huit à neuf pieds; elle est placée, non au milieu de la tête, comme dans la fabuleuse licorne, mais à l'un des côtés; comme on a reconnu sur la tête de cet animal la place d'une autre dent, on présume qu'il en perd toujours une dans sa jeunesse par l'effet de quelque choc violent. Le narval nage avec une extrême rapidité. — (*V.* 1er T., P., no 13.)

LE NARVAL MICROCÉPHALE.

Ce cétacé diffère du précédent par les dimensions, et surtout par la petitesse relative de la tête; il n'acquiert guère que vingt ou vingt-cinq pieds de longueur, tandis que le narval vulgaire a souvent une longueur presque triple; d'un autre côté, ses défenses sont proportionnellement plus longues que celles du narval de la première espèce. La vitesse de sa natation est aussi plus grande; ce qui rendrait le microcéphale le plus dangereux de tous les monstres marins, s'il égalait le narval vulgaire en masse et en force. — (*V.* 1er T., P., no 12.)

LE CACHALOT MACROCÉPHALE.

Moins colossal que la baleine, le cachalot est mieux armé qu'elle; sa mâchoire inférieure est pourvue d'un double rang de dents longues, aiguës, fortes, un peu recourbées vers l'intérieur de la gueule; au lieu de dents la mâchoire supérieure n'offre que des alvéoles, des cavités destinées à recevoir ces dents quand la gueule se ferme. La tête du macrocéphale est d'un volume immense ; sa longueur est presque égale à la moitié de la longueur totale du cétacé, laquelle est d'environ soixante-cinq à soixante-dix pieds. C'est le cachalot qui fournit la substance connue sous le nom de *blanc de baleine*, avec laquelle on fait de magnifiques bougies. On la trouve renfermée dans une cavité de la tête. On en retire aussi l'ambre gris. — (*V.* 1er T., P., n° 8.)

LE CACHALOT TRUMPO.

Ce cachalot se distingue du macrocéphale par une tête encore plus grosse, qui toujours excède la moitié de la longueur du corps. Convexe dans tous les sens, cette tête représente une grande portion d'une masse ellipsoïde, tronquée par-devant, de manière à laisser voir un mufle de taureau gigantesque. Les dents, aussi blanches que le plus bel ivoire, ont environ quinze pouces de long ; la tête entière a communément dix-huit ou vingt pieds de diamètre. Le trumpo donne, comme le macrocéphale, le blanc de baleine, ou *adipocère*, et l'ambre gris. —(*V.* 1er T., P., n° 9.)

LE DAUPHIN MARSOUIN.

Le marsouin ressemble beaucoup au dauphin vulgaire, dont il partage les attributs, les affections et les qualités, et il offre presque les mêmes traits. Il nage avec une vitesse telle que l'œil a peine à le suivre, et tous ses mouvemens s'exécutent avec la plus grande facilité ; aussi dirait-on qu'il se plaît à lutter contre les grandes marées et contre les flots soulevés et poussés par la tempête. Les marsouins vont presque toujours en troupes ; on les trouve dans la Baltique, près des côtes du Groenland, près de celles de l'Amérique, et surtout dans le grand Océan. — (*V.* 1er T., P. n° 7.)

LE SQUALE SCIE.

Au lieu de s'arrondir ou de finir en pointe, le museau de cet animal se termine par une excroissance, une prolongation osseuse ou cartilagineuse, mais extrêmement dure, ferme, longue, aplatie du haut en bas, ressemblant à une lame d'épée et recouverte d'une peau qui a la consistance du cuir. Les deux tranchans de cette lame sont profondément dentelés ; les dents, très-aiguës et non moins longues, percent le cuir ou peau qui recouvre la lame ; de sorte que cette lame a la forme d'un râteau de jardinier plutôt que d'une scie. Le squale, ennemi implacable de la baleine, sort presque toujours vainqueur des combats qu'il lui livre, grâce à son agilité et surtout à sa redoutable épée avec laquelle il déchire le colosse. — (*V.* 1er T., P. n° 4.)

LE SQUALE REQUIN.

Le requin, redouté des navigateurs, est le tigre des mers. Doué d'une force égale à sa férocité, insatiable de sang, dépourvu de crainte, obstiné dans sa poursuite, attaquant avec rage, dévorant sa proie avec une horrible avidité, ce formidable squale paraît n'être né que pour ravager et détruire. Outre sa peau presque impénétrable qui le garantit de l'atteinte des autres poissons, et ses dents meurtrières qui lui donnent toujours la victoire sur l'ennemi qu'il attaque, le requin a reçu de la nature un odorat très-fin et très-délicat ; aussi assure-t-on que si des blancs et des noirs se baignent ensemble dans la mer, ces derniers, dont il s'exhale des émanations plus odorantes, sont plus exposés à la voracité du monstre. — (*V.* 1er T., P., n° 1.)

LE SQUALE TIGRE.

Ce squale, long d'environ douze ou quinze pieds, est remarquable par la disposition des couleurs que son corps présente ; il a le dos noir, ainsi que les nageoires, mais il est parsemé de taches blanches, et il est couvert de bandes transversales de la même couleur, exactement placées comme celles qu'on voit sur le dos des tigres. Ce squale a ses dents très-menues ; c'est ce qui rend probable l'opinion de ceux qui prétendent que, contre l'habitude des animaux de son espèce, il ne se nourrit que de crabes et de coquillages. — (*V.* 1er T., P., n° 2.)

LA LOPHIE HISTRION.

Les lèvres de ce poisson peu commun sont bordées de barbillons, et son corps est tout hérissé de courts filamens et de petits aiguillons crochus. Il est brun par-dessous, d'un jaune doré par-dessus; et il est paré de bandes, de raies et de taches irrégulières et brunes. Les mouvemens prompts et variés qu'il imprime à ses nageoires, et la faculté qu'il a de gonfler la partie postérieure de son corps, et d'en changer à volonté la figure et la forme, lui ont fait donner le nom d'histrion. Il habite dans les mers du Brésil et de la Chine; sa longueur n'est que de neuf ou dix pouces. — (*V.* 1er T., P., nº 6.)

LE BALISTE VIEILLE.

Ce poisson, dont la longueur arrive souvent à trois pieds, a le dessus du corps jaune rayé de bleu; ce jaune s'éclaircit sur les côtés, et dégénère en une teinte grise. L'iris est rouge, et plusieurs rayons d'un beau bleu partent de chaque œil. Les lèvres, les nageoires et la queue sont bordées de la même couleur. Le baliste vieille se nourrit de coquillages, et il sert lui-même de proie aux gros poissons, qui savent très-bien le saisir par la queue pour éviter les piquans dont la partie antérieure de son corps est armée. — (*V.* 1er T., P., nº 3.)

LE SPHÉROIDE TUBERCULÉ.

La forme de ce poisson serait entièrement sphérique sans deux saillies très-marquées, au sommet desquelles les yeux sont placés. Les narines, très-rapprochées, sont situées entre les yeux et la bouche. La peau des environs de cet organe est lisse et unie; tout le reste du corps est couvert de petits tubercules. L'animal n'a que deux nageoires. On le trouve vers les côtes de l'Amérique, entre les deux tropiques. — (*V.* 1er T., P., nº 11.)

LE DIPHIDIAS ESPADON.

L'espadon a été pourvu par la nature d'une arme qui n'est pas moins terrible que celle du narval; cette arme consiste en une espèce de sabre à deux tranchans, formé par une prolongation extraordinaire des deux os de la mâchoire supérieure. Ces deux os se réunissent à peu de distance de l'extrémité du museau, et de cette jonction sort une lame étroite, longue, très-dure, terminée en pointe, tranchante des deux côtés et recouverte d'une peau chagrinée. L'espadon, malgré sa force, son volume, la vélocité de sa marche, son courage et la nature de l'arme qu'il a reçue, a des mœurs douces et paisibles, et il préfère pour aliment l'algue et les plantes marines à la chair des autres poissons. — (*V.* 1er T., P., n° 10.)

L'ANARCHIQUE LOUP.

Ce poisson n'est ni moins fort ni moins volumineux que le Diphias, mais ses mœurs sont bien différentes, et il est aussi féroce, aussi dangereux que le requin. La forme de ses dents, qui ressemblent par leur arrangement à celles du loup, lui a fait donner le nom de cet animal carnassier, dont au surplus il a toute la perfidie et toute la férocité. On le trouve communément dans l'Océan septentrional, mais presque toujours loin des côtes. Les habitans du Kamtschatka lui font une guerre très-active, parce qu'il leur fournit un aliment qu'ils aiment; les Groënlandais le recherchent pour sa peau, dont ils font divers ustensiles. —(*V.* 1er T., P., n° 5.)

LA RAIE BOUCLÉE.

Cette espèce de raie, qu'on appelle aussi *clouée*, doit ce nom aux gros aiguillons dont elle est armée, et qu'on a comparés à des crochets ou à des clous. On la trouve dans toutes les mers de l'Europe, où elle parvient souvent à une longueur de douze pieds. Elle est très-recherchée par les pêcheurs, parce qu'elle est l'une des meilleures à manger. La couleur générale de cette raie est le brun semé de taches blanches, et quelquefois le blanc tacheté de noir. Les grands aiguillons sont disposés par rangées longitudinales sur le dos et la queue. Après avoir pris la raie bouclée, on la garde pendant plusieurs jours afin que sa chair devienne plus délicate.—(*V.* 2e T., P., n° 1.)

LA RAIE AIGLE.

Cette grande raie se trouve dans la Méditerranée de même que dans l'Océan; elle est remarquable par sa grandeur, et par la lenteur, qu'on pourrait nommer grave, de tous ses mouvemens. Cette lenteur, prise pour de la majesté, lui a fait donner en quelques lieux le nom de *glorieuse ;* elle a pris celui d'*aigle* de la largeur de ses nageoires, qui ressemblent aux ailes d'un aigle; d'autres, à cause de sa longue queue, l'ont appelée *rat de mer,* et quelques-uns, par rapport à la queue et aux nageoires, lui ont donné, assez mal à propos, le nom de *chauve-souris marine.* Cette raie a, vers l'extrémité de sa queue, un aiguillon ou plutôt un dard long d'environ quatre pouces. Cette arme est très-dangereuse à cause de la vivacité des mouvemens de la queue, que l'animal lance, pour ainsi dire, en tous sens.—(*V.* 2e T., P., n° 2.)

LE PÉGASE DRAGON.

Ce n'est qu'un petit poisson volant, long de neuf à dix pouces. Il doit la faculté de s'élever dans les airs et de s'y soutenir pendant quelque temps, à ses larges nageoires pectorales. Son corps est couvert d'écailles dures, étendues, posées les unes sur les autres de la même manière qu'on supposait que se trouvaient placées les écailles du dragon. Indépendamment de cette enveloppe protectrice, la queue du pégase, qui est longue, étroite et distincte du corps, est renfermée pareillement dans un étui composé de plusieurs anneaux écailleux. — (*V.* 2e T., P., n° 12.)

LE DIODON HOLOCANTHE.

L'holocanthe a le dos plus convexe que les autres poissons du même genre, et son corps est armé de piquans qui ne permettent guère de le saisir. Quand cela arrive, ou lorsqu'il se sent pris à l'hameçon, il se gonfle, se comprime; il redresse ses dards, il les couche, il s'agite avec violence, et les pêcheurs n'osent le prendre que lorsqu'ils le voient près d'expirer. Ce diodon vit de crabes et de coquillages. — (*V.* 2e T., P., n° 15.)

L'OSTRACION TRIANGULAIRE.

On donne le nom générique d'ostracion à plusieurs poissons renfermés dans une enveloppe osseuse, très-forte, qui ressemble assez à une boîte, et qui leur a fait donner, par quelques écrivains, le nom de *poisson-coffre*. Les ostracions habitent les mers chaudes des deux continens, et ils se nourrissent de crustacés ou de coquillages. Le triangulaire, ainsi nommé à cause de la forme de son enveloppe, se trouve dans les deux Indes. Il parvient communément à la longueur d'un pied et demi, et sa chair est très-estimée; il a le corps brun ainsi que la queue, et les nageoires jaunes; il est légèrement tacheté de blanc. — (*V.* 2e T., P., n° 13.)

L'OSTRACION POINTILLÉ.

Ce poisson, qu'on a trouvé dans les environs de l'île Maurice, n'a guère que six ou sept pouces de long. Il a, comme le précédent, une enveloppe osseuse, mais cette enveloppe est quadrangulaire, c'est-à-dire composée de quatre faces, dont l'une est sur le dos. Sur cette couverture solide on aperçoit un grand nombre de petits points rayonnans qui la font paraître comme ciselée; mais elle n'est pas garnie de tubercules, comme celle du triangulaire. L'enveloppe du pointillé, de même que les parties découvertes de son corps, offre une immense quantité de très-petites taches blanches lenticulaires, d'autant plus apparentes qu'elles sont disséminées sur un fond brun. — (*V.* 2e T., P., n° 8.)

L'OSTRACION TROIS-AIGUILLONS.

Cet ostracion est ainsi nommé à cause de deux protubérances osseuses placées près des yeux, façonnées en pointes et formant saillie, et d'un troisième aiguillon qui défend la partie supérieure du corps. Il vit dans les mers de l'Inde. — (*V.* 2e T., P., n° 14.)

LE TÉTRODON LAGOCÉPHALE.

Le mot tétrodon signifie *quatre dents*; on l'a donné à une famille de poissons dont la mâchoire présente quatre portions osseuses, dentelées et débordant les lèvres. Ces mâchoires, ainsi placées en dehors des lèvres, sont très-propres à écraser et à broyer les crustacés et les coquilles dont le tétrodon fait sa principale nourriture. Le tétrodon n'a pas, ainsi que l'ostracion, une enveloppe osseuse qui le protége, mais tout son corps est armé de petits piquans; il jouit de plus de la faculté de s'enfler et de s'arrondir, et il ne manque jamais de le faire quand on l'attaque, parce que la tension de la peau fait dresser les piquans, qui, dans cet état, sont plus propres à la défense. La base des piquans du lagocéphale est divisée en trois rayons, et les piquans sont disposés en rangées longitudinales, un peu courbées vers le bas, et ordinairement au nombre de vingt. Il a le dessus du corps jaune avec des bandes brunes transversales, et le dessous blanc avec des taches rousses et brunes. On trouve ce tétrodon en Asie, en Amérique et dans le Nil. — (*V.* 2ᵉ T., P., n° 3.)

LE CYPRIN FRANGÉ

Les cyprins, nom générique des carpes, se plaisent dans les étangs, dans les lacs, dans les rivières dont les eaux coulent lentement; mais ils se montrent si sensibles aux diverses qualités de l'eau, qu'on les trouve quelquefois en grand nombre dans une portion d'un lac, tandis que dans une autre partie du même lac ils sont extrêmement rares. Lorsque vers le mois de mai ils remontent vers la source des rivières, s'ils rencontrent sur le chemin une digue, une chaussée, ils franchissent l'obstacle en s'élançant par-dessus, la digue eût-elle cinq ou six pieds d'élévation. Pour sauter, les cyprins montent à la surface de l'eau, ils font de leur corps un cercle, ensuite, par un mouvement brusque, ils débandent le ressort que ce cercle compose, et en même temps frappant l'eau vivement, ils s'élèvent comme on voit un corps élastique rejaillir en touchant le sol. Le frangé a la tête petite, la langue dégagée, le palais uni, l'iris couleur d'argent entouré de deux cercles rouges, le dos violet ainsi que les nageoires, le ventre blanc, tout le corps parsemé de points rouges; il vit dans les eaux de la côte de Malabar. (*V.* 2ᵉ T., P., n° 7.)

LE CYPRIN TESSE.

Ce poisson a le front large et noirâtre, le dos bleu, les côtes jaunes par en haut, bleu argenté par en bas, le bas des écailles bordé de bleu, les nageoires d'un violet clair. Comme il nage avec force, il aime à lutter contre les courans rapides, et cependant il se plaît dans les eaux dont quelque obstacle arrête la marche. Il croît lentement, se multiplie beaucoup, est très-vivace. Sa chair est grasse et molle; elle jaunit en cuisant et elle est pleine d'arêtes. — (*V.* 2ᵉ T., P., nᵒ 6.)

LE CYPRIN CARPE.

La conformation de la carpe et la justesse de ses proportions indiquent la vigueur et la légèreté. Toutefois sa tête est assez grosse, ce qui ne l'empêche pas de mettre dans ses mouvemens de la promptitude et de la grâce. Son front et ses joues sont ordinairement de couleur bleu foncé; le dos est bleu verdâtre; le jaune et le noir brillent sur ses côtés. La carpe, dont la longueur n'est guère que de quinze à vingt pouces, arrive quelquefois à une grosseur excessive. On en a pêché du poids de quinze, de dix-neuf et de vingt kilogrammes. Pallas prétend qu'on en trouve dans le Volga qui ont près de cinq pieds de long. On assure qu'en 1711 on en pêcha une près de Francfort-sur-l'Oder, laquelle était longue de quinze pieds sur trois pieds d'épaisseur ou de hauteur. Les carpes résistent aux plus grands froids; quand les étangs où elles se trouvent viennent à geler, ces poissons s'enfoncent dans la vase, dans la terre grasse, s'entassent les uns sur les autres, s'y engourdissent et y passent l'hiver sans qu'ils aient besoin d'aucune nourriture. — (*V.* 2ᵉ T., P., nᵒ 5.)

LA CLUPÉE ATHÉRINOIDE.

Ce poisson se fait remarquer par la petitesse de sa tête, les grandes lames qui recouvrent cette partie, la largeur de l'orifice de la bouche, les rangées de petites dents de chaque mâchoire, la surface unie du palais et de la langue, la matière brune et visqueuse qui humecte la peau, la brièveté des nageoires ventrales, la longueur du corps, qui est d'environ quinze pouces. — (*V.* 2e T., P., n° 4.)

LA CLUPÉE HARENG.

Le hareng est trop connu pour le décrire. Il suffit de savoir que ce poisson se trouve par bandes innombrables sur les côtes occidentales de l'Europe, et que la pêche qui s'en fait tous les ans est une source abondante de richesses réelles pour les peuples qui s'y livrent. On a cru pendant long-temps qu'ils formaient des migrations régulières et périodiques; on croit aujourd'hui que ces migrations prétendues se réduisent pour les harengs à quitter le fond de la mer pour se rapprocher des embouchures des fleuves. Ce fut le pêcheur Deukelzoon, hollandais, qui, vers la fin du 14e siècle, trouva l'art de saler les harengs. Plus tard, les habitans de Dieppe ont inventé la méthode de les fumer. — (*V.* 2e T., P., n° 11.)

LE MUGE TANG.

Les muges forment un genre très-nombreux de poissons qu'on distingue à leur mâchoire inférieure carénée en dedans, à la tête revêtue de petites écailles, aux écailles striées, aux deux nageoires du dos. Le tang, que l'on a pêché dans les fleuves de la Guinée, a la bouche petite, l'orifice de chaque narine double, le dos brun, les flancs blancs, les nageoires d'un brun tirant sur le jaune, et un grand nombre de raies étroites, longitudinales, de la même couleur que les nageoires. La chair du tang est grasse et de bon goût. — (*V.* 2e T., P., n° 10.)

LE CORÉGONE LAVARET.

Le lavaret habite l'Océan Atlantique septentrional et la Baltique; on le trouve aussi dans plusieurs lacs, et notamment dans celui de Genève. Il se nourrit d'insectes et d'œufs de poisson, et il est si vorace, qu'il n'épargne pas même les siens. Quand les lavarets se disposent à certaines époques à remonter dans les rivières, ils s'avancent en troupes, se rangent sur deux files formant un angle aigu; le plus fort ou le plus hardi se place à la tête, et les autres les suivent. Ils nagent contre le courant avec beaucoup de facilité; cependant aux approches d'une tempête, ils suspendent leur marche, et attendent au fond du fleuve que l'orage ait cessé. On assure que tout comme ils pressentent la tempête, ils pressentent aussi le commencement de l'hiver, et qu'on peut regarder comme un présage assuré que les froids hâteront leur retour dans la pleine mer. — (*V.* 2e T., P., no 9.)

LE SALMONE SAUMON.

Beaucoup moins connu qu'on ne le croit communément, ce poisson mérite les regards de l'observateur par la rapidité, la vitesse de ses mouvemens, ses longs voyages, ses habitudes singulières, les précautions qu'il prend d'avance pour les êtres qui doivent naître de lui, les combats qu'il soutient pour les défendre lorsqu'ils sont nés, les ruses qu'il emploie contre le pêcheur qui le poursuit, l'instinct qu'il a reçu de la nature pour voir le danger et pour l'éviter : tout en lui intéresse et pique la curiosité. On trouve le saumon dans toutes les mers, mais il se plaît surtout dans le voisinage des grands fleuves qui lui servent d'habitation durant plusieurs mois. Il ne reste ordinairement dans la mer que vers la fin de l'automne. — (*V.* 3e T., P., no 4.)

LE SALMONE TRUITE.

La truite, qu'on a souvent appelée le *roi des poissons d'eau douce*, à cause de la délicatesse et du bon goût de sa chair, habite les lacs élevés et les ruisseaux des montagnes. On dirait qu'orgueilleuse de sa beauté, elle cherche les eaux fraîches et limpides dont la transparence laisse briller ses écailles d'un jaune doré, mêlé de vert resplendissant, et de taches rouges qu'entoure un cercle d'azur. La truite craint la chaleur, ce qui l'oblige à changer souvent de demeure; elle nage contre le courant le plus rapide avec la plus grande facilité; une digue, un rocher ne sont point capables de l'arrêter dans sa course; elle s'élance jusqu'à six pieds de hauteur au-dessus de l'eau, franchissant ainsi les obstacles qu'elle rencontre. — (*V*. 3e T., P., n° 2.)

LE PLEURONECTE CARRELET.

Le carrelet est un poisson très-commun dans les mers qui baignent les côtes européennes, et surtout dans la Méditerranée; il lui arrive rarement de pénétrer dans les fleuves; on en trouve pourtant dans l'Elbe, et probablement dans le Rhin, puisqu'on a vu ses dépouilles dans une carrière, près du lac de Constance. Ce poisson est l'un de ceux qui présentent le plus de largeur, ou pour mieux dire de hauteur. Mais en général, il est bien moins long que les autres poissons de son espèce. Plusieurs rangées de dents aiguës, mais irrégulières, arment ses deux mâchoires. —(*V*. 3e T., P., n° 3.)

LE ZÉE LONGS-CHEVEUX.

Ce poisson singulier doit le nom qu'il porte à de longs filamens, qui, semblables à des cheveux flottans, terminent plusieurs rayons de ses nageoires dorsales et de sa queue. On croit que ces filamens, qui sont trop faibles et trop déliés pour qu'il les emploie à sa défense ou à ses mouvemens, lui servent, les uns à se tenir suspendu aux plantes aquatiques ou aux saillies des rochers, et les autres à saisir et envelopper sa proie. Cette conjecture est pleinement confirmée par ce que l'on sait du zée rusé qu'on trouve dans les mers de Surate, et qui appartient à la même famille. Les teintes du zée sont riches et belles; ses écailles, que leur petitesse rend presque imperceptibles, présentent des reflets dorés sur un fond d'argent; ses nageoires sont d'un beau violet foncé qui relève l'éclat de son corps. — (*V*. 3e T., P., n° 1.)

LE POMACANTHE ARQUÉ.

Cinq bandes transversales d'un blanc argenté entourent, comme des rubans, le pomacanthe arqué, dont la couleur générale se compose de brun, de noir et de jaune doré, à reflets doux et soyeux; on dirait que ce poisson est couvert de velours et de lames d'argent. Une sixième bande, d'un blanc très-pur, orne l'extrémité de la queue. Les yeux de l'animal sont presque sur son dos, vers le commencement de la nageoire. Ce poisson ne se trouve guère que dans la mer des Antilles, conjointement avec le pomacanthe doré, dont la parure est plus riche, quoique moins élégante. — (*V.* 3ᵉ T., P., nº 8.)

LE CHÉTODON MUSEAU ALONGÉ.

Ce beau poisson à raies longitudinales d'un fond brun, et à larges bandes transversales dorées et nuancées de blanc, se trouve communément dans les mers de l'Inde, près de l'embouchure des rivières, et non loin du rivage. Il se nourrit d'insectes, qu'il saisit avec beaucoup d'adresse, à l'aide de son museau long et presque cylindrique. Quand il aperçoit un insecte qu'il ne peut prendre parce qu'il est placé trop au-dessus de l'eau, il emplit sa bouche d'eau, et, fermant toutes ses ouvertures, il pousse le fluide avec tant de force par l'extrémité du tube que son museau forme, que, le lançant à cinq ou six pieds de hauteur, il inonde, frappe, étourdit l'insecte, qui tombe dans la mer et devient la proie de son ennemi. — (*V.* 3ᵉ T., P., nº 10.)

LA PERSÈQUE PERCHE.

La perche habite au milieu de nous; elle peuple nos lacs et nos rivières, et ses habitudes ne sont guère connues que des naturalistes. Les climats tempérés sont peu favorables à son accroissement; dans les contrées septentrionales, elle parvient à une grosseur que plusieurs écrivains nomment monstrueuse. Ce poisson se plaît principalement dans les lacs, dont il parcourt la surface avec tant de vitesse que l'œil peut à peine le suivre. Il vit de proie, mais il ne peut attaquer avec avantage que des insectes, vengés à leur tour par de plus grands poissons ou par les oiseaux aquatiques. Parmi les ennemis les plus dangereux de la perche, on compte l'épinoche, très-petit poisson tout armé de piquans. L'épinoche, saisi par la perche, dresse ses piquans et les fait pénétrer dans le palais de cette dernière, qui ne pouvant ni l'avaler, ni le rejeter, ni fermer la bouche, est réduite à mourir de faim. — (*V*. 3e T., P., n° 5.)

L'HOLOCENTRE SOGO.

Ce magnifique poisson, qu'on trouve en Afrique, dans l'Inde, aux Antilles, et même dans les eaux de l'Europe, brille des plus belles couleurs, et semble paré de rubis, de diamans et de lames d'or. Son dos est d'un rouge très-vif qui, par une dégradation insensible, se termine sur les côtés en une teinte argentée. Sur ce fond nuancé s'étendent sur chaque face latérale six ou sept raies dorées longitudinales. Les mouvemens du sogo sont vifs et prompts, et comme il n'aime que les eaux transparentes, il réfléchit en tous sens les rayons solaires. Sa chair est très-blanche et non moins estimée. —(*V*. 3e T., P., n° 7.)

L'HOLOCENTRE VERDATRE.

L'holocentre verdâtre ne se voit guère que dans les Indes occidentales. Son dos présente des bandes transversales et irrégulières d'un vert foncé; des raies jaunâtres ornent les opercules, et une teinte de la même couleur règne à la base des nageoires; c'est ce qui distingue cet holocentre des autres poissons de son espèce, auxquels il ressemble d'ailleurs par la forme et par les habitudes. Parmi ces derniers on doit remarquer le *Post*, commun en Europe, et que les pêcheurs de la Seine appellent *perche goujonnière*. On l'emploie communément pour peupler les étangs. — (*V*. 3e T., P., n° 6.)

LE LUTJAN DIAGRAMME.

Ce poisson, dont la longueur, quand il a toute sa croissance, est d'environ deux pieds, vit dans les mers de l'Amérique. Sa chair est ferme, grasse et de très-bon goût, ce qui lui attire bien des ennemis, dont le plus dangereux pour lui est l'homme. Il se défend avec courage, et souvent on le voit attaquer des poissons beaucoup plus grands que lui. Sa tête est toute couverte de petites écailles; ses deux mâchoires n'avancent pas l'une sur l'autre, comme dans beaucoup d'autres espèces, et elles sont garnies de plusieurs rangées de petites dents. — (*V.* 3e T., P., n° 13.)

LE LABRE-FOURCHE.

Ce labre, ainsi que plusieurs espèces de la même famille, habite dans le golfe de l'Inde, et probablement aussi dans les mers du Sud. Il n'a point de dents incisives ni molaires, ce qui montre assez que la nature ne l'a point destiné à faire la guerre à d'autres poissons; mais ses mouvemens sont vifs, et il échappe à ses ennemis par son agilité. Le violet et le vert clair dominent dans les couleurs dont il est revêtu, et le tour de ses yeux est peint d'un rouge brillant. Ce labre doit son nom à la forme fourchue de sa queue, qui se divise en deux branches terminées par une pointe aiguë. — (*V.* 3e T., P., n° 14.)

LE LABRE-PAON.

Le labre-paon, ainsi nommé à cause de l'éclat et de la richesse de sa parure, habite les eaux de la Syrie, et s'éloigne peu du rivage de cette contrée célèbre. Toutes les couleurs de l'arc-en-ciel, que la nature a déployées sur la queue du paon, se retrouvent sur les écailles polies du labre. Quand le soleil frappe de ses rayons la surface de la mer, que le temps est calme et que le labre-paon nage, sans s'agiter, au-dessous d'une couche d'eau transparente, on admire le vert mêlé de jaune qui brille sur la partie supérieure de son corps, et les taches rouges et blanches qui étincèlent au milieu de ce fond vert. On peut dire que ce poisson offre un assortiment complet de toutes les couleurs, tantôt éblouissantes, tantôt douces et gracieuses, toujours artistement nuancées. La longueur commune du labre-paon est de deux pieds à deux pieds et demi. — (*V.* 3e T. P., n° 15.)

L'EXOCET VOLANT.

L'exocet, plus connu sous le nom de poisson volant, est l'un des plus malheureux habitans de la mer. Paré des plus belles couleurs, mais laissé sans défense contre ses ennemis, il doit les dangers qui l'environnent, et la rigueur de sa condition, à l'éclat qu'il répand autour de lui, éclat funeste qui le signale aux scombres, aux coryphènes, dont il est poursuivi au milieu des eaux; aux frégates, aux autres oiseaux de proie, qui le saisissent quand il veut traverser les airs; aux marins, aux matelots, qui l'épient et lui tendent des piéges pour se nourrir de sa chair. L'exocet est tout couvert d'écailles argentées, nuancées d'azur sur la tête, le dos et les côtés; et c'est à l'aide de ses nageoires larges et membraneuses qu'il peut s'élancer hors de son élément, et parcourir un espace assez considérable; mais le plus souvent il n'échappe à la dorade ou à la bonite que pour devenir la proie d'un autre ennemi. — (*V.* 3e T., P., n° 12.)

LA SCORPÈNE ANTENNÉE.

Ce poisson doit son nom à deux barbillons cylindriques placés au-dessus de ses yeux, renflés dans leur longueur, à quatre points différens, par une espèce de bourrelet très-sensible, qui semble articulé et a les plus grands rapports avec les antennes de beaucoup d'insectes. Des filamens et des piquans de diverses grandeurs garnissent toute sa tête. Une raie très-foncée traverse obliquement le globe de l'œil, et son corps est couvert de bandes transversales. On pêche ce poisson dans les eaux douces de l'île d'Amboine. — (*V.* 3e T., P., n° 11.)

LA SCORPÈNE VOLANTE.

Cette scorpène, qui, de même que l'antennée, habite dans les rivières de l'île d'Amboine, et qu'on trouve encore dans celles du Japon, se distingue de la précédente par la faculté que la nature lui a donnée de s'élever dans les airs, de s'y soutenir pendant quelque temps, et de diriger sa course dans ce nouvel élément par une manœuvre semblable au vol des oiseaux. Ses nageoires pectorales, qui lui servent d'ailes, se composent de plusieurs rayons unis entre eux par une membrane assez large et assez souple pour que l'animal puisse l'étendre ou la resserrer à volonté. La chair de ce poisson est très-délicate, aussi les pêcheurs lui font-ils une guerre cruelle, et presque jamais elle ne s'élève hors de l'eau que pour tomber dans les filets tendus à la surface. — (*V.* 3e T., P., n° 9.)

LE POLYPTÈRE BICHIR.

Ce n'est que dans les eaux du Nil qu'on a trouvé ce poisson remarquable par son organisation. Sa couleur générale est d'un vert de mer relevé par des taches noires, irrégulières, plus nombreuses vers la queue que vers la tête; sa longueur totale, la queue comprise, n'excède pas dix-huit pouces. Ses nageoires pectorales sont attachées à une espèce d'appendice ou de bras qui renferme plusieurs osselets; les ventrales sont pareillement soutenues par un appendice; mais cette prolongation est beaucoup plus courte que celle des pectorales. Les dorsales sont au nombre de seize à dix-huit. Une grande plaque osseuse, composée de dix pièces articulées, recouvre la tête. —(*V.* 4e T., P., n° 2.)

L'AULOSTOME CHINOIS.

Ce poisson a été observé dans la rade de Cavite de l'île Luçon, dans la mer qui baigne les côtes de la Chine, dans celle de l'Inde, et même dans les eaux des Antilles; mais quoiqu'on ne le rencontre qu'entre les tropiques et sous l'équateur, on a reconnu sa dépouille dans les couches volcaniques du mont Bolca, près de Verone. L'aulostome chinois est de couleur rougeâtre, variée par un grand nombre de petites taches irrégulières, noires ou brunes, et par huit raies blanches longitudinales. Ses mâchoires sont dépourvues de dents, et il n'a point de langue; seulement au-dessous du museau pend un barbillon flexible avec lequel il saisit les vers dont il se nourrit. Sa chair est maigre et coriace; sa longueur est d'environ trois pieds.—(*V.* 4e T., P., n° 13.)

LE SILURE COTYLÉPHORE.

C'est dans les eaux des Indes orientales qu'on trouve ce poisson, dont l'organisation très-singulière n'a été observée encore sur aucune autre espèce. Le dessous de la gorge, du ventre et d'une portion des nageoires ventrales, est garni de petits corps, arrondis dans leur contour, convexes du côté par lequel ils tiennent à l'animal, concaves de l'autre, et ressemblant assez à des entonnoirs ou petites coupes. La plus grande partie de ces sortes d'excroissances est suspendue à une tige déliée et flexible ; les autres tiennent immédiatement au corps du poisson. Il est probable que ces espèces d'entonnoirs lui servent à s'attacher ou à se coller aux substances ou aux corps qu'il rencontre. — (*V.* 4e T., P., n° 1.)

LE MISGURNE FOSSILE.

Le misgurne fossile, auquel on a donné ce nom par suite de la fausse opinion qu'il s'engendrait dans la terre, ne vit que dans les étangs ou dans les marais ; peu d'eau lui est nécessaire ; pour mieux dire il ne lui faut qu'un peu de vase où il puisse pénétrer et rester caché. Bien qu'il ne périsse point sous la glace, il est très-sensible aux variations de l'atmosphère ; c'est surtout dans les temps orageux qu'on le voit s'agiter, courir, montrer de la détresse, de l'inquiétude, plusieurs heures même avant que l'orage éclate. Cette propriété qu'a le misgurne d'annoncer les prochains orages lui a valu le nom de *baromètre vivant*, tout comme il a reçu celui de *thermomètre animal*, de la précaution qu'il a de rentrer dans ses demeures souterraines aussitôt que le temps devient froid. La chair des misgurnes est molle, spongieuse, imprégnée du goût de marécage, aussi est-elle peu estimée. — (*V.* 4e T., P., n° 4.)

L'ANAPLEBS SURINAM.

L'anaplebs vit dans la mer des Indes, sur la côte de Surinam. Il se tient souvent à la surface de l'eau, la tête hors de cet élément, ou bien il s'élance sur la grève du rivage, où il cherche les vers qui lui servent de pâture. La conformation des yeux de l'anaplebs est extrêmement singulière ; chaque œil a deux cornées, deux iris, deux prunelles, deux cavités pour l'humeur aqueuse et deux foyers de rayons lumineux. On présume qu'il se sert alternativement des prunelles supérieures pour voir les objets qui sont au-dessus de lui, et des inférieures pour regarder ceux qui se trouvent au-dessous. — (*V.* 4e T., P., n° 3.)

L'ÉCHÉNÉIS NAUCRATE.

L'échénéis, qu'on appelle *naucrate* ou pilote, parce qu'on le voit nager autour des requins, de même que le remora, ressemble beaucoup à ce dernier poisson par la forme et les habitudes; mais il en diffère par la taille, qui va quelquefois jusqu'à dix pieds, et par le nombre des lames transversales qui couvrent sa tête. Comme l'échénéis s'attache très-fortement aux objets qu'il rencontre, les habitans de la côte de Mozambique, où il abonde, s'en servent pour la pêche des tortues marines. Ils passent un anneau muni d'une longue corde au corps de l'échénéis, et dès qu'ils aperçoivent une tortue endormie à la surface de l'eau, ils lâchent le naucrate, et lui donnent assez de corde pour qu'il puisse arriver jusqu'à la tortue. Dès qu'il peut l'atteindre, il se cramponne à son dos, sur lequel elle repose, et il s'y tient collé avec tant de force, qu'en tirant la corde le pêcheur ramène avec le naucrate la tortue captive. — (*V.* 4e T., P., nº 14.)

LE MACHOURE BERGLAX.

Ce machoure ou *poisson à longue queue* fréquente les rivages du Groenland et de l'Islande. Il nage avec beaucoup de vitesse et de force; lorsqu'il est pris, on le voit se débattre avec une violence extrême; il agite sa longue queue jaunâtre, il anime ses yeux gros et saillans, et tout son corps se gonfle; ses efforts pour reprendre sa liberté ne cessent qu'avec sa vie. Le berglax est d'une belle couleur argentée que relève le jaune quelquefois doré des nageoires; sa longueur est d'environ trois pieds. — (*V.* 4e T., P., nº 15.)

L'OPHIDIE BARBU.

Le barbu, qu'on trouve particulièrement dans la Méditerranée et dans la mer Rouge, doit le nom qu'il porte aux quatre barbillons qui garnissent sa mâchoire inférieure, beaucoup moins saillante que la mâchoire supérieure. La couleur de son corps est argentée, mêlée de teintes couleur de chair, nuancée de bleu sur le dos et parsemée de petites taches. Ses yeux sont voilés par une membrane à demi transparente. — (*V.* 4e T., P., nº 10.)

LE PÉTROMYZON ROUGE.

Ce poisson habite les eaux de la Seine. Les pêcheurs le désignent sous le nom de *sept-œil-rouge*, à cause de sa couleur, ou d'*aveugle*, à cause de l'extrême petitesse de ses yeux. Cette couleur rouge, qui le fait reconnaître, est très-foncée sur la partie du corps, et près de la tête elle offre des teintes sanguinolentes. Le pétromyzon a d'ailleurs beaucoup de rapports avec le lamproyon ou lamproie d'eau douce. — (*V.* 4e T., P., n° 6.)

LE LÉPISOSTÉE GAVIAL.

On donne ce nom à une espèce de petit crocodile, long d'environ trois pieds, commun dans les lacs et les rivières des deux Indes. Couvert d'écailles fortes et osseuses qui forment autour de lui une véritable cuirasse, il brave les attaques des autres poissons, et il est pour eux-mêmes un très-dangereux ennemi; mais à son tour il est poursuivi par l'homme, et rarement il évite les piéges que ce dernier lui tend afin d'avoir sa chair, qui est réputée excellente. Ses écailles, taillées en losange, sont placées par rangées oblongues, ou pour mieux dire, en spirale. Elles sont striées et bombées dans le centre. La couleur de ce gavial est le vert; les nageoires sont rougeâtres, le ventre est d'un violet très-clair. — (*V.* 4e T., P., n° 11.)

LA MURÉNOPHIS RÉTICULAIRE.

La murénophis est la murène des anciens; il en existe un assez grand nombre d'espèces qui ne diffèrent entre elles que par des traits peu saillans, et qui, ressemblant aux serpens par leur conformation presque cylindrique, leurs proportions déliées, la flexibilité de leur corps, la sinuosité de leur course, la faculté de tendre ou de débander les ressorts par lesquels elles se meuvent, semblent unir la classe des reptiles à celle des poissons. La murène réticulaire a les yeux très-petits et placés près de la lèvre supérieure; elle est de couleur brune, tachetée de blanc. Elle est originaire de Surinam, d'où elle a passé dans l'Amérique méridionale. — (*V.* 4e T., P., n° 12.)

L'UNIBRANCHAPERTURE MARBRÉE.

Ce poisson, dont la tête excède le corps en grosseur, et qu'on trouve dans les eaux douces de la côte de Surinam, est très-vorace, et se nourrit de petits animaux; sa chair est assez grasse, mais le séjour que l'animal fait dans la vase lui fait contracter un mauvais goût. Il a les yeux bleus, le dos vert d'olive foncé, le ventre et les côtés d'un vert jaunâtre; les taches qui le font paraître jaspé ou marbré offrent des nuances violettes. — (*V.* 4e T., P., nº 7.)

L'ODONTOGNATHE AIGUILLONNÉ.

Ce poisson est très-remarquable par la conformation extraordinaire de sa bouche, et les aiguillons dont son corps est armé. La mâchoire inférieure, beaucoup plus longue que la mâchoire supérieure, et relevée presque verticalement quand le poisson a fermé la bouche, s'abaisse comme un pont-levis lorsqu'il veut l'ouvrir; elle forme une espèce de nacelle écailleuse et transparente. La mâchoire, en s'abaissant, entraîne deux lames très-longues, de la même substance, et attachées aux deux côtés de la partie la plus saillante de la mâchoire supérieure. Entre ces deux mâchoires si singulièrement organisées est une langue pointue, assez libre dans ses mouvemens. Vingt-huit aiguillons, rangés sur deux rangs longitudinaux, garnissent la partie inférieure du ventre. Ce poisson se trouve dans la Guyane. — (*V.* 4e T., P., nº 9.)

LA MURÈNE ANGUILLE.

La couleur de l'anguille varie beaucoup, suivant l'âge de l'animal et la qualité de l'eau où elle vit. Dans les eaux limoneuses, l'anguille a le dos d'un beau noir et le ventre jaune; dans une eau pure et limpide, sur un fond de sable, les teintes de sa peau sont plus vives et plus riantes; c'est un vert nuancé mêlé de brun à la partie supérieure; c'est par-dessous la couleur de l'argent. On vante l'instinct de l'anguille, comme on admire la promptitude et la grâce de ses mouvemens. L'anguille est un poisson voyageur; elle se nourrit de vers, d'insectes et de petits poissons. Elle va souvent chercher les premiers hors de l'eau, et à une assez grande distance du rivage, en serpentant comme les serpens, quoique avec plus de lenteur. Elle peut vivre plusieurs jours hors de son élément. — (*V.* 4e T., P., no 5.)

LE SYNODE MALABAR.

Ce poisson, couvert sur le dos d'écailles verdâtres, larges, lisses, brillantes, et sur le ventre, ainsi que sur la tête, d'écailles d'un beau jaune doré, habite dans les rivières de la côte dont il porte le nom. Ses nageoires, variées de jaune et de gris, sont rayées de brun. Ses mâchoires sont armées de dents inégales, mais serrées, grandes, fortes et pointues; d'autres dents hérissent son palais et sa langue; la mâchoire inférieure a plus de saillie que celle d'en haut. La chair de ce poisson est blanche, saine et d'un goût agréable. — (*V.* 4e T., P., no 8.)

LE CYPRIN ROUGE BRUN.

Ce poisson, peu différent du murse qu'on trouve dans la mer Caspienne, vit dans les eaux de la Chine; il est gros et court, sa hauteur égale à peu près sa longueur. Il est remarquable par deux proéminences dont l'une est entre les yeux, et l'autre sur le museau, par ses grandes écailles façonnées en losange, et surtout par sa couleur brun-doré, nuancée de blanc dans la partie inférieure du corps. Ses deux mâchoires sont également avancées, et ses nageoires rouges font ressortir la teinte dorée du dos. — (*V.* 5e T., P., no 9.)

LE CYPRIN TANCHE.

La tanche est pour ainsi dire cosmopolite; on la voit dans toutes les parties du globe, et tous les climats lui conviennent. Elle recherche les eaux vaseuses et stagnantes; elle y passe l'hiver sous la glace et enfoncée dans le limon. Quand l'été arrive, elle s'approche des lieux couverts d'herbes, afin d'y déposer ses œufs. Sa chair, molle, est difficile à digérer; elle a d'ailleurs un goût de vase qui fait qu'elle est généralement peu estimée. Sa parure est brillante; toutes les couleurs se mêlent et se nuancent sur son corps; elle a du jaune verdâtre sur les joues, du blanc sur la gorge, du vert foncé sur le front et sur le dos, du vert clair et du jaune sur les côtés, le jaune vers la partie inférieure; du blanc sur le ventre, du violet sur les nageoires; mais ces couleurs varient, deviennent plus claires ou plus obscures suivant l'âge de l'animal, le climat, les alimens et la qualité de l'eau. — (*V.* 5e T., P., n° 7.)

LE MULET.

Ce poisson, qu'on trouve dans toutes les parties du monde, est du nombre de ceux qui à certaines époques abandonnent la mer pour entrer dans les rivières, qu'ils remontent jusqu'auprès de leurs sources; mais il est à remarquer qu'on ne trouve dans les eaux douces que le mulet à couleur pâle; celui dont la couleur est foncée ne quitte jamais la mer. Cependant l'eau des rivières convient à ce poisson; car la chair de ceux qu'on y pêche est plus grasse et de meilleur goût que celle des mulets de mer. C'est avec les œufs du mulet qu'on fait l'espèce de caviar, qu'on nomme *boutargue*. — (*V.* 5e T., P., n° 3.)

LE BROCHET.

On trouve le brochet dans toutes les régions de l'Europe, dans les fleuves, dans les rivières, dans les lacs et dans toutes les eaux marécageuses. Ce poisson est très-vorace, car, lorsqu'il est pressé par la faim, il n'épargne pas sa propre espèce. Il attaque sans crainte les poissons aussi gros que lui, et il finit toujours par en faire sa proie; il les saisit par la tête qu'il écrase entre ses dents, ou bien il se contente de la tenir serrée jusqu'à ce que le poisson soit mort. Le brochet prend un accroissement très-rapide, et, contre la règle ordinaire, il devient très-âgé. La première année il n'a guère que six ou huit pouces; mais au bout de dix ou douze ans il a de six à huit pieds de long. Le Volga nourrit les plus grands brochets qu'on connaisse. On fait voir à Manheim un anneau de cuivre doré que l'empereur Barberousse fit passer en 1230 au corps d'un brochet de l'étang de Kayserslautern, dans le Palatinat. Cet anneau pouvait s'élargir par la pression. En 1497, c'est-à-dire 267 ans après, ce brochet fut pêché; il portait encore l'anneau; il était long de dix-neuf pieds, et pesait 350 livres. Le brochet a, dit-on, la vie si dure, qu'on peut lui ouvrir le ventre, et le recoudre ensuite sans qu'il en meure. C'est là ce que font les pêcheurs d'Angleterre qui, n'estimant ce poisson que lorsqu'il est gras, s'assurent par cette opération cruelle s'il est tel qu'ils le veulent, et le rejettent dans l'eau après l'avoir cousu, s'il leur a paru maigre. — (*V*. 5ᵉ T., P., nº 5.)

LE CAÏMAN.

Le caïman doit son nom à ses deux longues mâchoires, hérissées de dents, et à l'aplatissement de sa tête, ce qui lui donne quelque ressemblance avec celle du crocodile. On le trouve en Europe et dans les deux Indes. La couleur de son dos est d'un assez beau vert; par-dessous il approche du rouge. Le caïman vit dans les lacs et dans les rivières. Il acquiert de deux à trois pieds de longueur, il a la chair grasse et d'assez bon goût; comme le brochet, il est d'une extrême voracité. — (*V*. 5ᵉ T., P., nº 4.)

LA CASTAGNOLE.

La castagnole, qu'on trouve en Angleterre, en France et dans la mer du Nord, se reconnaît parmi les spares, auxquels elle appartient, aux écailles qui couvrent toutes ses nageoires. Ce poisson a le corps très-large du côté de la tête, la mâchoire inférieure plus longue que la supérieure, et garnie de deux rangées de dents très-aiguës. La couleur du dos est le noir, celle des côtés le bleu clair, celle du ventre le blanc d'argent. Les nageoires ventrales et pectorales sont jaunes, les autres sont bleues. Sa longueur varie de quinze ou dix-huit pouces à vingt-cinq ou trente; sa largeur est égale à la moitié de la longueur du corps. On pêche sur les côtes de France deux ou trois poissons qu'on nomme castagnoles. — (*V*. 5ᵉ T., P., nº 14.)

L'APUS.

L'apus habite la mer du Brésil, ses étangs et ses rivières; sa couleur dominante est le rouge; sur les côtés elle se change en une teinte grise qui devient blanche sous le ventre. Tout le corps est semé de taches noires dont quelques-unes sont très-grandes. Durant l'été on ne le trouve que dans la mer, au voisinage des écueils; quand l'hiver s'avance, il gagne les eaux douces. Sa chair est grasse et d'un goût exquis; aussi a-t-il pour ennemis tous les habitans des côtes. Ce poisson, au surplus, n'est rien moins que rare, et la pêche en est toujours abondante. — (*V.* 5e T., P., n° 13.)

LA FAUCILLE.

La faucille, de la famille des spares, se trouve aux Antilles; elle se distingue des autres par les quatre aiguillons dont sa nageoire postérieure est armée. Elle est couverte d'écailles jaunâtres; sa tête et ses nageoires sont vertes, bordées de jaune, excepté la nageoire pectorale qui est toute verte. — (*V.* 5e T., P., n° 8.)

L'ŒIL-DE-BŒUF.

Ce poisson, de la même famille des spares, doit son nom à la forme de ses yeux, qui sont gros, ronds et saillans. Il est de couleur jaune, agréablement nuancé de blanc; ses nageoires, jaunes à leur base, sont d'un rouge vif à leur extrémité; mais la nageoire dorsale n'est rouge que par-devant, et celle de la queue se termine en une teinte grisâtre. Le corps est rayé en long de plusieurs lignes qui sont d'un rouge foncé sur le dos, et d'un jaune pâle sur le ventre. — (*V.* 5e T., P., n° 6.)

LE SCARUS VERT.

Le scarus vert se distingue des autres poissons de son espèce par la belle couleur verte qui domine sur tout son corps. Il paraît avoir les mâchoires très-fortes. Quand il vieillit, la mâchoire supérieure s'arme de plusieurs crochets recourbés. Une autre singularité de ce poisson, c'est que moins il est grand, plus ses couleurs sont vives. Comme le spare à bandes, il habite dans la mer du Japon. — (*V.* 5e T., P., n° 15.)

L'HOLOCENDRE POINTÉ.

C'est un joli poisson dont le corps jaune est tout tacheté de points rouges et noirs, et dont les nageoires sont aussi rouges, ce qui relève singulièrement la couleur moins vive du corps. Les nageoires, de forme arrondie, sont pareillement parsemées de taches rouges et noires. Ce poisson est originaire du Brésil ; il a la chair blanche, grasse, ferme et de très-bon goût, aussi les Brésiliens en font-ils grand cas ; ils prétendent que l'aliment qu'il leur fournit est sain et léger. Quelques naturalistes confondent l'holocendre avec la perche. (*V.* 5e T., P., n° 12.)

LE LUTIAN.

Le lutian, que les Japonnais appellent lutjany, a la partie inférieure de son corps d'un blanc tirant sur le gris ; le dos est jaune-brun, coupé de lignes bleues transversales ; plus bas ces lignes sont jaunes. Les nageoires sont d'un rouge clair, nuancé de bleu. Les Japonnais se nourrissent de sa chair. — (*V.* 5e T., P., n° 11.)

LA SOLE.

Ce poisson bien connu, qu'on appelle en France *la perdrix de mer*, à cause du goût délicat de sa chair, habite la Baltique, la mer du Nord, la Méditerranée et la mer des Indes ; il vit des œufs et des petits des autres poissons ; il a lui-même les crabes pour ennemis. Sa longueur est de huit à neuf pouces jusqu'à deux pieds, et son poids d'une à huit livres. Les plus petites sont les meilleures ; mais dans aucun pays elles ne sont aussi bonnes qu'au cap de Bonne-Espérance. — (*V.* 5e T., P., n° 2.)

LE TURBOT.

Le turbot, long et arrondi, marbré par-dessus de brun et de jaune, par-dessous de blanc et de brun, couvert de petites proéminences osseuses et revêtues d'écailles très-minces, se trouve dans la mer du Nord et dans la Méditerranée, où il acquiert une grosseur considérable. On en a vu, dit-on, qui avaient quinze ou seize pieds de long, douze de large, et un pied d'épaisseur. Le turbot est du nombre des poissons voraces; il ne vit que d'insectes, de vers et de petits poissons qu'il ne prend que vivans; car malgré sa voracité il est délicat sur le choix de ses alimens. Sa chair est ferme, blanche et de bon goût.—(*V.* 5e T., P., n° 1.)

LE SPARE A BANDES.

Le spare, originaire des mers du Japon, a le corps jaunâtre. Six larges bandes brunes transversales servent à l'embellir. Les écailles qui le couvrent sont larges, minces et luisantes. On connaît très-peu les mœurs et les habitudes du spare. — (*V.* 5e T., P., n° 10.)

LES REPTILES.

INTRODUCTION.

On comprend sous le nom de *reptiles* tous les animaux qui n'ont point de pieds et qui rampent effectivement, mais généralement aussi ceux qui ont les pieds si courts, qu'ils semblent se traîner sur le ventre : tels sont les *tortues*, les *lézards*, les *grenouilles*, les *crapauds*, les *raines*, les *serpens*, les *salamandres*, etc.

Tout se lie dans la nature par une série non interrompue de productions. Les naturalistes ont cherché par des désignations ingénieuses et une classification appropriée à chaque genre de ces mêmes productions, à les faire mieux reconnaître et apprécier en les présentant dans un ordre régulier et méthodique. Les reptiles, si savamment décrits par Lacépède, Latreille, Sonnini, et autres, en sont la preuve. Mais, soit que l'on comprenne ou que l'on confonde les *reptiles* et d'autres animaux qui en sont fort éloignés, et que l'on en compose une seule masse à laquelle on donnera le nom d'*amphibies*, comme l'a voulu *Linnæus*, quoique la plupart de ces animaux n'aient aucun titre à cette dénomination, soit qu'on se contente de la désignation de *reptiles*, et qu'on les sépare en *quadrupèdes ovipares* et en *serpens*, il n'en est pas moins certain que les animaux rangés sous cette dénomination ont des caractères communs avec les animaux classés ailleurs. Pour ne parler d'abord que des quadrupèdes ovipares, on remarque dans leur organisation des caractères qui les attachent à d'autres branches de la matière animée. En effet, ils ont quatre pieds, divisés en plusieurs doigts, et dont la conformation générale a beaucoup de rapports à celle des pieds et des doigts des quadrupèdes proprement dits. Pour rendre le rapprochement plus complet, il faut remarquer qu'il y a dans l'une et l'autre classe des espèces véritablement *amphibies*, dont les doigts, unis par des membranes, leur servent à se maintenir et à se diriger dans les eaux, tels que les *tortues*, les *crocodiles*, les *grenouilles*, etc. Il en est aussi dont les pieds sont garnis de membranes qu'ils déploient à volonté, comme des ailes, au moyen desquelles l'animal peut voler, ou plutôt s'élancer d'un arbre à l'autre, tel que le *dragon volant*, etc. Malgré cette faculté donnée par la nature à ces animaux, ils se traînent plutôt qu'ils ne marchent, et leur allure est sans grâce comme sans légèreté, ce qui leur a fait donner généralement ce nom de *reptiles*. Plusieurs de ces animaux n'ont point de dents, quoiqu'ils aient la mâchoire solide, amincie et tranchante; d'autres ont seulement de légères crénelures. La conformation de la langue, des yeux, des poumons est différente des autres animaux, et ils ont le sang beaucoup moins chaud. Ils peuvent se passer long-temps de respirer, parce qu'ils ont dans les poumons un réservoir d'air qui fournit pendant long-temps à ce besoin. Ils ont le sens de la *vue* exquis. Il n'en est pas de même de celui de l'*ouïe*; aussi sont-ils tous à peu près muets, ou ne font entendre qu'un cri simple, mais rauque et rebutant, car on sait que la délicatesse de l'ouïe produit les charmes de la voix. Ces animaux sont ou recouverts d'écailles, ou d'une peau chargée d'aspérités, de verrues, de plis épais. Tous appliquent leurs doigts sans pouvoir palper, et n'ont que faiblement la faculté de recevoir les impressions distinctes des objets extérieurs ; aussi aucun animal n'est plus dur que le quadrupède ovipare, et ce qui le prouve, c'est qu'on a fait souvent sur ces animaux des expériences barbares que nous conseillerons bien à nos jeunes lecteurs de ne point répéter, car rien ne déplaît davantage à Dieu, rien non plus n'est aussi contraire à la saine raison, comme de tourmenter ou de faire du mal aux animaux, à moins que ce ne soit pour sa propre défense. Lorsque le quadrupède ovipare échappe à la voracité de ses ennemis, sa vie est de longue durée. La tortue vit plus d'un siècle, le crocodile au moins deux, et le crapaud prés de quarante ans.

Si des moyens puissans de destruction n'arrêtaient pas la propagation extraordinaire des *quadrupèdes ovipares*, plusieurs espèces auraient bientôt envahi la surface de la terre et le sein des eaux. C'est principalement dans les parties humides et en même temps échauffées de l'Amérique méridionale que ces animaux se reproduisent d'une manière effrayante ; c'est sur un sol bas, à demi inondé, ombragé par d'immenses forêts encore vierges, qu'ils acquièrent une grandeur démesurée : c'est là aussi que de nombreux oiseaux et des animaux d'une autre espèce en font leur pâture ordinaire.

Les œufs que produisent les quadrupèdes ovipares n'ont pas tous la même enveloppe ; elle varie suivant les genres, et, quand ils les ont déposés, ils les abandonnent et ne prennent aucun soin de leur progéniture qu'ils ne connaissent même jamais.

LA TORTUE FRANCHE.

La tortue franche, ou marine, n'habite guère que sous l'équateur, sur les côtes des îles et des deux continens; elle aime surtout les bas-fonds qui produisent l'algue et les plantes du même genre dont elle forme sa nourriture. Sa grandeur ordinaire est de cinq à sept pieds depuis le bout du museau jusqu'à l'extrémité de la queue, et sa hauteur ou son épaisseur est de quatre ou cinq pieds. Il y en a de beaucoup plus petites en Europe. Sa carapace ou enveloppe osseuse, aussi dure que la pierre, est bordée de lames; elle est recouverte de quinze grandes écailles; le plastron qui garantit la partie inférieure de l'animal est moins dur que la carapace. Les pieds sont assez alongés, et les doigts, réunis par une membrane, font, quand la tortue est dans l'eau, l'office de nageoires. Les doigts, dans les pieds de devant, sont armés d'ongles très-crochus; dans les pieds de derrière, il n'y a qu'un seul doigt armé de même : c'est le caractère distinctif de cette espèce de tortue, dont la chair exquise et succulente possède au plus haut degré les propriétés anti-scorbutiques. Les œufs de cette tortue ne sont pas moins estimés que sa chair. La couleur générale de la carapace est un brun clair tacheté de jaune. — (*V.* 1er Tableau, Reptiles, n° 5.)

LA TORTUE JAUNE.

Cette espèce de tortue d'eau douce est originaire de l'Amérique. Sa carapace n'a guère que sept ou huit pouces de longueur, mais elle est agréablement peinte d'un vert d'herbe foncé et d'un beau jaune doré. Ces couleurs n'ornent pas seulement l'enveloppe de l'animal; elles teignent aussi sa tête, ses pattes et tout son corps. La forme générale de la tête est belle; les pattes sont assez déliées, et les doigts, unis entre eux par une membrane, sont armés d'ongles longs et crochus. On prétend que la chair de cette tortue est très-saine, et on en fait usage dans plusieurs maladies. — (*V.* 1er T., R., n° 4.)

LA TORTUE GRECQUE.

C'est le nom par lequel on désigne la tortue de terre de l'espèce la plus commune ; elle vit dans les bois et les lieux élevés de la Grèce et des contrées tempérées de l'Europe. Elle ressemble par la forme à la tortue d'eau douce ; sa taille varie suivant l'âge et le climat ; elle va jusqu'à treize ou quatorze pouces de long sur dix environ de large. On sait que la marche de cet animal, chargé d'un poids énorme, est excessivement lente ; cela tient à ce qu'il n'avance un pied qu'après que tous les doigts de l'autre ont été successivement posés sur le sol. La tortue grecque est très-vivace. Plusieurs expériences faites par le physicien Rédi ont donné pour résultat qu'une tortue privée de cervelle vivait plusieurs mois ; que privée même de tête, elle pouvait vivre plusieurs jours. La chair de la tortue est bonne et saine ; dans les climats chauds surtout elle est très-délicate. Cet animal vit d'herbes, de fruits, de vers, de limaçons, et s'apprivoise aisément. — (*V*. 1er T., R., n° 3.)

LE LÉZARD VERT.

Le lézard vert, semblable par la forme au lézard gris, mais beaucoup plus grand que lui, a reçu de la nature la parure la plus brillante. Ses écailles d'un vert d'émeraude, nuancé de jaune, de gris, de brun, et quelquefois de rouge, jettent le plus grand éclat, et réfléchissent comme un miroir les rayons solaires. Cet animal n'est point farouche, il ne fuit point l'homme ; il s'arrête au contraire devant lui, comme s'il l'observait avec complaisance. Il est courageux, et se bat contre les serpens, qu'il saisit par les narines ; il se lance de même au museau des chiens qui le poursuivent. Les Africains mangent la chair du lézard vert ; les Kamschadales les redoutent : ils les regardent comme les représentans des divinités infernales. —(*V*. 1er T., R., n° 2.)

LE LÉZARD MARBRÉ.

Cette espèce se trouve en Espagne, en Afrique, dans l'Inde et en Amérique ; il aime les climats chauds. Sa tête est couverte de grandes écailles ; il a sous la gorge une rangée d'autres écailles, plus petites et relevées en forme de dents. Le caractère qui le distingue des autres lézards, c'est d'avoir la queue excessivement longue. Sa couleur est verdâtre sur la tête, et grisâtre sur le corps; elle est coupée transversalement par des raies noires et blanches. La partie inférieure du corps est rousse, et marbrée de blanc et de brun; des taches évidées et roussâtres couvrent sa queue, qui paraît tigrée. — (*V.* 1er T., R., n° 1.)

L'IGNANE.

L'ignane est un superbe lézard long de quatre à six pieds, couvert de larges écailles très-colorées et non moins luisantes. Une rangée d'écailles longues, aiguës et placées verticalement en forme de crête, s'étend depuis le sommet de la tête jusqu'à l'extrémité de la queue, et depuis la pointe de la mâchoire inférieure jusque sous la gorge, où se trouve une grande poche que l'animal peut distendre ou resserrer à son gré. L'ignane est d'un beau vert mêlé de jaune ou de bleu; les couleurs de la queue sont disposées par bandes annulaires. Son naturel est très-doux; il se nourrit de fruits, de fleurs et d'insectes. Quoiqu'il fréquente les bords de la mer et des fleuves, il nage avec peine; il habite les creux des rochers et des arbres. Sa chair, surtout celle de la femelle, est excellente à manger. L'ignane s'apprivoise facilement et devient un animal domestique très-familier. — (*V.* 1er T., R., n° 10.)

LE GECKO.

Le gecko est un lézard très-venimeux qu'on trouve en Egypte, dans l'Inde et aux îles Moluques. Non-seulement sa morsure est mortelle si l'on ne cautérise la plaie avec le feu, mais encore on prétend qu'il laisse un poison très-actif partout où ses pattes se posent. Il habite dans le trou des arbres à moitié pourris et dans les lieux humides; quelquefois il s'introduit dans les maisons. Heureusement son approche s'annonce par une espèce de coassement, assez semblable à celui de la grenouille, et d'ailleurs sa démarche est lente, de sorte qu'on peut aisément l'éviter. La couleur de ce dangereux reptile est un vert clair, tacheté d'un rouge très-éclatant. — (*V.* 1er T., R., n° 9.)

LE CROCODILE.

Le crocodile du Nil est le tyran de ce fleuve célèbre, comme le tigre et le lion sont les tyrans des déserts libyques. Sa longueur, qui, dans les grands individus, arrive jusqu'à vingt-cinq pieds, sa grosseur proportionnée à cette énorme taille, sa force extrême, sa gueule énorme qui s'ouvre jusqu'au-delà de ses oreilles, ses quadruples rangs de dents aigues et crochues qui s'emboitent les unes entre les autres quand les mâchoires se réunissent; la vitesse avec laquelle il fend les eaux du fleuve, la faculté de vivre à terre, sa férocité sans cesse excitée par la faim, la dureté des écailles qui le couvrent et qu'une balle ne saurait briser, ses yeux vifs et menaçans, sa gueule sans lèvres, ce qui met toujours ses dents en évidence, son aspect hideux, tout fait du crocodile un objet de terreur et d'épouvante pour les habitans des lieux qu'il fréquente. Heureusement la nature lui a donné beaucoup d'ennemis, dont les efforts réunis l'empêchent de se multiplier. Le caïman d'Amérique est absolument le même animal que le crocodile d'Afrique. Les nègres se nourrissent de leur chair, qu'ils trouvent très-bonne; mais elle a une odeur de musc, qui la rend insupportable pour les Européens.—(*V.* 1er T., R., n° 8.)

LA SALAMANDRE TERRESTRE.

Les anciens, et après eux, les crédules modernes ont vu et dit que ce lézard était incombustible, et qu'il avait même la propriété d'éteindre le feu; on a dit et répété de même que sa morsure était mortelle. Il a fallu des expériences réitérées pour déraciner ces vieilles erreurs. La salamandre est de l'espèce des lézards; sa couleur est très-foncée, excepté sur le ventre où elle prend une teinte bleuâtre, coupée de grandes taches jaunes, sur lesquelles on remarque de petits points noirs. Sa longueur, la queue comprise, est de huit à dix pouces; elle aime les lieux froids et humides, les bords des ruisseaux qui coulent dans les prairies; elle habite le creux des arbres et quelquefois des trous qu'elle fait dans la terre; elle se nourrit d'insectes. Elle peut vivre dans l'eau plusieurs jours. — (*V.* 1er T., R., n° 7.)

LA GRENOUILLE.

Ce petit animal, si commun parmi nous et si peu observé, ne manque ni de grâce, ni d'intelligence; et quoiqu'il ait quelque ressemblance avec le crapaud par la forme, il est bien supérieur à ce hideux reptile, par ses mœurs, son instinct et son organisation intérieure. La grenouille, au moyen de ses longues pattes de derrière, s'élance à d'assez grandes distances; elle aime à se reposer sur les bords des ruisseaux ou des marais qu'elle habite, et à recevoir les rayons du soleil. Très-délicate sur la nature de ses alimens, elle ne saisit jamais ou papillon, ou ver, ou insecte pour en faire sa proie, sans s'être assurée, en le voyant remuer, que l'animal n'est point mort. Beaucoup de personnes mangent la chair de grenouilles, qu'on dit être assez bonne et surtout très-saine. — (*V*. 1er T., R., no 5.)

LE CAMÉLÉON D'AFRIQUE.

Le caméléon, sur lequel on a débité tant de fables, est une espèce de lézard plus haut monté sur ses jambes que les autres reptiles, de sorte qu'il marche plutôt qu'il ne rampe. Il ne vit point d'air, comme on l'a dit, mais d'insectes qu'il poursuit sur les arbres; il ne prend pas la couleur des objets dont il s'approche, mais sa couleur passe du vert au bleu et au jaune, suivant les sensations qu'il éprouve. La longueur du caméléon ordinaire, la queue comprise, est d'environ treize ou quatorze pouces; ses yeux sont gros et saillans; une membrane fendue horizontalement les recouvre; ils offrent une singularité bien remarquable, c'est que l'animal peut les faire mouvoir en sens opposés, ou indépendamment l'un de l'autre. Le caméléon d'Afrique ne diffère du caméléon ordinaire que par sa couleur noire, marquée de flammes d'un gris cendré assez clair. Il est d'un naturel fort doux. — (*V*. 1er T., R., no 6.)

LA RAINE BICOLORE.

La raine, comme la grenouille, n'a point de queue, mais son corps est plus court, ses pattes postérieures sont beaucoup plus longues, ce qui la rend plus agile : elle vit au milieu des bois et des jardins ombragés, tant que la saison est belle; dès que l'hiver arrive, elle se tapit au fond des eaux marécageuses, et y reste engourdie jusqu'au retour du printemps. La raine bicolore a le dessus du corps d'un beau bleu d'azur; le dessous est d'un jaune pâle marqué de taches blanches qu'entourent des cercles violets; sa longueur est d'environ quatre pouces; sa tête est aussi large que le corps, et sa bouche a presque la largeur de la tête. On ne l'a trouvée jusqu'ici qu'en Amérique, près de Surinam.—(*V*. 1er T., R., n° 14.)

LE CRAPAUD CORNU.

Plus hideux que les reptiles de son espèce, ce crapaud se distingue de tous les autres par la grosseur de sa tête et surtout par une excroissance conique et pointue qu'il a au-dessus de chaque œil. Sa longueur est d'environ quatre pouces, et sa couleur est un vert sale, avec quelques bandes brunes sur les membres. Laurenti prétend que lorsque cet animal vieillit, son corps se garnit d'épines ou de piquans. On le trouve dans la Guyane et dans la Virginie. — (*V*. 1er T., R., n° 13.)

LE CRAPAUD COMMUN.

Ce petit animal, d'un gris terne et livide, et de formes grossières, habite les fossés, et en général tous les lieux où croupissent des eaux fétides et corrompues. Sa gueule très-large, ses mâchoires sans dents, ses yeux gros et saillans, les espèces de verrues qui couvrent son corps, et la puanteur qui s'en exhale, rendent le crapaud non moins dégoûtant que hideux. Il est plein de sucs âcres et corrosifs qu'il lance contre ceux qui l'attaquent; il perd difficilement la vie. On a vu des crapauds percés de part en part d'un pieu, et fichés en terre, vivre plusieurs jours en cet état. Il y a des contrées en Amérique infectées de gros crapauds de six pouces de long; ils couvrent la campagne et les villes, surtout lorsqu'il pleut, et on assure qu'ils sont très-venimeux. On cite en Angleterre l'histoire d'un crapaud apprivoisé qui a vécu trente-six ans dans une maison. On prétend que ces animaux peuvent vivre dix-huit mois privés de nourriture. — (*V*. 1er T., R., n° 12.)

LE CRAPAUD VERT.

Ce crapaud, qu'on trouve auprès de Vienne, dans les fentes des rochers et des vieilles murailles, doit son nom aux taches vertes qui le couvrent; ces taches sont entourées d'une raie noire et parsemées de petits points de même couleur. On croit que les sucs dont il est rempli sont plus corrosifs que ceux du crapaud ordinaire; tout ce qu'on peut assurer, c'est qu'il répand autour de lui une odeur très-fétide. — (*V.* 1er T., R., nº 11.)

LE BASILE, OU BASILIC.

Ce nom rappelle une ancienne erreur qui fut presque générale autrefois, et qui peut-être encore trouve des esprits disposés à l'adopter. On a dit que le basilic donnait la mort de ses seuls regards, et la crédulité, qui ne raisonne point, redoutait un animal qui ne saurait exister. Le lézard basilic que l'on connaît aujourd'hui habite l'Amérique méridionale; il porte sur la tête et sur le dos une crête très-haute composée d'écailles, un peu séparées les unes des autres. Il a de plus sur la partie de la tête la plus élevée une espèce de capuchon en guise de couronne, et c'est de là que lui vient le nom de *basilic* ou *petit roi*. Sa taille arrive quelquefois jusqu'à trois pieds de longueur, celle de la queue comprise. Le basilic se plaît sur les arbres, où il saute de branche en branche avec beaucoup d'agilité, et, loin de tuer par le feu de ses yeux ceux qui le regardent, on dirait qu'il les considère lui-même avec plaisir, comme s'il voulait étaler devant eux les ornemens dont il est pourvu. — (*V.* 2e T., R., nº 3.)

LE GALÉOTE.

C'est un petit lézard de trois à quatre pouces de long, sans compter la queue, qui est très-déliée et qui a trois ou quatre fois au moins cette longueur. La couleur du dos est ordinairement d'un vert tirant sur l'azur; le ventre est blanchâtre. Le galéote se trouve dans les climats chauds de l'Asie et de l'Afrique; on le voit même dans les contrées méridionales de l'Europe; il court sur les toits des maisons, où il donne la chasse aux araignées.

L'écartement de ses doigts lui donne beaucoup de facilité à grimper sur les murs. — (*V.* 2ᵉ T., R., nᵒ 2.)

LE GAVIAL.

Le gavial est le crocodile du Gange et des autres fleuves de l'Inde. Il se distingue des reptiles de son espèce, par la longueur de ses mâchoires et leur peu de grosseur; ce qui leur donne l'apparence d'un bec ou d'une corne. Le gavial parvient à la taille de vingt-cinq ou de trente pieds. Ses dents sont plus nombreuses que celles des autres crocodiles, et il ne les a point inégales en grosseur ou en longueur comme ces derniers; il existe aussi entre les deux espèces quelque différence dans les bandes colorées qui garnissent le dos, de même que dans les écailles, que le gavial a carrées et moins convexes. — (*V.* 2ᵉ T., R., nᵒ 1.)

LE HAJA, OU SERPENT A LUNETTES.

Ce dangereux mais très-bel animal doit son nom à une raie de couleur plus foncée que celle du corps, et placée sur le cou, repliée en avant des deux côtés, et terminée par deux espèces de crochets qui sont tournés en dehors. Ces crochets, en faisant ressortir la couleur du fond qu'ils renferment, ressemblent imparfaitement à deux yeux, tandis que la ligne recourbée offre l'apparence grossière d'un nez. Ces divers traits ont été dessinés par la nature sur la partie antérieure du cou, laquelle est si large et si aplatie, proportionnellement au reste du corps, qu'elle paraît être la tête de l'animal; et comme la véritable tête est au-delà de cette extension singulière du cou, on dirait qu'il a deux têtes l'une sur l'autre, ou qu'il est coiffé d'une espèce de chaperon; ce qui lui a fait donner aussi le nom de *serpent à chaperon* et de *serpent couronné*. La longueur du haja est ordinairement de trois ou quatre pieds; le jaune-doré domine sur les couleurs de son corps; ses écailles ovales, plates et très-brillantes, ne tiennent à la peau que par une portion de leur contour; aussi l'animal peut-il les élever ou les hérisser à volonté. Ce reptile est d'un naturel féroce, et le venin qu'il distille par ses dents creuses est toujours mortel, si l'antidote n'est appliqué sur-le-champ. Le haja est habitant des Indes orientales. — (*V.* 2ᵉ T., R., nᵒ 10.)

LE CORALLIN.

C'est encore un serpent venimeux qu'on trouve dans la patrie du haja. Son corps, long d'environ trois pieds, est d'un vert de mer que relèvent trois raies rousses qui s'étendent longitudinalement de la tête à la queue. On l'a nommé corallin, à cause de la disposition de ses écailles, arrondies vers la tête, pointues du côté de la queue, et placées les unes sur les autres, comme les petites couches dont se composent les branches de l'espèce de corail qu'on appelle *articulé*. — (*V.* 2ᵉ T., R., nᵒ 9.)

LE DEVIN.

Cet énorme serpent, le premier des boa, dont la longueur est au moins de vingt pieds, et quelquefois de cinquante, habite sous les tropiques, en Amérique, dans l'Inde et dans les déserts de l'Afrique. Il n'a point de venin; mais sa force est si prodigieuse, qu'il étouffe, écrase dans ses replis l'animal le plus vigoureux, s'il parvient à l'atteindre. Il a sur le dos une large bande noire ou d'un roux très-foncé; le reste de son corps est parsemé de grandes taches ovales, échancrées à chaque bout en forme de demi-cercle, et entourées d'autres taches plus petites, parfaitement disposées. Les taches ovales sont d'un fauve-doré, quelquefois noires ou rouges et bordées de blanc; les autres sont de couleur châtain ou d'un rouge très-vif parsemé de points noirs. Le dessous du corps est d'un cendré jaunâtre marbré de noir. Les habitans du Mexique ont donné à ce boa le nom d'*empereur*, à cause de sa puissance, et celui de *devin*, parce que, très-sensible aux variations de l'atmosphère, il présage en quelque manière les grandes tempêtes, par les sifflemens aigus qu'il fait entendre. On ne peut se mettre à l'abri des poursuites du devin qu'en mettant le feu aux herbes qui couvrent le sol; on attend pour le combattre et le tuer qu'il soit tombé dans l'état total d'engourdissement qui accompagne toujours sa digestion. Les Africains estiment beaucoup sa chair. — (*V.* 2ᵉ T., R., nᵒ 8.)

LE BOIQUIRA, OU SERPENT A SONNETTE.

Ce funeste reptile, que la nature a pourvu d'un poison très-actif, habite presque toutes les contrées de l'Amérique, depuis les terres de Magellan jusqu'au lac Champlain, vers le 45e degré de latitude nord. Le boiquira est d'autant plus à craindre, que ses mouvemens sont très-rapides ; on le voit, lorsqu'il découvre une proie, se replier en cercle, s'appuyer sur sa queue, et comme par l'effet d'un ressort qui se débande, s'élancer à une grande distance sur son ennemi, le blesser et s'enfuir avec la même vitesse, afin d'éviter sa vengeance et d'attendre sa mort sans danger ; ce qui arrive toujours en très-peu de minutes et même de secondes, si l'animal est petit. Ce serpent se distingue de tous les autres par la sonnette qu'il porte au bout de sa queue. Elle se compose de plusieurs pièces dont le nombre varie, osseuses, cassantes, demi-transparentes, enchâssées librement les unes dans les autres, et produisant, quand le serpent s'agite, un bruit semblable à celui du parchemin qu'on froisse. Les nègres et les Indiens mangent sa chair sans répugnance. La longueur du boiquira est de quatre à six pieds. — (*V.* 2e T., R., no 7.)

LE SERPENT ROUGE.

Ce serpent, assez commun dans la Guyane, est couvert sur le dos d'écailles d'un beau rouge, ce qui lui a fait donner par les habitans le nom de *serpent corail,* qu'il ne faut pas confondre avec le corallin. Il est rayé autour du corps de bandes transversales noirâtres. Sa morsure est très-dangereuse. — (*V.* 2e T., R., no 6.)

LA COULEUVRE COMMUNE.

La couleuvre commune a le dos noir ou d'un vert très-foncé, rayé de plusieurs rangées de taches jaunâtres. Le dessus de sa tête est un peu aplati, et ses yeux sont bordés d'écailles d'un beau jaune. Elle parvient à la longueur de trois ou quatre pieds sur deux ou trois pouces de circonférence, vit très-longtemps sans nourriture, perd difficilement la vie, est d'un naturel doux et timide, et n'a point de venin comme on l'a cru pendant long-temps. Elle est très-commune dans les provinces méridionales de la France, en Italie, en Espagne, etc. Elle se nourrit de lézards et de vers; elle s'apprivoise aisément. — (*V.* 2e T., R., no 15.)

LE BALI.

Ce beau serpent vit dans les contrées les plus chaudes de l'Asie; il est revêtu d'écailles en losanges, unies, d'un jaune très-pâle, blanches à leur extrémité. Un double rang d'écailles rouges, pareillement bordées de blanc, règne sur les côtés du corps, dont le dessous est tout blanc, mais rayé longitudinalement de quatre cordons de petits points jaunes. Cette espèce a de six à sept pieds de longueur, lorsque l'animal a reçu tout son développement. — (*V.* 2e T., R., no 14.)

LE DABOIS.

Ce serpent, originaire de l'ancien royaume de Juida dans la Nigritie, est devenu l'objet du culte des nègres. Il a dû son apothéose à son naturel doux et familier, à l'espèce de penchant qu'il montre à se rapprocher de l'homme, et surtout à la guerre d'extermination qu'il fait aux serpens et aux reptiles venimeux dont la contrée est infectée. Le dabois est de couleur blanche, marqué de taches ovales rousses, bordées de noir ou de brun. Sa longueur est ordinairement de trois ou quatre pieds. — (*V.* 2e T., R., no 13.)

LE DRAGON VOLANT.

Les naturalistes ont donné ce nom à un lézard, long de sept à huit pouces, la queue comprise, de couleur brune, parsemé de taches blanches et orné de raies bleues sur la tête, le dos et les pattes. Ce qui le distingue de tous les autres lézards, ce sont les deux ailes qu'il a reçues. Ces ailes consistent en deux membranes presque triangulaires, soutenues par six rayons osseux, de longueur inégale, et s'étendent depuis la naissance des pattes antérieures jusqu'aux pattes de derrière; la surface supérieure des membranes porte de petites écailles. Cet animal, d'un naturel doux et paisible, vit dans les bois de l'Afrique et de l'Amérique. — (*V.* 2e T., R., n° 5.)

LA SIRÈNE.

La sirène, qu'on a prise tantôt pour un lézard, tantôt pour un poisson, est un véritable amphibie, qui possède à la fois les organes propres à respirer l'air, et ceux des poissons destinés à vivre dans l'eau. Cet animal ressemble assez, par la forme, à l'anguille ou au serpent, mais il a de plus deux pieds à doigts garnis d'ongles, situés très-près de la tête. Sa peau, noirâtre et chagrinée, est couverte de petites écailles; deux lignes formées de petits traits blancs ornent ses côtés. La sirène vit dans les marais, sous les troncs de vieux arbres abattus ou penchés sur l'eau; elle est longue d'environ trois pieds; on ne l'a trouvée encore que dans la Caroline. — (*V.* 2e T., R., n° 4.)

LA VIPÈRE FER-DE-LANCE.

Le fer-de-lance, long de cinq à six pieds et de trois pouces de diamètre, est l'un des plus grands serpens venimeux que l'on connaisse. Il vit à la Martinique, où il porte le nom de *vipère jaune*, quoique beaucoup d'individus de son espèce soient de couleur grisâtre. Le nom de fer-de-lance lui vient de la conformation de sa tête, qui est plus grosse que le corps et ressemble assez bien au fer triangulaire d'une lance. Le poison de cette vipère est liquide comme l'eau, et sa couleur est celle de l'huile d'olive; il est très-actif, et l'on a prétendu même que la mort de la personne mordue était inévitable s'il venait à se mêler avec le sang. Les nègres ne laissent pas de manger la chair du fer-de-lance. On est averti de l'approche de l'animal par une odeur très-fétide, et par les cris de certains petits oiseaux qui voltigent sans cesse autour de lui. Sa démarche est beaucoup plus lente que celle des autres serpens, ce qui heureusement donne le temps de l'éviter ou de s'armer pour le tuer. — (*V.* 2e T., R., n° 12.)

LE LANGAHA.

Ce serpent ne se trouve que dans l'île de Madagascar. Les habitans le redoutent, parce qu'ils le regardent comme venimeux. La forme de ses dents, semblables à celles de la vipère, rend leur crainte fondée. Il a le dos couvert d'écailles rougeâtres, qui ont à leur base un petit cercle gris avec un point jaune au milieu. Ce qu'il offre de plus remarquable, c'est le prolongement de sa mâchoire supérieure, qui se termine par un appendice tendineux, flexible, très-pointu et couvert de très-petites écailles. — (*V.* 2e T., R., n° 11.)

LES INSECTES.

INTRODUCTION.

On désigne sous le nom d'insectes en général, ce nombre infini de petits animaux ailés que nous entendons ou voyons voltiger dans les airs, ou qui s'agitent à nos pieds de tous côtés sur la terre.

Les plus utiles à l'homme sont : le *ver à soie*, qui fournit ces fils précieux qui servent à fabriquer les tissus de tout genre que nous employons à nos vêtemens les plus élégans ; cette laborieuse *abeille*, dont la substance nourricière et utile, devenue compacte, sous les noms de *cire* et de *miel*, nous est si nécessaire ; la *cochenille*, qui distille ce suc brillant qui sert à faire ces belles écarlates. L'intelligence de plusieurs de ces insectes, la variété de leurs structures et de leurs couleurs ont fourni aux naturalistes, et surtout à l'illustre Buffon, des descriptions pleines d'intérêt. Leur organisation est différente de celle des autres animaux. Leur corps est enveloppé, pour la plupart, d'une peau écailleuse et dure ; leurs membres nombreux sont composés d'articulations, d'antennes fixées et mobiles près de la tête et qui leur servent de mains, et d'un aiguillon pour palper. Les uns ont plusieurs yeux, tels que l'araignée qui en a huit. Leur corps est ordinairement divisé en trois sections : la *tête*, le *corcelet* et l'*abdomen*. Cette dernière se trouve subdivisée en plusieurs anneaux chez presque tous. Il y a une quatrième section qui forme le ventre et la poitrine. Elle est écailleuse, large et placée à la partie antérieure de l'abdomen. Les ailes des insectes qui en portent (et plusieurs en ont quatre, quelquefois davantage) prennent toujours naissance dans cette dernière.

Les insectes sont en général *ovipares*, et choisissent avec soin les endroits où ils déposeront leurs œufs. Aucun ne les couve. La chaleur seule de l'atmosphère les fait éclore au printemps. On donne à l'animal qui sort de l'œuf le nom de *larve*. Plusieurs insectes subissent diverses métamorphoses. Le ver à soie est de ce nombre. Transformé en chenille, il file son *cocon*, devient *chrysalide*, peu après papillon, et pond ses œufs. Les *cocons*, composés d'une infinité de fils de soie, sont dévidés à l'eau chaude pour les employer.

Ces petits animaux ont diverses habitudes et se nourrissent diversement. Les uns sucent le suc des fleurs et rongent les feuilles des arbres, les autres se font la guerre entre eux. Un grand nombre compose sa nourriture de substances animales et végétales. Certains insectes ont la faculté de produire du bruit, mais aucun n'a de voix proprement dite ; il n'y a que la *cigale* qui ait un cri aigu et désagréable, et le *cri-cri* des champs qui se fasse entendre distinctement : les autres bourdonnent.

Il y a des insectes très-nuisibles et fort incommodes ; tels sont les *cousins*, les *punaises*, les *charançons*, les *sauterelles*, les *hannetons*, etc. Ils ne vivent guère qu'une saison ; mais, au moyen des œufs nombreux que nous voyons suspendus aux arbres, ou entassés dans des endroits retirés, ou dans la terre, ils se reproduisent sans cesse : si d'autres animaux n'étaient destinés par la nature, au moment où ils reçoivent la vie, à en faire leur pâture, l'homme en serait dévoré lui-même. On verra dans le détail qui va suivre, sur les espèces que nous avons désignées, combien cette partie de l'histoire naturelle est intéressante.

LA NOCTUELLE-BATIS.

Les ailes de ce papillon, de l'espèce des noctuelles, sont d'un brun verdâtre ; les supérieures ont cinq taches, trois entièrement roses et deux brunes entourées de rose ; les inférieures n'en ont pas.

La chenille de la batis se nourrit de feuilles de ronces. Sa couleur est d'un brun de différentes nuances. Elle est particulièrement remarquable par la construction de ses anneaux, lesquels forment une espèce de pyramide à quatre faces. Dès les premiers jours d'automne, elle file une coque légère, d'un jaune brun, dans laquelle elle passe l'hiver. L'insecte ailé en sort à la fin du printemps suivant. — (*Voir* 1er Tableau, Insectes, nº 7.)

LA DÉCOUPÉE.

Cet insecte, de l'espèce des noctuelles, est ainsi nommé à cause de ses ailes dont l'extrémité est découpée. Sa couleur est rousse ; ses ailes supérieures ont plusieurs lignes transversales blanches ; elles ont aussi depuis la base jusque vers le milieu une tache jaune sur laquelle on aperçoit deux petits points blancs. Ses ailes inférieures sont beaucoup plus pâles. Ses pattes sont d'un brun roux.

Sa chenille, de couleur verte avec des lignes jaunes et brunes, a les stigmates rouges ; elle vit sur le lierre, le saule et le rosier.

On trouve la découpée aux environs de Paris. — (*V.* 1er T., I, nº 5.)

LE CHÊNE.

Les ailes supérieures du chêne, papillon de l'espèce des noctuelles, sont brunes et couvertes de taches jaunes ; au centre en est une blanche sur laquelle se font apercevoir de petites lignes et des points noirs ; les ailes inférieures sont rouges ; elles sont traversées au milieu et à l'extrémité par des bandes ondées d'un noir velouté. On trouve cette noctuelle dans les environs de Paris.

Sa chenille, de couleur grise, se nourrit des feuilles du chêne. Elle a seize pattes ; lorsqu'elle veut marcher, elle se forme une bosse en élevant les deux anneaux qui sont entre les pattes écailleuses et les intermédiaires. De chaque côté de son corps est une espèce de frange formée par de petits corps charnus, découpés en crête de coq. — (*V.* 1er T., I., n° 6.)

L'APOLLON.

Ce papillon habite les Alpes et les Pyrénées ; il vole avec la plus grande rapidité ; le mois de mai est celui où on le trouve en plus grand nombre. Ses ailes sont d'un blanc jaunâtre ; les supérieures, pourvues de cinq grandes taches noires vers le milieu, sont transparentes à l'extrémité ; les inférieures ont quatre taches rouges entourées de noir qui semblent figurer des yeux.

La chenille de l'apollon est d'un très-beau noir velouté, avec deux rangs de taches rougeâtres, placées de chaque côté du dos ; lorsqu'elle s'étend, elle a près de deux pouces de longueur ; elle vit sur l'arpin. — (*V.* 1er T., I., n° 4.)

LA VIGNE.

Ce papillon, de l'espèce des sphinx, a les ailes supérieures d'un vert d'olive, avec des bandes d'un rouge pourpre ; ses ailes inférieures sont noires à la base et pourpres à l'extrémité ; le dessous de la tête et du corps est entièrement pourpre. On le trouve rarement aux environs de Paris.

Sa chenille est d'un vert noirâtre velouté ; le devant de son corps est gros et renflé ; l'extrémité de sa tête, qui est mince et alongée, ressemble assez au groin d'un cochon. Elle vit sur l'epilobium, la balsamine et la vigne. Pour se changer en chrysalide, elle s'enfonce dans la terre, d'où elle sort pendant l'automne.— (*V.* 1er T., I., n° 3.)

LE FENOUIL.

Les ailes de ce papillon, dont la couleur est jaune, sont couvertes de nervures noires. Les supérieures ont à la base et le long du bord extérieur plusieurs taches d'un beau noir, et deux bandes transversales de même couleur près de l'extrémité. Les taches des inférieures sont d'un noir bleuâtre; ces ailes ont un appendice en forme de queue.

Sa chenille vit de préférence sur le fenouil, et de là vient le nom qu'on a donné au papillon; elle est lisse, de couleur verte, et a sur chaque anneau une raie transversale de couleur noire, coupée par des taches d'un rouge orangé. Elle remue fort peu et tient presque toujours sa tête retirée sous son premier anneau. Une corne qu'elle a près de la tête et qui a la forme d'un Y, la rend assez remarquable; comme celle des limaçons, cette corne reste souvent cachée pendant plusieurs heures. — (*V.* 1er T., I., n° 2.)

LE RICIN.

Les ailes supérieures de ce papillon, qui habite Surinam, ont deux larges bandes d'un jaune de soufre; les inférieures, terminées par une large bande noire, sont d'un jaune de safran.

Sa chenille, de couleur verdâtre, est couverte de longs poils blancs. Pour se changer en chrysalide, elle s'attache à la semence du ricin par l'extrémité du corps. Elle reste environ quinze jours sous cette forme; le papillon sort vers le milieu du mois de mai. — (*V.* 1er T., I., n° 1.)

DU BOMBICE ATLAS.

Les bombices sont de la famille des phalènes ou papillons qui volent peu pendant le jour. Leur corselet est court, large et couvert de poils assez longs; leur abdomen est long et couvert de poils. Quelques-uns ont une trompe très-courte et peu visible;

d'autres en ont une longue divisée en deux et roulée en spirale; leurs antennes très-pectinées leur ont fait donner par quelques naturalistes le nom de phalènes à antennes à barbes de plumes. Les chenilles de ces insectes ont douze, quatorze ou seize pattes; elles vivent solitaires ou en société.

Le bombice atlas se trouve en Chine et aux îles Moluques. Ses ailes supérieures, recourbées en forme de faux, sont couvertes de taches et de bandes grises, blanches, fauves et ferrugineuses. Ses ailes inférieures offrent à peu près les mêmes coleurs; comme les supérieures elles ont au milieu une tache transparente.

La chenille de ce bombice se nourrit de feuilles d'oranger. Au milieu de l'hiver elle file une coque de soie jaune, dans laquelle elle se change en chrysalide; l'insecte parfait en sort un mois et demi après. — (*V.* 1er T., L, nº 11.)

LE PAPILLON AURORE.

Les ailes de ce papillon sont blanches; les supérieures ont à l'extrémité une grande tache de couleur aurore; sur la partie antérieure de cette tache est un point noir; l'angle extérieur est terminé par une autre tache d'un noir verdâtre. Il est très-commun dans les prairies qui environnent Paris; on le trouve au printemps et en été.

Les plantes sur lesquelles vit sa chenille sont le cresson sauvage, le thlaspi ou tabouret. Elle ressemble assez à celle du petit papillon du chou. Sa couleur est verte. — (*V.* 1er T., L, nº 13.)

LE MARS.

Ce papillon est un des plus beaux qu'on voie aux environs de Paris. La couleur de ses ailes est changeante; vues à un certain jour, l'une paraît brune, et l'autre d'un beau violet. Les supérieures sont couvertes de taches blanches et jaunes; les inférieures ont deux bandes jaunes, l'une sur le milieu, l'autre vers l'extrémité.

Le mars a le vol très-rapide; dans les chemins on le rencontre souvent posé sur des bouses de vaches.

Sa chenille a sur le corps des aspérités et sur la tête deux épines. Le chêne, le saule et le frêne sont les arbres sur lesquels elle vit. La couleur de sa robe est verte; des lignes blanches obliques la traversent. — (*V.* 1er T., I., n° 12.)

LA TÊTE DE MORT.

Cet insecte, de l'espèce des sphinx, se trouve aux environs de Paris, dans une grande partie de l'Europe et en Égypte; dans ce dernier pays il est du double plus grand qu'en Europe.

Ses ailes supérieures, d'un brun foncé, sont tachées de jaune brun et de jaune clair. Les inférieures sont jaunes et traversées de deux bandes brunes. Ce qu'il y a de plus remarquable dans ce sphinx est son corselet, de couleur noire, sur lequel on voit une large tache jaune qui représente une tête de mort. On rapporte que dans une année où il régnait des maladies épidémiques en Bretagne, cet insecte a jeté l'épouvante parmi ses habitans, qui croyaient que sa présence occasionait ces maladies, et que la figure bizarre de son corselet annonçait la mortalité.

La chenille de la tête de mort est d'un jaune foncé, avec des taches d'un vert clair et d'un vert foncé; elle vit sur la pomme-de-terre. Pour se changer en chrysalide, elle s'enfonce dans la terre. — (*V.* 1er T., I., n° 14.)

LE MORO-SPHINX.

Cet insecte est de l'espèce des sésies. Les ailes des sésies sont transparentes; leur abdomen est terminé par une houppe de poils fins et serrés. Elles sont presque toutes petites. L'été est la saison où on les voit voler autour des fleurs.

Les ailes supérieures du moro-sphinx sont brunes; les inférieures, beaucoup plus courtes, sont d'un jaune souci; les unes et les autres sont marquées de lignes d'un brun foncé. L'abdomen, brun sur le milieu, a sur les côtés des poils gris et blancs.

La chenille de cette sésie est verte, chagrinée. Elle vit sur le caille-lait, la garance et autres plantes étoilées. — (*V.* 1er T., I., n° 10.)

LE BOMBICE GRAND-PAON.

Cet insecte habite les environs de Paris, le midi de l'Europe et l'Allemagne; il est le plus grand des bombices connus. Ses ailes brunes, couvertes d'une poussière grise, sont parées de taches et de bandes brunes de différentes nuances. Au milieu de chacune des quatre ailes se fait remarquer une autre tache en forme d'yeux, dont le fond, de couleur brune, est entouré de gris, de rouge et de noir.

La chenille du bombice grand-paon vit sur l'orme, le poirier et l'abricotier; elle a seize pattes; sur chacun de ses anneaux, qui sont d'un très-beau vert, elle a huit tubercules d'une belle couleur bleue, garnis de piquans et de longs poils filiformes terminés par une espèce de petite masse. Elle est lourde et se remue peu. La fin de l'été est l'époque où elle file sa coque. La soie qu'elle produit est très-forte et très-gommée. — (*V.* 1er T., I., n° 9.)

LE BOMBICE A QUEUE-FOURCHUE.

Ce bombice, d'un gris foncé, a les ailes supérieures un peu transparentes; elles sont couvertes de nervures, de lignes ou de points d'un brun plus ou moins foncé. Ses ailes inférieures et son corselet sont gris et parsemés de quelques points noirs.

La forme de sa chenille est très-remarquable; sa tête, très-petite, est enfoncée sous le premier anneau de son corps, et son corps, gros à la partie antérieure, diminue de grosseur jusqu'à l'extrémité, qui se termine par deux appendices en forme de queue. Elle est d'un très-beau vert sur les côtés, et d'un gris rougeâtre sur le dos. Deux lignes blanches s'étendent depuis la tête jusqu'à l'extrémité du corps. Quelques taches rouges entourent la tête. Cette chenille vit sur le peuplier et le bouleau. On la trouve aux environs de Paris. — (*V.* 1er T., I., n° 8.)

LE BOMBICE A SOIE.

Ce bombice habite la Chine et les climats un peu chauds de l'Asie. Il a les ailes blanches et les antennes brunes. Ses ailes supérieures sont un peu recourbées en faucille; comme les inférieures, elles ont quelques lignes transversales brunes.

Sa chenille est d'un blanc jaunâtre; elle a seize pattes, et sur le dernier anneau, une petite corne dirigée en arrière. En Europe, où elle a été apportée de la Chine, elle file sa coque sur le mûrier. La soie qu'elle produit est de couleur blanche ou jaune; cette soie, dont la beauté est depuis long-temps appréciée, se forme au moyen d'un fluide qui est renfermé dans des réservoirs que possède la chenille, et qui s'épaissit et prend de la consistance aussitôt qu'il se trouve exposé à l'air. La coque que forme cet insecte est ovale et régulière. Un naturaliste prétend qu'on peut distinguer sur chaque coque achevée six couches de soie, et que la longueur totale de la soie que file la chenille est de plus de neuf cents pieds. — (*V*. 1er T., L., n° 21.)

L'ÉPISME DU SUCRE.

Les lépismes sont de petits insectes très-communs qu'on trouve dans les maisons courant sur les châssis des fenêtres, les fentes des armoires, les boiseries, les planches qui servent d'appui aux fenêtres; le dessous des pots remplis de terre leur servent de retraites. Ils sont particulièrement remarquables par leur vivacité et par les trois filets qui terminent leur abdomen.

Le lépisme du sucre a quatre lignes de longueur. Il est très-commun en Europe; on le trouve aussi en Amérique dans les sucreries. Son corps lisse est couvert d'écailles argentines qui s'étendent jusque sur les cuisses. Son abdomen est alongé et composé de neuf ou dix anneaux; vus à la loupe, les filets de sa queue paraissent un peu velus. — (*V*. 1er T., L., n° 20.)

L'ARAIGNÉE PORTE-CROIX.

Les araignées, dont la vue inspire une espèce d'horreur, sont toutes très-carnassières; elles ne vivent que de rapines; les toiles qu'elles ont la faculté de filer leur servent de pièges pour attraper leur proie. Elles ont huit pattes et un nombre égal d'yeux. Leur corps n'est composé que de deux parties, le corcelet et le ventre; leur tête se confond avec la première. Elles sont toutes plus ou moins velues.

L'araignée porte-croix construit sa toile sur les murailles et dans les jardins ; elle varie pour la grandeur et les couleurs. Ses pattes sont courtes, velues et chargées d'un grand nombre de piquans; ses yeux sont petits, noirâtres et d'égale grosseur; elle a sur la partie supérieure du corselet, qui est aplati, une large tache brune, qui s'étend depuis la base jusqu'à la pointe; cette tache, au milieu de laquelle on aperçoit une ligne longitudinale formée par des points blancs, est coupée par trois lignes transversales de points de même couleur. — (*V.* 1er T., I., no 19.)

L'ARAIGNÉE AVICULAIRE.

Cette araignée, qu'on trouve à Cayenne et à Surinam, est la plus grande des espèces connues. Ses pattes sont longues, grosses et très-velues; les tarses sont courbés, très-forts et armés de deux crochets. L'abdomen, terminé par deux appendices ou mamelons alongés, est ovale, très-velu et noirâtre. Le corselet est brun et presque lisse. Deux de ses yeux sont ronds et saillans.

On rapporte que cette araignée, qui se nourrit de mouches, de fourmis et d'oiseaux-mouches, pousse la hardiesse jusqu'à aller enlever dans leurs nids les petits des oiseaux-mouches, et qu'elle les emporte, au moyen des grosses tenailles qui terminent ses pattes, pour les sucer à son aise. De grosses fourmis, avec lesquelles elle est toujours en guerre, se réunissent souvent en si grande quantité pour l'attaquer, qu'elles la dévorent en très-peu de temps. — (*V.* 1er T., I., no 18.)

LA PINCE CANCROÏDE.

La pince est un petit insecte dont le corselet est confondu avec la tête. L'abdomen, divisé en onze anneaux par des incisions transversales, est de forme ovale. Les pattes, au nombre de huit, sont longues, renflées et terminées par deux petits crochets. Deux antennules, en forme de bras et adhérentes aux mâchoires, sont terminées aussi par deux espèces de doigts, longs, effilés et garnis de poils.

La pince cancroïde a une ligne et demie de longueur; elle est de couleur brune, un peu plus claire sur le ventre que sur le corselet. Ses antennules sont du double plus longues que son corps. On la trouve dans les lieux humides, sous les pierres et les pots à fleurs des jardins et dans les endroits peu fréquentés des maisons.—(*V.* 1er T., L., n° 17.)

LE SCORPION D'EUROPE.

Les scorpions, qui dans l'Inde ont quatre à cinq pouces, n'ont guère en Europe plus d'un pouce de longueur. Ils ne vivent que dans les pays chauds. Les aiguillons dont ils sont armés ont deux petits trous à leur extrémité, qui leur servent pour faire pénétrer dans les plaies qu'ils ont faites la liqueur vénéneuse que renferme le dernier nœud de leur queue. Ces insectes sont aussi cruels que voraces; ils vivent ordinairement de mouches, de cloportes et surtout d'araignées sur lesquelles ils se jettent avec une sorte de fureur. Ils tuent et dévorent leurs petits à mesure qu'ils naissent; ils ne s'épargnent pas davantage entre eux. Leur piqûre peut donner la mort.

Le scorpion d'Europe est brun-marron. Ses yeux, au nombre de huit, sont placés, deux sur le milieu de la tête et trois de chaque côté de la partie antérieure. Ses pattes et la dernière partie de sa queue sont très-pâles. On le trouve dans les pays méridionaux.—(*V.* 1er T., L., n° 16.)

LA SCOLOPENDRE MORDANTE.

La scolopendre, connue sous le nom de *mille-pieds*, est un insecte qui varie beaucoup par sa grandeur. En Europe elle n'a pas plus de deux pouces; mais dans les Indes, elle a jusqu'à cinq demi-pouces de longueur et un pouce de largeur. Elle se nourrit de vers de terre et d'insectes vivans qu'elle saisit et perce avec les crochets, qui sont placés au-dessus de ses lèvres. Les pattes des scolopendres, composées de cinq parties, terminées par un angle crochu, sont en nombre plus ou moins considérable, selon les différentes espèces. Quelques-unes en ont trente, d'autres quarante-deux, quelques-unes quarante-six, d'autres cent huit, et enfin quelques autres plus de deux cents. Elles sont très-vives et courent avec beaucoup d'agilité.

La scolopendre mordante, la plus grande du genre, a cinq pouces de long et un demi-pouce de large; son corps, divisé en vingt et un anneaux, est très-alongé; elle est de couleur brune foncée; ses pattes sont au nombre de quarante-deux; ses antennes, deux fois plus longues que sa tête, sont composées de quinze ou seize parties. On la trouve dans les Indes orientales.— (*V.* 1er T., I., no 15.)

LE BOMBICE CARMIN.

Cet insecte, très-commun aux environs de Paris, a les ailes supérieures brunes, avec une ligne longitudinale, de couleur carmin, près du bord extérieur, et deux points de même couleur à l'extrémité. Les ailes inférieures sont de même couleur que les taches.

Sa chenille a seize pattes; elle vit sur le senneçon et la jacobée; elle est peu velue, de couleur jaune et a une bande noire sur chaque anneau. Aussitôt qu'on touche à la plante sur laquelle elle se trouve posée, elle se laisse tomber et reste roulée.— (*V.* 2e T., I., no 7.)

LA LIBELLULE GRANDE.

Les libellules sont des insectes connus sous le nom de demoiselles. On en compte de plusieurs espèces. La plus grande et la plus commune est celle dont nous donnons la description.

Sa tête est jaune, ses yeux, son corselet et son abdomen sont bruns; cette dernière partie est cylindrique. Ses ailes, sur lesquelles on aperçoit deux petites taches brunes, près de l'extrémité du côté des bords extérieurs, sont transparentes. Ses pattes sont brunes. Chez le mâle, les crochets qui terminent l'abdomen sont très-longs. Les anneaux ont de chaque côté des taches jaunes.

En été et en automne on trouve beaucoup de libellules de cette espèce auprès des ruisseaux et dans les prairies, aux environs de Paris.—(*V.* 2e T., I., no 6.)

DE LA LIBELLULE BRONZÉE.

L'espèce de cette libellule est l'une des plus grandes. Sa tête, son corselet et le dessus de l'abdomen sont d'un beau vert foncé, très-brillant; le corselet est couvert de poils roux. Les yeux sont d'un brun clair un peu verdâtre. Le derrière de la tête est noir; la lèvre inférieure est jaune. Les ailes sont transparentes et marquées d'une légère teinte jaune; les nervures sont noires; elles ont à leur extrémité antérieure un stigmate ou tache noire.

Cet insecte se trouve aux environs de Paris. — (*V.* 2e T., I., no 5.)

L'HÉMEROBE PERLE.

Cet insecte, dont le vol est lourd, plaît par la beauté de ses couleurs, mais il dégoûte par l'odeur fétide qu'il répand; il laisse même aux doigts qui l'ont touché une odeur d'excrémens qui se fait long-temps sentir. On le trouve dans les endroits humides; aux environs de Paris il est très-commun.

L'hémerobe a les yeux très-brillans. Son corps est jaunâtre et ses ailes sont de moitié plus longues que son corps; elles sont transparentes et de couleur blanchâtre. Ses antennes sont très-longues. — (*V.* 2e T., I., no 4.)

LE MYRMÉLÉON LIBELLUDOÏDE.

Dans l'état de larve cet insecte, qui a douze yeux, offre beaucoup d'intérêt. Il n'a pas de bouche, mais de chaque côté de sa tête est une corne écailleuse, longue d'une ligne et demie, dont il se sert comme d'une trompe pour pomper le suc que renferme le corps des différens insectes qu'il attrape.

Les myrméléons ne savent aller qu'à reculons, aussi ne cherchent-ils pas à se diriger vers ceux qu'ils veulent atteindre; pour saisir les autres insectes, c'est à la ruse qu'ils ont recours. Ils font dans le sable des trous en entonnoir et y attendent leur proie. Les fourmis et les mouches sont les insectes qui vont le plus ordinairement donner dans leurs piéges; ils les saisissent avec leurs cornes ou trompes et les attirent sous le sable.

Dans l'état d'insectes parfaits, les myrméléons conservent leurs habitudes voraces, mais ils montrent cependant du goût pour les fruits et les fleurs. On en connaît de dix ou douze espèces; la plus belle et la plus grande est celle des myrméléons libelludoïdes. Leurs ailes transparentes, de couleur jaunâtre, sont couvertes de taches brunes plus ou moins grandes ; les inférieures sont plus longues que les supérieures. Leur abdomen est brun et parsemé de taches jaunes. On le trouve au cap de Bonne-Espérance. — (*V*. 2e T., L., no 3.)

LA FOURMI HERCULE.

Les fourmis sont des insectes sur lesquels beaucoup d'observations ont été faites. On compte parmi elles des individus de trois sortes, des mulets, des mâles et des femelles. Les mulets sont des fourmis dégénérées ; ils sont chargés dans les habitations de tous les détails du travail. Les mâles et les femelles ont des ailes. Les femelles, plus grandes que les mâles, ont l'abdomen très-gros.

Les fourmis vivent en société. Le tronc pourri d'un arbre, les fentes d'une vieille muraille, une pierre sous laquelle elles pénètrent, leur servent de demeure ; elles façonnent dans la terre des souterrains plus ou moins profonds, où elles se retirent quand quelque ennemi les menace. Le froid les engourdit et les rend incapables d'agir ; cependant elles sont si prévoyantes que dans la belle saison elles entassent des matériaux, qu'elles destinent à leur servir de nourriture pendant l'hiver. On les voit en été revenir à leur habitation chargées de fardeaux immenses qu'elles entraînent avec une rare persévérance.

La fourmi hercule est de la plus grande espèce. Son corselet, sa tête et ses antennes sont noirâtres ; son abdomen est ovale et noir ; ses pattes sont d'un fauve testacé ; ses ailes sont transparentes et veinées de noir. Elle n'a pas d'aiguillon. On la trouve aux environs de Paris. — (*V*. 2e T., L., no 2.)

LA FOURMI FAUVE.

Cette fourmi, de grandeur moyenne, a les antennes d'un brun noirâtre ; la partie inférieure de sa tête est fauve et la partie supérieure est noire ; son abdomen est ovale noir, et luisant ; son corselet et ses pattes sont fauves. Elle a soin de recouvrir son nid, qu'elle fait dans la terre, d'un petit monticule de différentes matières. On la trouve aux environs de Paris dans les champs et dans les bois. — (*V*. 2e T., L., no 1.)

LE THERMÈS FATAL.

Les thermès surpassent dans l'art de bâtir tous les animaux qui y excellent le plus ; ils laissent loin derrière eux les fourmis, les abeilles, les guêpes, et même les castors. La hauteur de leurs habitations est de dix à douze pieds au-dessus de la surface de la terre; elles sont divisées en pièces de différentes grandeurs et traversées par des galeries faites en pente qui communiquent sur tous les points de l'édifice. Ils emploient pour les ériger une argile qu'ils fabriquent en mâchant, ou gravier fin qu'ils trouvent dans la terre, où ils pénètrent à deux ou trois pieds de profondeur pour le chercher.

Les thermès vivent en société. Chaque communauté est composée d'individus de trois sortes, des mâles, des femelles et des mulets. Comme les fourmis, les thermès mâles et femelles ont des ailes à un certain temps de leur existence. Ces insectes sont très-redoutés ; ils font au loin des excursions et causent des ravages soudains et immenses dans les propriétés ; on les regarde dans les Indes comme des fléaux dont il est presque impossible de se garantir; ils dévorent et percent tous les bâtimens en bois, les ustensiles, les meubles, les étoffes et les marchandises.

Le thermès fatal se trouve dans les Indes et en Afrique. Ses ailes sont pâles, ses pattes de longueur moyenne; sa tête, forte et dure, est armée de deux pinces aussi solides que celles des écrevisses; elle est de couleur brune et plus grosse que le reste du corps; son corselet est composé de trois segmens, et son abdomen est gros et cylindrique. — (*V.* 2e T., I., n° 14.)

LA GUÊPE-FRELON.

Les insectes de cette espèce vivent en société; chaque société est composée d'individus de trois sortes : les mâles, les femelles et les ouvrières. La taille des mâles et des femelles est de quatorze lignes environ.

Les guêpes-frelons construisent leurs nids dans des endroits abrités, tels que des greniers, des trous de vieux murs et des trous d'arbres dont l'intérieur est pourri. Elles emploient pour les façonner de la poudre de bois et de l'écorce d'arbre; une liqueur claire et sucrée qu'elles recueillent sur les branches nouvellement rangées par elles, leur sert à pétrir les matières dont elles font usage. L'intérieur de leurs habitations est divisé en petites cellules.

Ces insectes, armés d'un aiguillon très-fort, font des piqûres très-douloureuses; ils ne se jettent cependant sur l'homme que lorsqu'ils sont inquiétés. Leur force et leur grosseur leur donnent une grande supériorité sur toutes les autres mouches; mais le bourdonnement qui accompagne leur vol avertit les victimes qu'ils menacent, et les détermine à fuir.

La guêpe-frelon a le corselet noir et garni de poils doux; ses ailes ont une légère teinte roussâtre; sa tête est ferrugineuse et sa lèvre supérieure jaune. Ses pattes, terminées chacune par une pince, sont d'un brun ferrugineux. — (*V.* 2ᵉ T., I., nº 13.)

LA LEUCOPSIS DORSIGÈRE.

On distingue les leucopsis des guêpes par la forme de leur abdomen, qui est comprimé, renflé vers le milieu, obtus à l'extrémité et composé seulement de deux anneaux, qui ne sont joints que par une espèce de charnière placée en dessous. L'aiguillon de ces insectes prend naissance près de la base de l'abdomen, au-dessous duquel il est placé; il est recourbé sur le dos, s'étend jusqu'au corselet, et se trouve renfermé dans une espèce de gaine composée de deux pièces.

La leucopsis dorsigère a les antennes, la tête et le corselet noirs; de petits signes et des points jaunes sont marqués sur ces différentes parties. Ses pattes et ses cuisses postérieures sont jaunes, et ses ailes brunes. On la trouve en Italie et dans les départemens méridionaux de la France. — (*V.* 2ᵉ T., I., nº 12.)

LE CHRYSIS ENFLAMMÉ.

Les chrysis tiennent leur nom de leurs brillantes couleurs. Ils diffèrent des guêpes par la forme de leurs antennes qui sont filiformes, vibratiles, et seulement de la longueur de leur tête, au-devant de laquelle elles sont insérées. Ils sont vifs et ont le vol léger. Quand on les touche, ils se mettent en boule, et quoiqu'ils aient un aiguillon très-pointu, on peut les prendre sans craindre d'être piqué. Pendant l'été on les trouve sur les murailles, autour des vieux bois et sur les fleurs.

Le chrysis enflammé a les antennes noires, la tête et le corselet d'un vert doré très brillant ; l'abdomen, terminé par quatre dents, est d'un rouge pourpre, cuivreux en dessus, et d'un vert brillant en dessous. Ses ailes ont une légère teinte de brun ; on y remarque quelques nervures. Il est très-commun aux environs de Paris. — (*V.* 2e T., I., n° 11.)

L'ICHNEUMON ATTRAYANT.

Le nom d'ichneumon est celui que les anciens donnaient à un petit quadrupède qui se trouvait sur les bords du Nil, et que les Egyptiens adoraient, parce qu'il détruisait les crocodiles, soit en s'introduisant dans le corps de ces animaux, soit en cassant leurs œufs. L'insecte que les naturalistes ont désigné sous ce nom est pour les chenilles, les vers, etc., ce que le quadrupède était pour les crocodiles ; les femelles, qui sont armées d'une tarière, instrument propre à percer, se posent sur les chenilles, les percent, et déposent leurs œufs au fond de la plaie qu'elles ont faite.

Les ichneumons sont très-carnassiers ; ils détruisent une grande quantité d'insectes.

L'ichneumon attrayant habite l'Europe ; il a la tête, les antennes, le corselet et l'abdomen noirs ; ses quatre pattes antérieures sont d'un jaune rougeâtre ; les postérieures sont noires. Ses ailes sont blanches et transparentes. — (*V.* 2e T., I, n° 10.)

L'ICHNEUMON JAUNATRE.

Cet ichneumon est d'un jaune fauve ; il a de cinq à neuf lignes de longueur ; ses yeux, placés sur une tache brune, sont d'un vert bronzé. Son abdomen est mince à sa base, et renflé dans le milieu ; celui du mâle est terminé par une petite tache brune. Ses ailes sont transparentes et couvertes de nervures ; les supérieures ont vers le milieu du bord extérieur une tache jaune alongée. On le trouve dans toute l'Europe. Les larves qui sortent des œufs que la femelle de cette espèce dépose sur le corps des chenilles, sucent la substance de la chenille, et croissent sur cet insecte. — (*V.* 2e T., I., n° 9.)

L'UROCIRE GÉANT.

Cet insecte, qu'on a trouvé à Paris sur un petit vaisseau qui venait du Hâvre, habite les pays froids de l'Europe. Ses mœurs sont inconnues; sa tête est brune; de chaque côté, derrière les yeux, est une tache de la couleur de ses antennes qui sont jaunes. Le corselet est brun et velu. Les anneaux de l'abdomen sont bruns ou jaunes; le dernier est terminé par une pointe assez longue. Les ailes sont transparentes, avec des nervures jaunes; les supérieures sont beaucoup plus grandes que les inférieures.

L'urocire femelle a une longue tarière placée au-dessous, qui prend naissance vers le milieu de l'abdomen; elle est recouverte par deux lames écailleuses. — (*V*. 2ᵉ T., L, nº 20.)

LE CIMBEX JAUNE.

Les cimbex, connus sous le nom de mouches à scie, sont des insectes qui, dans l'état de larves, ont le corps divisé en douze anneaux, comme celui des chenilles. Leur abdomen, de forme ovale, renferme, chez la femelle, une tarière logée entre deux pièces écailleuses qui lui servent de gaîne. Cette tarière est composée de deux lames dentelées, semblables à de véritables scies; elle leur sert à entailler les branches des rosiers, pour y pondre leurs œufs.

Le cimbex jaune a la tête et le corselet d'un brun jaunâtre un peu velu; l'abdomen est d'un jaune foncé; les trois premiers anneaux sont violets. Les ailes sont transparentes; elles ont une ligne teinte de brun jaunâtre avec les nervures noires; elles paraissent toujours chiffonnées.

Les larves des cimbex passent l'hiver dans des coques qu'elles filent à la fin de l'été : elles offrent un phénomène très-curieux : quand on les touche, on voit sortir des côtés du corps plusieurs jets d'eau qu'elles lancent à la distance de plus d'un pied.

Le cimbex se trouve sur tous les points de l'Europe. — (*V*. 2ᵉ T., L, nº 19.)

LE TENTHRÈDE SEPTENTRIONAL.

Les tenthrèdes ont beaucoup de rapport avec les cimbex;

leurs larves ont la même forme et vivent de la même manière ; ils se rapprochent encore par la forme de la tarière, qui est la même dans les insectes de ces deux genres. Les larves des tenthrèdes entrent dans la terre pour se métamorphoser ; quelques-unes vivent en société.

Le tenthrède septentrional a les antennes, la tête et le corselet noirs ; l'abdomen et les cuisses sont roux ; l'extrémité des jambes est aplatie et armée de deux épines très-fortes. Les ailes ont une teinte d'un violet foncé.

La larve de ce tenthrède a vingt pattes et près d'un pouce de longueur ; elle vit en société sur le bouleau. Quand on la touche, elle fait sortir d'entre ses pattes membraneuses des tubercules charnus et coniques, qui rentrent ensuite dans le corps à la manière des cornes de limaçons. — (*V.* 2ᵉ T., I., nº 18.)

LE SPHEX AZURÉ.

Les larves des sphex sont inconnues ; on sait seulement que les femelles font un trou dans un terrain sablonneux ; qu'elles y déposent une chenille ou une araignée, qu'elles pondent un œuf à côté et qu'ensuite elles referment le trou. On présume qu'un de ces insectes suffit pour nourrir la larve qui sort de l'œuf, jusqu'au moment où elle n'a plus besoin de manger.

Le sphex azuré a les antennes noires ; tout le corps est d'un bleu foncé luisant ; la tête et le corps sont un peu velus ; l'abdomen est ovale et attaché au corselet par un long pédicule ; les ailes, de la longueur du corps, sont brunes, avec une forte teinte d'un violet foncé très-brillant.

On trouve cet insecte en Pensylvanie. — (*V.* 2ᵉ T., I., nº 17.)

LA SCOLIE A QUATRE TACHES.

Les habitudes et les larves de ces insectes sont inconnues ; on ne peut donc que décrire leur individu. Les scolies ont le corps velu et alongé ; leur tête est arrondie et leur front plat ; leurs mâchoires sont très-grandes et arquées ; l'abdomen est long, un peu recourbé au-dessous et attaché au corselet par un pédicule très-court ; l'aiguillon des femelles est très-fort.

La scolie à quatre taches habite la Caroline et la Calabre ; elle a les antennes, la tête, le corselet et l'abdomen noirs; ses yeux sont gris. L'abdomen a deux grandes taches d'un jaune rougeâtre sur les deux premiers anneaux; il est ovale et alongé. — (*V.* 2e T., I, nº 16.)

LE BEMBEX PUBESCENT.

Les bembex tiennent le milieu entre les abeilles et les guêpes; ils ressemblent aux premières par la trompe qui est divisée en cinq pièces, et aux secondes par la forme de l'abdomen. Ces insectes ne vivent pas en société; la femelle dépose ses œufs séparément dans des loges qu'elle fait dans la terre ou contre le tronc d'un arbre, et qui n'ont aucune communication. On ne trouve parmi les bembex que des mâles et des femelles. Les larves sont semblables à celles des abeilles et des guêpes.

Le bembex pubescent a ses antennes, la tête, le corselet et l'abdomen noirs; la tête a des taches jaunes, et l'abdomen des bandes ondées d'un jaune verdâtre; le corselet est couvert d'un duvet verdâtre.

Cet insecte, qui habite le nord de l'Europe, est très-commun aux environs de Paris. — (*V.* 2e T., I, nº 8.)

LE BEMBEX DE LA CAROLINE.

Ce bembex a les antennes noires, avec le premier article jaune en dessous; la tête et le corselet sont noirs; l'abdomen, d'un noir bronzé, a deux grandes taches jaunes sur chacun des deux premiers anneaux; le corselet seul est velu; l'anus est terminé par des dents très-fortes; les pattes sont jaunes et les cuisses noires dans presque toute leur longueur; les ailes ont une teinte jaunâtre avec un reflet brun.

Cet insecte se trouve à la Caroline. — (*V.* 2e T., I, nº 15.)

L'ABEILLE TERRESTRE.

Parmi quelques espèces d'abeilles, on trouve des individus de trois sortes : des mâles, des femelles et des ouvrières. Il arrive rarement que ces dernières soient fécondes; ce sont elles qui vont à la récolte de la cire et du miel, qui construisent les nids et qui nourrissent les larves.

Les abeilles vivent assez généralement en société. On sait de quelle utilité sont pour les hommes les abeilles domestiques qui vont déposer dans des ruches la cire et le miel qu'elles ont recueillis sur les fleurs. Chaque ruche est ordinairement habitée par une seule femelle, qu'on nomme la reine, par des mâles au nombre de deux cents à huit cents, et par quinze à seize mille ouvrières.

L'abdomen des abeilles est terminé, dans les femelles et les ouvrières, par un aiguillon très-pointu, au moyen duquel ces insectes introduisent dans les plaies qu'elles font une goutte d'une liqueur limpide qui n'est autre qu'un poison âcre dont l'effet est très-dangereux.

L'abeille terrestre est noire; elle a une bande jaune à la partie antérieure du corselet, et le second anneau de l'abdomen couvert de poils jaunes. Elle fait son nid dans la terre et le recouvre de mousse. On la trouve aux environs de Paris. (*V.* 3e T., I., n° 6.)

L'ABEILLE A MIEL.

Cette abeille est celle qui fournit aux hommes la cire et le miel dont ils font usage; on l'élève dans des ruches.

L'abeille à miel est brune, couverte de poils d'un gris jaunâtre; plus serrés sur le corselet que sur les autres parties du corps. La femelle est beaucoup plus grande que le mâle; son abdomen est plus alongé; ses ailes sont plus courtes; les yeux du mâle sont très-grands; ils occupent toute la partie supérieure de la tête. Les ouvrières sont plus petites que le mâle et la femelle. — (*V.* 3e T., I., n° 5.

LA FULGORE PORTE-LANTERNE.

Les fulgores ont quelques rapports avec les cigales; plusieurs naturalistes les avaient confondues, mais Linné les a separées. Les fulgores sont très-remarquables par la beauté et la variété de leurs couleurs. La forme de leur tête mérite aussi de fixer l'attention des observateurs. Ces insectes, originaires d'Amérique, forment un genre composé de plus de cinquante espèces; on en connaît une qui a la propriété de répandre, pendant la nuit, une lumière assez éclatante pour permettre de lire les caractères les plus fins.

La fulgore porte-lanterne est de la plus grande espèce; elle a près de trois pouces et demi de longueur. Son front est très-avancé, vésiculeux, arrondi à son extrémité, garni en dessous et sur les côtés de quatre rangées de tubercules épineux de couleur rougeâtre; le corselet est d'un jaune pâle, les ailes supérieures sont de la même couleur que le corselet : les nervures en sont noirâtres. Les ailes inférieures, de couleur grisâtre, ont une grande tache en forme d'yeux entourés d'un cercle noir avec une double prunelle blanche et noire.

On trouve cette fulgore dans l'Amérique méridionale, à Cayenne et à Surinam. — (*V*. 3e T., I., n° 4.)

LA CIGALE PANACHÉE.

Les cigales sont des insectes qui habitent les pays chauds; elles se tiennent ordinairement sur les arbres; leur vol est fort et léger. Les mâles font entendre un chant monotone qui provient de la vibration de deux muscles placés au-dessous de l'extrémité du corselet, à l'origine de l'abdomen. Les femelles ne chantent pas, mais elles sont pourvues d'un instrument qui leur est propre : c'est une tarière composée de deux pièces, au moyen de laquelle elles coupent et entaillent le bois où elles vont déposer leurs œufs; cette tarière est dentelée, très-forte, et de consistance écailleuse.

La cigale panachée a la tête, le corselet, le dos et l'abdomen de couleur noire mélangée de jaune. Ses ailes supérieures sont transparentes et couvertes de nervures brunes. Son chant est comme enroué: il ne se fait pas entendre de loin. On la trouve dans le midi de l'Europe. — (*V*. 3e T., I., n° 3.)

LA FULGORE PORTE-CHANDELLE.

Cette fulgore a environ deux pouces de longueur. Son front, très-prolongé, est mince, presque cylindrique, recourbé, cannelé en dessus et en dessous; il est de couleur jaune, ainsi que la tête et le corselet; l'abdomen est jaune en dessus et noirâtre en dessous. Les ailes supérieures sont d'un beau vert; on y voit des bandes transversales et des taches jaunes. Les inférieures sont d'un jaune foncé avec une large bande noire à l'extrémité.

Cet insecte se trouve à la Chine. — (*V.* 3e T., I., n° 2.)

LA NÈPE CENDRÉE.

Les nèpes sont des insectes aquatiques qui se tiennent ordinairement au fond des eaux, dans la vase, mais qui néanmoins volent très-bien, et principalement le soir. Elles sont carnassières, ainsi que leurs larves, et se nourrissent de petits insectes qu'elles percent et déchirent avec leur trompe pendant qu'elles les tiennent entre leurs pinces; ces pinces sont formées par leurs pattes antérieures, qui sont attachées au-devant du corselet, un peu au-dessous de la tête.

La nèpe cendrée est d'un brun noirâtre; son abdomen est large, ovale, très-plat, et terminé dans les femelles par deux longues soies; il est en dessus de couleur rouge. On la trouve en Europe dans les eaux stagnantes. — (*V.* 3e T., I., n° 1.)

GRILLON-TAUPE.

Le grillon-taupe, connu des jardiniers sous le nom de courtillère, vit sous la terre, et principalement dans les couches où il fait souvent beaucoup de ravage en coupant les racines avec ses pattes antérieures et en les rongeant. Ses élytres sont faits de façon que, lorsqu'il les élève et les frotte l'un contre l'autre, il en résulte un bruit qu'on a qualifié de chant.

Cet insecte est de couleur brune. Sa tête est petite et alongée; son corselet est très-long, et forme une espèce de cuirasse qui paraît veloutée; son abdomen est mou et terminé par deux appendices assez longues, ses élytres n'en couvrent que la moitié. Il se sert de ses pattes antérieures comme font les taupes, et parvient, en les réunissant d'abord et en les écartant ensuite, à creuser dans la terre des sillons larges et profonds qui lui procurent les moyens d'arriver à l'endroit où il désire aller. On le trouve en Europe et dans l'Amérique septentrionale. — (*V.* 3e T., I., n° 12.)

LA SAUTERELLE RONGE-VERRUE.

Les sauterelles ont des antennes qui sont très-longues et très-minces; leur bouche est composée d'une lèvre supérieure formée de deux pièces plates et articulées, de deux mandibules fortes, dentées, de deux mâchoires, d'une lèvre inférieure et de quatre antennes. Leur corselet est long et couvert par une plaque écailleuse. La femelle a une tarière qu'elle pique dans la terre pour y introduire ses œufs. Les pattes antérieures et intermédiaires de ces insectes sont de longueur moyenne; mais les postérieures sont très-longues et repliées contre leur corps, ce qui leur permet de s'élancer à une très-grande distance. Les mâles, par le frottement de leurs élytres, font entendre un bruit qu'on a nommé chant des sauterelles.

La sauterelle ronge-verrue est d'un vert foncé; ses élytres, un peu plus longs que son corps, ont quelques taches brunes. Le mâle chante continuellement en plein jour; la femelle pond des œufs alongés, de couleur blanche et dont la coque est très-dure. Ces sauterelles sont très-voraces; elles mordent avec beaucoup de force, et jusqu'au sang. On a vu des paysans faire mordre par ces insectes les verrues qu'ils avaient aux mains, et qui ont disparu par l'effet d'une liqueur que les sauterelles introduisaient dans les plaies qu'elles avaient faites. De là vient le nom qui leur a été donné de ronge-verrue.

On en trouve en Europe dans presque toutes les prairies. — (*V.* 3ᵉ T., I., sauterelles mâles, nº 11, sauterelles femelles, nº 10.)

LA MANTE ORATORIENNE.

L'habitude qu'ont les mantes d'étendre leurs pattes antérieures a fait imaginer qu'elles devinaient et indiquaient les choses qu'on leur demandait; de là vient le nom qu'on leur a donné en latin, de *mantis*, qui signifie devin. Les mantes sont très-remarquables par leurs formes singulières; elles sont cruelles et carnassières, se tuent les unes les autres, et se mangent ensuite sans y être forcées par la faim. Ces insectes marchent fort vite, et peuvent voler très-haut; ils ont la vie extrêmement tenace. On a vu un mâle qu'on avait renfermé avec une femelle, vivre et agir encore long-temps après que celle-ci lui eut coupé la tête avec ses pattes antérieures.

La mante oratorienne a environ deux pouces de longueur; elle est de couleur verte; le corselet est long, étroit, bordé, avec une élévation longitudinale sur le milieu; les élytres sont veinés et de la longueur de l'abdomen; les pattes antérieures, faites en forme de pinces, sont terminées par un crochet très-fort. Elle s'appuie souvent sur ses quatre pattes de derrière, et tient les deux antérieures élevées, comme si elle priait Dieu; ce qui dans les départemens méridionaux de la France lui a fait donner le surnom de *preguedieu*. — (*V*. 3e T., I., n° 9.)

LE CRIQUET MORBILLEUX.

Comme les sauterelles, avec lesquelles ils ont quelques rapports, les criquets vivent d'herbes et de toutes sortes de plantes. Au moyen de leurs pattes postérieures qui sont garnies de muscles très-forts, ils sautent très-bien et s'élèvent au loin. Quelques espèces volent rapidement et à de très-grandes distances. Dans les pays du Levant et en Afrique on a souvent à gémir sur la présence de criquets de passage qui paraissent venir de la Tartarie et de l'Orient, et qui se trouvent en si grandes troupes qu'ils dévastent toutes les contrées par où ils passent.

Le criquet morbilleux a environ deux pouces et demi de longueur; sa tête est rouge et marquée antérieurement de quatre lignes longitudinales; son corselet, presque carré postérieurement, est de même couleur que sa tête; ses élytres sont d'un brun violet et marquées de petites taches irrégulières jaunâtres. On le trouve au cap de Bonne-Espérance. — (*V*. 3e T. I., n° 8.)

LE LUCANE CERF-VOLANT.

Les lucanes, que quelques naturalistes ont confondus avec les scarabés, vivent peu de temps dans l'état d'insectes parfaits; ils habitent les trous des vieux arbres. Leurs larves, armées de deux fortes mâchoires, dont elles se servent pour ronger le bois, font beaucoup de tort aux arbres; ces larves sont très-grosses et ont le corps recourbé en arc.

Le lucane cerf-volant varie beaucoup pour la grandeur; celui qu'on trouve aux environs de Paris n'a pas deux pouces de longueur; mais il y en a de beaucoup plus grands. Il est noir en dessous et d'un brun rougeâtre en dessus; les mandibules du mâle sont très-longues, très-grosses et armées intérieurement vers le milieu d'une forte dent; ses élytres sont lisses, rebordés, et recouvrent le corps et les ailes. La femelle est beaucoup plus petite que le mâle; ses mandibules sont très-courtes. Cet insecte vole le soir, auprès des vieux arbres; on le trouve, en Europe, dans les bois. — (*V.* 3e T., L, n° 7.)

LE SCARABÉ HERCULE.

Les scarabés sont des insectes qui vivent dans les terres grasses et humides, mais principalement dans les fumiers et les couches, où ils trouvent leur nourriture. Leur tête est simple ou armée d'une corne plus ou moins longue, et leur bouche est composée de deux mandibules très-dures, assez grandes, arquées, creusées intérieurement et tranchantes à l'extrémité. Quelquefois on les voit courir à la surface de la terre, ou voler, le soir, d'un endroit à l'autre.

Le scarabé hercule a environ cinq pouces et demi de longueur; sa tête est noire, luisante et armée d'une corne très-longue, avancée, recourbée, garnie à sa partie supérieure de trois ou quatre dents saillantes; son corselet, de couleur noire, a aussi une corne très-longue, avancée, courbée, velue en dessous, échancrée à son extrémité, et garnie d'une dent de chaque côté vers le milieu; ses élytres sont d'un gris verdâtre. La femelle diffère du mâle sous plusieurs rapports. On trouve cet insecte aux Antilles, où il est très-commum. — (*V.* 3e T., L, n° 18.)

LE SCARABÉ BOURREAU.

Ce scarabé, qu'on trouve à la Caroline et à la Virginie, vit dans les fientes, où il forme des pilules qu'il roule ensuite dans son nid. Il a environ dix lignes de long; sa tête, que décore une corne noire, longue et recourbée, est d'un vert doré; son corselet, de la couleur de sa tête sur les côtés, est cuivreux sur le milieu, raboteux, aplati et triangulaire; ses élytres sont verts, striés et raboteux. La femelle diffère du mâle par la forme du corselet et par la corne. — (*V.* 3e T., I., no 17.)

LE NICROPHORE FOSSOYEUR.

Les nicrophores sont des insectes qu'on trouve sur les corps morts; ils en ont l'odeur, qu'ils conservent long-temps après leur mort. L'habitude qu'ils ont de cacher dans la terre les petits animaux dont ils se nourrissent, leur a fait donner le nom de nicrophore, qui signifie fossoyeur. Lorsque ces insectes rencontrent une taupe ou une souris qui ont cessé d'exister, ils se réunissent et l'enterrent, afin de la manger plus commodément.

Le nicrophore fossoyeur a environ six lignes de long; sa tête et son corcelet sont noirs; ses élytres sont de la même couleur, et ont de plus deux bandes transversales ondées d'un jaune roux. On le trouve dans presque toute l'Europe. — (*V.* 3e T., I., no 16.)

L'HEXODON RÉTICULÉ.

Les hexodons sont des insectes dont le corps est ovale, convexe en dessus et presque aplati en dessous; leurs mâchoires ont six dents cornées, très-apparentes; ils se nourrissent de feuilles d'arbres et d'arbrisseaux; leurs larves ne sont pas connues, on suppose qu'elles vivent dans la terre.

L'hexodon réticulé a les antennes, la tête et le corcelet noirs; son écusson est large et court; ses élytres, de couleur cendrée, ont deux nervures longitudinales, élevées, réticulées et noirâtres; son abdomen est d'un brun ferrugineux, et ses pattes, d'un noir foncé, sont garnies de poils courts et roides. On le trouve à Madagascar. — (*V.* 3e T., I., no 15.)

LE TAUPIN TRICOLORE.

Les taupins sont des insectes qu'on trouve ordinairement sur les fleurs, sur les troncs des arbres et sous les écorces; ils ont la singulière faculté de sauter et de s'élever en l'air lorsqu'ils sont sur le dos. Trois pointes ou épines roides, qui sont fichées dans leur corcelet, sont les instrumens au moyen desquels ils parviennent à s'élever ainsi ; leur but en sautant est toujours de se remettre sur leurs pieds. Parmi ces insectes, il y en a de plusieurs espèces, qui brillent dans l'obscurité : les Indiens s'en servent dans leurs voyages nocturnes en les attachant à leurs chaussures.

Le taupin tricolore a environ un pouce de long; sa tête est fauve, son corcelet noir, et le dessous de son corps d'un brun rougeâtre ; ses élytres, légèrement striés, sont rouges et couverts d'une poussière écailleuse fauve ; plusieurs taches noires sont marquées sur le corcelet et les élytres. On le trouve à Cayenne. — (*V.* 3e T., L., no 14.)

LE BUPRESTE BANDE DORÉE.

Les buprestes sont très-remarquables par leurs riches et brillantes couleurs ; ils ont beaucoup de ressemblance avec les taupins par les antennes et la forme de la tête. On les trouve sur les arbustes, dans les buissons et sur les fleurs : lorsqu'ils voient qu'on s'approche d'eux, ils se laissent tomber dans les broussailles. Les femelles ont une espèce de tarière, dont elles se servent pour percer le bois, où elles déposent leurs œufs.

Le bupreste bande dorée est de forme alongée ; il a de seize à dix-huit lignes de long. Sa tête est verte et raboteuse; son corselet, de même couleur, est pointillé et très-brillant. Il a une tache dorée de chaque côté de sa partie postérieure ; ses élytres sont d'un vert bleuâtre, aussi très-brillant, et ornés d'une raie longitudinale d'un rouge doré. On le trouve aux Indes orientales. — (*V.* 3e T., L., no 13.)

LE BUPRESTE MARRON.

Ce bupreste a environ deux pouces de long; ses antennes, d'un brun jaunâtre, sont faites en scie ; sa tête, un peu raboteuse, est noirâtre, ainsi que son corcelet, qui est couvert de pointes enfoncées, alongées et garnies d'un duvet roussâtre; ses élytres sont raboteux ; ils ont à leur base et sur le milieu des taches rondes, enfoncées et couvertes, comme celles du corcelet, d'un duvet roussâtre; ses pattes sont d'un brun jaunâtre. On le trouve au Sénégal. — (*V.* 3e T., L, no 24.)

LE BUPRESTE INTERROMPU.

Cet insecte est de moitié plus grand que le bupreste marron, ses antennes, comme celles de celui-ci, sont faites en scie; elles sont de couleur noire; sa tête, d'un noir bleuâtre, est pointillée; elle a une ligne enfoncée, couverte d'un duvet blanchâtre; ses élytres, qui ont aussi des lignes couvertes d'un duvet blanchâtre, sont noirs et légèrement pointillés; le dessous de son corps est brillant, bronzé et couvert de duvet.

Ce bupreste se trouve également au Sénégal. — (*V.* 3e T., L, no 23.)

LA CICINDÈLE CAROLINOISE.

Les cicindèles habitent les terrains secs et sablonneux; elles sont voraces et carnassières, et vivent de différens insectes qu'elles attrapent; elles sont très-vives, courent fort vite pendant le jour, et surtout lorsque le soleil brille; aussitôt qu'on approche d'elles, elles fuient et s'envolent promptement; mais elles s'abattent à peu de distance de l'endroit d'où elles sont parties; leurs larves vivent dans la terre.

La cicindèle carolinoise a huit lignes de longueur; ses antennes, aussi longues que la moitié de son corps, sont d'un brun jaunâtre; sa tête, son corselet et ses élytres sont d'un vert bleuâtre très-brillant, mélangé de rouge cuivreux. On la trouve à la Caroline. — (*V.* L., 3e T., no 22.)

LE MANTICORE MAXILLAIRE.

Cet insecte, qu'on trouve dans la partie la plus méridionale de l'Afrique, se cache habituellement sous les pierres; il se nourrit d'autres insectes; sa démarche est très-vive.

Le manticore maxillaire a dix-huit lignes de long; il est d'un brun noirâtre; sa tête, armée de mandibules arquées, est grande et inégale; son corselet est lisse, cannelé, échancré, avec des bords tranchans; ses élytres, qui sont presque lisses au milieu, ont la partie postérieure et les bords latéraux chagrinés, les côtés sont saillans et légèrement dentelés. Il est le seul du genre des manticores que les naturalistes aient pu observer. — (*V.* I, 3ᵉ T., nº 21.)

LE DYTIQUE MARGINAL.

Les dytiques sont des insectes amphibies, qu'on trouve dans toutes les eaux douces; ils vivent dans l'eau, et en sortent le soir pour voler et courir dans la campagne; aussi carnassiers que voraces, ils se nourrissent d'autres insectes aquatiques et terrestres, auxquels ils font continuellement la chasse; leurs pattes antérieures leur servent pour s'en saisir et les porter à leur bouche. On en trouve de toutes les grandeurs, depuis un pouce et demi jusqu'à une ligne.

Le dytique marginal a quinze lignes de long; sa tête et son corselet sont d'un noir verdâtre; le corselet est bordé d'une bande jaune tout autour. Les élytres du mâle sont lisses; ceux de la femelle, dont nous donnons la figure, sont couverts de stries assez profondes. Les pattes de cet insecte, ainsi que le dessous de son corps, sont de couleur fauve. On la trouve aux environs de Paris et dans toute l'Europe. — (*V.* 3ᵉ T., I, nº 20.)

LE MÉLOÉ DE MAI.

Les méloés ont quelques rapports avec les cantharides; comme elles, ils ont la propriété d'exciter de petites vessies sur la peau, mais avec beaucoup moins d'énergie. Ces insectes, qu'on trouve au printemps dans les champs et les terres labourées, se nourrissent de feuilles de végétaux. Lorsqu'on les touche ils font sortir de l'extrémité de chacune de leurs cuisses de très-petites gouttes d'une liqueur visqueuse de couleur jaune. Les femelles font leur ponte au mois de mai; leurs œufs, réunis en paquet, sont déposés par elles dans la terre.

Le méloé de mai a un pouce de long; ses antennes sont plus longues que sa tête; sa tête, son corselet et son abdomen sont d'un rouge cuivreux; ses élytres, d'un noir bronzé, sont fortement chagrinés. On le trouve dans toute l'Europe. — (*V.* 3ᵉ T., I, nº 19.)

LA CANTHARIDE VÉSICATOIRE.

Les cantharides sont des insectes dont on fait usage en médecine; elles ont la propriété de faire naître de petites vessies sur la peau, lorsqu'on les applique sur le corps, et répandent une odeur fade et désagréable, qui peut devenir dangereuse si on la respire long-temps. Les personnes qui les recueillent les font mourir dans le vinaigre; on les réduit en poudre pour les mêler avec des emplâtres. Elles ont une vertu si stimulante qu'on ne peut en faire usage intérieurement qu'avec la plus grande circonspection.

La cantharide vésicatoire a de six à dix lignes de longueur; elle est d'une belle couleur verte dorée; son corselet est plus étroit que sa tête; ses ailes supérieures sont molles et décorées par deux lignes longitudinales peu élevées. Elle vit sur le frêne, le troène, le sureau, le lilas et le chèvrefeuille. On la trouve dans toute l'Europe. — (*V.* 4ᵉ T. I., , nº 6.)

LE SERROPALPE CARABOÏDE.

Les serropalpes sont ainsi nommés à cause de la forme de leurs antennules antérieures, dont les articles sont saillans et imitent les dents d'une scie. La tête des serropalpes est inclinée, arrondie, et un peu enfoncée sous le corselet; leurs élytres ou ailes supérieures sont flexibles; ils recouvrent l'abdomen, ainsi que deux ailes membraneuses fort grandes.

Le serropalpe caraboïde a six lignes de longueur; sa tête et son corselet sont noirs; ses antennules sont ferrugineuses; ses élytres, d'un bleu noirâtre, sont légèrement velus. Il habite le nord de l'Europe; on le trouve dans les parties froides et montagneuses de la France. — (*V.* 4ᵉ T., I., nº 5.)

LA PIMÉLIE STRIÉE.

Les pimélies habitent les terrains arides et sablonneux de l'Asie et de l'Afrique; on en trouve aussi dans quelques départemens méridionaux de la France. Le nom qui leur a été donné, et qui signifie gras, huileux, vient de ce que quelques espèces répandent une liqueur onctueuse. On ne connaît ni leurs habitudes ni leurs larves.

La pimélie striée a quatorze à quinze lignes de longueur; elle est noire et presque lisse; ses élytres sont très-renflés, et ont chacune quatre lignes longitudinales d'un rouge sanguin plus ou moins foncé; ses pattes sont fortement chagrinées, et ses tarses un peu velues. On la trouve en Afrique et dans l'Inde. — (*V.* 4e T., L., no 4.)

LE CAPRICORNE ROSALIE.

Les capricornes sont particulièrement remarquables par la longueur de leurs antennes, leurs yeux en croissant et leur corselet tuberculé ou épineux. Ils ont le corps très-alongé; quelques espèces sont ornées de couleurs très-brillantes, d'autres, de très-variées; tous ont de la légèreté; aussi volent-ils avec rapidité; mais leur marche n'est pas très-vive. Ils vivent dans les bois, sur le tronc des arbres, et se nourrissent du suc qui en découle. Quand on les saisit, ils cherchent à pincer avec leurs mandibules.

Le capricorne rosalie a environ quinze lignes de longueur; il est d'un bleu cendré; ses antennes sont un peu plus longues que son corps; son corselet est armé de chaque côté de deux courtes épines, et ses élytres sont marqués de taches d'un beau noir velouté. On le trouve dans les hautes montagnes de l'Europe. — (*V.* 4e T., L., no 1.)

LE PRIONE CERVICORNE.

Les priones sont de très-grands insectes, qui ont beaucoup de rapports avec les capricornes par la forme du corps et les habitudes. Le caractère principal qui sert à les distinguer se trouve dans la forme du corselet, qui chez les priones est aplati à sa partie supérieure et denté ou épineux sur les côtés, tandis que chez les capricornes il est arrondi et presque cylindrique. Les priones femelles sont en général plus grands que les mâles. On trouve ces insectes dans les bois épais et les forêts. Ils ne sortent que le soir des trous que leurs larves ont faits dans des troncs de vieux arbres, et où ils se tiennent habituellement cachés. Leur vol est lourd, dès qu'on les touche ils tombent à terre.

Le prione cervicorne, un des plus grands des insectes de ce genre, a près de six pouces de longueur; ses mandibules sont longues, fortes, un peu arquées et munies intérieurement, depuis le milieu jusqu'à l'extrémité, de petites dents; sa tête, son corselet et son abdomen sont d'un brun ferrugineux; ses élytres sont jaunes, et couverts de lignes et de taches ferrugineuses. On le trouve en Amérique. — (*V.* 4e T., L., nº 3.)

LA SAPERDE PONCTUÉE.

Les saperdes ont le corps alongé, le corselet cylindrique, sans épines ni tubercules; elles ont d'ailleurs beaucoup de ressemblance avec les capricornes. Elles se nourrissent du suc des végétaux, et restent habituellement fixées sur des branches qu'elles ne quittent pour voler qu'après avoir été échauffées par les rayons du soleil. Ces insectes ont des formes agréables et des couleurs très-variées; on leur a reconnu un naturel méchant et colère.

La saperde ponctuée a sept lignes de longueur; elle est entièrement couverte d'un duvet soyeux d'un beau vert; son corselet et ses élytres sont armés de pointes noires symétriquement placées; ses jambes et ses tarses sont blanchâtres. On la trouve dans le midi de la France, en Allemagne et en Portugal. — (*V.* 4e T., L., nº 2.)

LA LAMIE TRISTE.

Comme les capricornes, avec lesquels elles ont beaucoup de rapports, les lamies vivent dans les trous que leurs larves font aux troncs d'arbres; elles font entendre, ainsi que plusieurs insectes auxquels elles ressemblent, un bruit aigu, produit par le frottement de la partie postérieure du corselet sur l'écusson.

La lamie triste a environ douze lignes de longueur; sa tête et son corselet sont d'un gris presque noir; ses élytres, couverts chacun de deux taches carrées d'un noir velouté, sont d'un gris noirâtre; ses antennes sont quelquefois du double plus longues que son corps. On la trouve dans le midi de la France. — (*V.* 3e T., L., nº 14.)

LE STENCORE AZURÉ.

Les stencores sont des insectes qu'on trouve dans les bois, sur les fleurs, dont ils sucent la liqueur. Ils marchent assez vite, mais volent très-pesamment. Leurs larves vivent dans le bois.

Le stencore azuré est de la plus grande espèce; il a un pouce de longueur; ses antennes sont un peu plus courtes que son corps, qui est d'un bleu noirâtre; son corselet est raboteux; ses élytres, pointillés, sont jaunes depuis la base jusqu'au milieu, et d'un bleu noirâtre depuis le milieu jusqu'à l'extrémité. On le trouve dans l'Inde et à la Caroline. — (*V.* 4e T., I., n° 13.)

LA LEPTURE QUADRIMACULÉE.

Les leptures sont des insectes qu'on trouve au printemps sur la ronce et sur les haies; elles courent fort vite et volent avec légèreté; le frottement du bord postérieur de leur corselet sur la partie antérieure de leur écusson occasione un bruit semblable à celui que produisent les capricornes. Leurs larves vivent dans le bois et se nourrissent de sa substance.

La lepture quadrimaculée a neuf lignes de longueur; ses antennes, aussi longues que son corps, sont de couleur noire, ainsi que sa tête, son corselet et son écusson; ses élytres sont ponctués, d'un jaune testacé, avec deux taches sur chacune. Elle habite les départemens méridionaux de la France. — (*V.* 4e T., I., n° 12.)

LE MOLORQUE RACCOURCI.

Les molorques ont le corselet presque cylindrique, l'écusson petit et arrondi postérieurement, les élytres très-courts et couvrant à peine la base de leur abdomen, qui est alongé. Ils ont le vol très-rapide.

Le molorque raccourci a un pouce de longueur; il est de couleur noire; ses antennes sont d'un roux jaunâtre; sa tête a un sillon longitudinal à sa partie supérieure; ses élytres sont fauves, très-courts et finement pointillés; ses ailes sont alongées et filiées sur l'abdomen, qui est très-long et recourbé en dessous à l'extrémité. Il habite l'Europe. On le trouve en grande quantité sur les saules aux environs de Paris. — (*V.* 4e T., L., n° 11.)

LE CHARANÇON PALMISTE.

Les charançons sont des insectes que les cultivateurs redoutent beaucoup, à cause du tort qu'ils font à différentes plantes, au blé et à plusieurs grains. Ils varient par la grandeur. Quelques espèces ont dix-huit lignes de longueur, d'autres n'ont qu'une demi-ligne. Dans l'état de larves, ils se nourrissent du suc des plantes, ou consument toute la substance farineuse du grain. Ces larves sont quelquefois en si grande quantité dans un grenier, qu'elles détruisent presque tout le blé qu'il contient; elles vivent aussi dans l'intérieur des pois, des fèves, des lentilles et des noisettes. Les charançons sont lourds et marchent lentement; ils sont ornés de couleurs variées, souvent très-brillantes.

Le charançon palmiste a environ dix-huit lignes de long, sans compter sa trompe, qui en a six; son corps est en dessus d'un noir velouté; sa trompe est mince, cylindrique et couverte d'un duvet serré; ses élytres sont plus courts que son abdomen. Les larves de cet insecte vivent dans l'intérieur du tronc du palmier. On le trouve à Surinam, où les naturels du pays le font rôtir, et le mangent comme une chose délicieuse. — (*V.* 4e T., L., n° 10.)

LE CHARANÇON IMPÉRIAL.

Le charançon impérial a seize lignes de longueur; sa trompe est grasse, courte, d'un vert doré, avec un sillon longitudinal sur le milieu; sa tête, son corselet et ses élytres sont de la même couleur que sa trompe; il a de chaque côté plusieurs petits tubercules noirs; ses élytres ont des stries élevées, noires, et entre chaque striée des points enfoncés, assez grands, d'un vert doré; le dessous de son corps et ses pattes sont couverts de petites écailles. On le trouve au Brésil. — (*V.* 4e T., L., n° 9.)

L'ÉROTYLE GÉANT.

Les érotyles sont de forme ovale, plus ou moins renflés en dessus. On les trouve sur les fleurs; leurs larves sont inconnues. Ils habitent l'Amérique méridionale, Cayenne et Surinam.

L'érotyle géant a dix lignes de longueur et cinq de largeur; tout son corps est d'un noir luisant; son corselet, un peu moins large que ses élytres, est aplati et inégal à sa partie antérieure; ses élytres sont très-convexes, et couverts de taches rouges. On le trouve à Cayenne et à Surinam. — (*V.* 4ᵉ T., I, nº 8.)

LA CHRYSOMÈLE RAYÉE.

Les chrysomèles sont généralement ornées de couleurs variées, brillantes et métalliques; elles sont toutes rases, lisses, sans poils sensibles; les plus grandes n'ont guère que six lignes de longueur et trois de largeur; elles vivent sur les arbres et les plantes, se nourrissent de leurs feuilles et y déposent leurs œufs.

La chrysomèle rayée a six lignes de long; sa tête, son corselet, le dessous de son corps et ses pattes sont d'un bleu foncé luisant; ses élytres, de même couleur, ont au bord extérieur et sur le milieu une large bande de couleur jaune; ils sont couverts de points enfoncés rangés en stries. On la trouve en Amérique. — (*V.* 4ᵉ T., I, nº 7.)

LA CHRYSOMÈLE PUSTULÉE.

Cette chrysomèle a environ dix lignes de longueur; son corps est d'un noir bleuâtre luisant; ses élytres, d'un noir plus foncé, ont cinq rangées de taches jaunes, très-rapprochées les unes des autres, qui forment des bandes transversales; sur chaque élytre deux de ces bandes ont chacune cinq taches; ses pattes et ses antennes sont de la couleur de son corps. On la trouve à Cayenne et à Surinam. — (*V.* 4ᵉ T., I, nº 22.)

L'EUDOMYQUE ÉCARLATE.

Les eudomyques sont de petits insectes qui ont beaucoup de rapports avec les chrysomèles, parmi lesquelles on les avait d'abord classés; leur corps est de forme ovale et peu convexe; leurs larves sont inconnues.

L'eudomyque écarlate a environ trois lignes de longueur; ses antennes, plus longues que son corselet, sont de couleur noire, ainsi que sa tête, qui est très-petite; son corselet et ses élytres sont rayés et ornés de plusieurs taches noires. On le trouve au nord de l'Europe et aux environs de Paris sur le coudrier. — (*V.* 4e T., I., no 21.)

LE GRIBOURI AZURÉ.

Les gribouris vivent sur les plantes, les feuilles des arbres et le plus ordinairement sur les saules; ils sont en général lourds et lents; lorsqu'on les touche ils se laissent tomber à terre, retirent sous leur corps leurs antennes et leurs pattes, et restent immobiles. Leurs larves font beaucoup de tort aux arbres sur lesquels elles vivent; les plus redoutables sont celles du gribouri de la vigne, dont elles détruisent la fleur; les feuilles, les jeunes pousses et le raisin même leur servent de nourriture.

Le gribouri azuré a cinq lignes de longueur; ses antennes et ses pattes sont noires; le dessus de son corps est d'un vert doré très-brillant; son corselet et ses élytres sont finement pointillés. On le trouve à la Caroline. — (*V.* 4e T., I., no 20.)

LA CLYTRE LONGIMANE.

Les clytres se distinguent des gribouris par leurs antennes, leurs mandibules et quelques autres parties de leur bouche; leur corps est alongé et cylindrique. Elles vivent sur les fleurs des prairies et celles des chênes; leur vol est très-lourd; il est facile de les prendre.

La clytre longimane a moins de quatre lignes de longueur; ses antennes, faites en scie, sont d'un noir bleuâtre; sa tête, son corselet, le dessous de son corps et ses pattes sont d'un vert noirâtre bronzé; ses élytres, d'un jaune pâle, sont finement pointillés. On la trouve dans toute l'Europe; elle est très-commune aux environs de Paris. —(*V.* 4e T., I., no 19.)

LA CASSIDE GROSSE.

Les cassides, qu'on désigne vulgairement sous le nom de scarabé-tortue, à cause de leur singulière conformation, sont des insectes dont le corps est ovale et aplati en dessous; leur tête est entièrement cachée par la plaque écailleuse de leur corselet. On les trouve sur les plantes dont elles se nourrissent, et on les prend facilement, parce qu'elles marchent doucement et font rarement usage de leurs ailes. Leurs larves changent plusieurs fois de peau.

La casside grosse, longue de dix lignes et larges de onze, est la plus grande des espèces connues; son corselet, ses élytres, le dessous de son corps et de ses pattes sont rouges; ses élytres ont des taches rondes, noires sur le milieu. On la trouve dans l'Amérique méridionale. — (*V.* 4e T., L., n° 18.)

LE FORFICULE BIPONCTUÉ.

Les forficules sont des insectes connus sous le nom de perce-oreille. On s'est imaginé à tort qu'ils s'introduisaient dans les oreilles, que de là ils pénétraient dans le cerveau et donnaient la mort; mais les personnes qui ont quelques notions d'anatomie savent qu'une pareille introduction dans l'intérieur du crâne est tout-à-fait impossible; c'est donc uniquement à la peur que quelqu'un aura éprouvé de la présence d'un de ces insectes dans le conduit de l'oreille, qu'on doit attribuer le nom qui leur a été donné. L'abdomen des forficules est terminé par deux pinces qui sont trop faibles pour qu'elles puissent faire du mal. Ces insectes font beaucoup de dégâts dans les jardins; ils attaquent les fruits mûrs, tels que les pêches et les abricots, et les dévorent en partie.

Le forficule biponctué a huit lignes de largeur; ses antennes, sa tête, son corselet, son abdomen et ses élytres sont noirs; une grande tache blanchâtre se fait remarquer sur la suture de ses élytres; ses pinces sont droites et aigues. On le trouve en Italie et dans le midi de la France. — (*V.* 4e T., L., n° 17.)

LE TAON RUFICORNE.

Les taons sont des insectes qui ressemblent à de grandes mouches; on les trouve en abondance dans les prés et les bois humides. Quand il fait chaud, on les voit poursuivre les chevaux et les bœufs, s'attacher et leur sucer le sang avec le plus grand acharnement. Les mâles vont de préférence chercher leur nourriture sur les fleurs, qu'ils sucent avec leur trompe.

Le taon ruficorne a dix lignes de longueur; sa tête est d'un blanc jaunâtre à la partie antérieure; son corselet, d'un brun noirâtre, a quelques lignes longitudinales sur le milieu, et des poils de la même couleur sur les côtés; son abdomen est d'un noir bleuâtre en dessus et d'un blanc jaunâtre en dessous. On le trouve à la Caroline. —(*V.* 4ᵉ T., L, nº 16.)

LA NÉMOTÈLE HOTTENTOTE.

Les némotèles sont des mouches à antennes ou filets; elles volent avec beaucoup de légèreté, surtout lorsque le soleil brille. On les voit alors planer dans l'air et se poser ensuite sur les fleurs et les plantes. Elles ont le corps plus ou moins velu. Dans quelques espèces les ailes sont transparentes et sans couleurs sensibles; dans d'autres, elles sont opaques et très-colorées. Leurs larves ne sont pas connues.

La némotèle hottentote est longue de sept lignes; sa tête, son corselet et son abdomen sont noirs; ses poils, d'un jaune verdâtre, sont répandus sur ces différentes parties; ses ailes sont blanches et transparentes, et les pattes longues et minces. On la trouve sur les fleurs aux environs de Paris. — (*V.* 4ᵉ T., L, nº 15.)

LE SYRPHE PENDANT.

Les syrphes sont des insectes qui ont beaucoup de rapports avec les mouches, parmi lesquelles quelques naturalistes les ont placés; on les trouve sur les plantes et sur les fleurs; ils volent avec rapidité et font entendre en volant un bourdonnement assez fort. Leurs larves, dépourvues d'yeux, sont très-voraces, et font un grand carnage de pucerons. Elles ressemblent à des vers mous de couleur blanchâtre.

Le syrphe pendant a environ sept lignes de longueur; le devant de sa tête est jaune; son corselet est noir et a quatre lignes longitudinales jaunes; son abdomen est en dessous jaune à la base, et brun à l'extrémité; en dessus, il est noir comme son corselet; ses ailes sont blanches et transparentes; sa larve vit dans l'eau, où elle est suspendue par une longue queue qui lui sert à pomper l'air. On la trouve aux environs de Paris. — (*V.* 4e T., I., n° 30.)

LE SYRPHE TENACE.

Ce syrphe, qui a sept lignes de longueur, ressemble beaucoup à une abeille par les couleurs et par les poils dont il est couvert; le devant de sa tête, son corselet et son abdomen sont bruns; ses ailes sont jaunâtres au milieu et transparentes aux deux extrémités; son corselet est couvert de poils d'un gris jaunâtre qui le font paraître velouté.

La larve du syrphe tenace vient dans les eaux croupissantes, dans les latrines et autres endroits semblables; elle vient aussi dans la bouillie des chiffons dont on fait le papier. Un naturaliste a observé que, lorsqu'on bat cette bouillie, la larve, quoique fortement frappée à coups de marteau, n'est point écrasée, qu'elle ne périt point, et qu'elle donne ensuite sa mouche. — (*V.* 4e T., I., n° 29.)

LA MOUCHE MÉRIDIENNE.

Les mouches sont des insectes sur lesquels tout le monde peut faire des observations, puisqu'on les rencontre partout, dans les champs et dans les maisons. On sait par expérience qu'elles sont très-incommodes; elles tourmentent sans cesse les hommes et les animaux, se placent continuellement, pour en extraire un suc nourricier, sur les viandes, les pâtisseries, et particulièrement sur les sucreries, qu'elles aiment extrêmement; elle gâtent, en y déposant leurs excrémens, les dorures des lambris et les cadres des tableaux. Leurs larves se nourrissent de différentes matières, tant animales que végétales, et, par préférence, de la chair des animaux morts, dont elles hâtent la corruption.

La mouche méridienne a cinq lignes de longueur; elle est d'un noir foncé très-luisant; son abdomen est court, assez gros et garni, ainsi que son corselet, de quelques poils noirs, longs et roides comme du crin; ses ailes sont moitié jaunes, moitié blanches et transparentes. On la trouve dans les prés aux environs de Paris. — (*V.* 4e T., I., n° 28.)

LA MOUCHE GÉANTE.

Cette mouche, longue de dix lignes, est la plus grande et la plus grosse de toutes celles qu'on connaît ; son abdomen, qui est gros et court, a cinq lignes de largeur ; tout son corps est noir et parsemé de poils roides de la même couleur ; sa tête est d'un jaune foncé ; ses ailes, jaunes à l'origine et le long du bord extérieur jusque vers le milieu, sont grises sur tout le reste ; ses pattes sont très-velues. Elle est fort vive et fait beaucoup de bruit en volant. On la trouve aux environs de Paris, sur les fleurs.— (*V.* 4e T., I., n° 27.)

LE RHAGION BÉCASSE.

Les rhagions diffèrent des mouches par leurs antennes et par la forme de leur corps ; leurs aîles, très-larges, sont plus longues que leur abdomen. On les trouve dans les bois et dans les jardins.

Le rhagion bécasse a huit lignes de longueur; ses antennes sont courtes, brunes et terminées par une soie très-fine ; son corselet est noir, ainsi que le dernier anneau de son abdomen, qui sur tout le reste est jaune ; ses aîles sont transversales et couvertes de taches brunes. Sa larve vit dans la terre, où elle se métamorphose plusieurs fois. Ce rhagion est commun dans toute l'Europe. —(*V.* 4e T., I., n° 26.)

L'ASILE FRELON.

Les asiles ont le corps plus ou moins couvert de poils ; quelques espèces sont très-velues, d'autres sont lisses ; en volant ils font entendre un bourdonnement assez fort. Ils sont très-carnassiers et vivent uniquement d'insectes, qu'ils attrapent au vol. Ils les saisissent avec leurs pattes antérieures, les percent et les tuent avec leur aiguillon, et les sucent ensuite avec leur trompe. On les trouve dans les jardins et les prairies, où ils incommodent beaucoup les animaux qui y paissent.

L'asile frelon a un pouce de longueur ; sa trompe et ses yeux sont noirs; sa tête est couverte de poils fauves; son corselet, d'un brun jaunâtre, a deux petites lignes brunes sur le milieu; son abdomen est alongé et terminé en pointe; ses trois premiers anneaux sont noirs et les autres fauves. Ses ailes sont jaunâtres, avec quelques taches brunes à l'extrémité. Cet asile vole fort vite, surtout quand il fait chaud. On le trouve aux environs de Paris.—(*V.* 4e T., I, nº 25.)

L'ASILE TEUTON.

L'asile teuton est très-redoutable aux petits insectes. On l'a même vu prendre au vol de grosses mouches et des abeilles à miel, qu'il emportait vivantes entre ses pattes. Il a environ dix lignes de longueur. Ses antennes sont fauves ; sa tête, son corselet et son abdomen sont noirs. Son front est couvert d'un duvet doré très-brillant ; ses ailes ont le bord extérieur jaunâtre ; le bord intérieur et l'extrémité sont bruns. On le trouve dans les départemens méridionaux de la France, où il est beaucoup plus grand qu'aux environs de Paris.— (*V.* 4e T., I, nº 24.)

LE BOMBILLE BICHON.

Les bombilles diffèrent des asiles par les antennes, par la trompe et par la forme du corps. Ils sont très-agiles et volent avec beaucoup de rapidité. On les voit planer au-dessus des fleurs sans s'y poser. Ils introduisent dedans leurs longues trompes et en tirent des sucs mielleux, dont ils font leur unique nourriture. Ils font, en volant, beaucoup de bruit avec leurs ailes.

Le bombille bichon a le corps couvert de poils d'un gris jaunâtre. Il a six lignes de longueur ; sa trompe est noire, pointue et recourbée à l'extrémité ; ses ailes sont longues, blanches et transparentes au bord intérieur, et brunes depuis la base jusque près de l'extrémité du bord extérieur. On le trouve aux environs de Paris.—(*V.* 4e T., I, nº 23.)

LES CRUSTACÉS.

INTRODUCTION.

Les crustacés se nomment ainsi, parce qu'ils sont couverts d'écailles dures divisées par des jointures différentes qui se renouvellent chaque année. Les savans les ont récemment rangés au nombre des insectes, avec lesquels ils ont de grands rapports d'organisation extérieure. Ils sont revêtus d'une enveloppe solide composée de plusieurs pièces qui varient pour la forme et le nombre, selon les genres. Leur bouche est armée de manière à pouvoir briser et retenir leur proie. Ils sont, en général, porteurs de dix pattes. Les deux premières sont terminées par une plus grosse que les autres, qu'on appelle *main*; elle s'amincit vers le côté extérieur qui est formé de *doigts*. La réunion de ces parties se nomme *pince*. C'est avec elle qu'ils accrochent tout ce qu'ils veulent saisir. Dès qu'une *patte* ou une *pince* est rompue, il en repousse d'autres à l'animal. Beaucoup de crustacés fournissent un aliment agréable, tels sont les *écrevisses*, les *homards*, etc.

LE CRABE MILIAIRE.

Quatre antennes courtes et inégales, un corps court, ramassé, recouvert d'un test écailleux, plus large dans la partie antérieure; dix pattes onguiculées, dont les deux premières se terminent en pinces; deux yeux placés dans des cavités sur une espèce de pied mobile à sa base, tels sont les signes généraux qui distinguent la nombreuse famille des crabes de tous les autres crustacés. Les crabes vivent dans la mer, près des côtes rocheuses; ils se tiennent cachés dans les fentes du roc, attendant le moment du flux pour se laisser emporter vers le rivage, où ils comptent trouver les débris des corps marins que la vague brise contre la côte. Souvent il leur arrive de rester eux-mêmes sur le sable quand la mer se retire; car ils ne peuvent que marcher sous les eaux, ils ne nagent pas, et leur marche est lente. Alors ils cherchent quelque trou, quelque coin où ils se blottissent jusqu'au retour de la marée; mais rarement ils échappent à l'œil du pêcheur qui suit la mer dans sa retraite pour ramasser les crabes paresseux. La chair du crabe, surtout celle de la femelle, quand elle porte ses œufs, fournit aux habitans des côtes européennes un mets assez recherché.

Le crabe miliaire est l'un des plus petits du genre; il a le corps ovale, sillonné, granuleux; ses pinces sont plissées et pareillement granuleuses; les doigts striés; sa longueur n'est guère que de cinq ou six lignes; il est plus large d'un tiers. Ce sont les petits grains dont le test est couvert qui lui ont fait donner le nom de *miliaire*. — (*V.* G., n° 5.)

LE CRABE MÉNADE.

Le corps de ce grand crabe a deux ou trois pouces de largeur; la partie antérieure a la forme d'un triangle obtus, dont les deux côtés sont dentelés; la couleur de son test est bleuâtre nuancée de jaune. On le trouve dans les mers de l'Europe et de l'Asie. — (*V.* G., n° 4.)

LE CRABE GONAGRE.

Il est à peu près de la grandeur du précédent; sa couleur est le brun jaune; celle de ses pinces tire sur le bleu. Il vit dans les eaux de la Jamaïque et de la Tartarie. — (*V.* G., n° 3.)

LE MATUTE VAINQUEUR.

Les crabes en général sont destinés par leur forme à se traîner sur le sable ou la vase qui couvre le fond du lit de la mer. Le matute a été fait pour nager. La nature lui a donné un corps large, aplati, qui se soutient sans peine sur les eaux; et au lieu de ces pattes longues, effilées, pointues qu'ont tous les crabes, des pattes qui se terminent par une large lame plate, et font l'office des nageoires. Le matute est de couleur fauve, marquée de rouge en quelques parties. On le trouve dans toutes les mers de l'Asie et de l'Amérique. — (*V.* C., nº 2.)

LE PORTUNE PUBÈRE.

Les portunes ressemblent beaucoup aux crabes; ce qui les en distingue c'est la forme plus aplatie de leur corps, et surtout celle de leurs deux pattes postérieures, qui se terminent par une lame mince et large, comme dans le matute. Cette conformation indique suffisamment que ces animaux sont destinés à nager plus qu'à marcher. Les portunes offrent dans leur chair un mets très-délicat, les Nègres surtout s'en montrent très-friands. Le portune pubère se trouve dans la Méditerranée; son corselet est velu et armé de pointes sur les côtés. Sa couleur est le jaune brun tirant sur le rouge. — (*V.* C., nº 1.)

LA LEUCOSIE NOIX.

Ce crustacé, dont le corps orbiculaire et convexe est supporté par dix pattes onguiculées, minces, déliées, pointues, ne peut point nager; aussi se tient-il au fond de la mer; il ne se trouve sur le rivage que lorsqu'il y est jeté par le flot. Son test est très-dur, c'est le seul moyen de défense que la nature lui ait donné; il est d'ailleurs très-petit, c'est encore un moyen pour lui d'échapper aux ennemis qui le poursuivent. La leucosie noix se trouve dans la Méditerranée. Quand elle éprouve quelque crainte, elle ramasse ses pattes sur son corps, et prend la forme d'une boule ou d'une noix. C'est de là que vient le nom qu'on lui donne. — (*V.* C., nº 10.)

L'ÉCREVISSE COMMUNE.

L'écrevisse est le plus connu de tous les crustacés; elle vit dans toutes les mers de l'Europe, et dans tous les grands fleuves de l'Europe et de l'Asie; on en trouve quelques espèces dans les mers de l'Amérique. L'écrevisse commune, celle des rivières, est de couleur brune, tirant sur le vert; dans l'écrevisse de mer, plus souvent désignée sous le nom de homard, la couleur est rougeâtre; ce qui est à remarquer, c'est que, par la cuisson, la couleur, quelle qu'elle soit, prend un rouge très-foncé. Cet animal ne croît que très-lentement; aussi l'on suppose qu'il vit fort long-temps; sa longueur, dans les rivières, n'est guère que de quinze à vingt pouces; l'écrevisse de mer acquiert un plus grand volume. L'écrevisse commune ne se nourrit que de substances animales; elle a pour ennemi les oiseaux aquatiques, les poissons voraces et surtout l'homme. (*V.* C., nº 7.)

LA CREVETTE DES RUISSEAUX.

Ce petit crustacé, très-commun dans la mer et dans les eaux douces, a les pattes épineuses, et nage avec beaucoup de vitesse. Les poissons et les oiseaux s'en nourrissent; l'homme en fait peu de cas. On en trouve en grand nombre dans les environs de Paris. Ce que la conformation de la crevette offre de plus remarquable, c'est la mobilité du grand ongle qui termine les deux premières pattes. Cet ongle sert de serre à l'animal; la nature l'a privé de pinces. (*V.* C., nº 6.)

LE PAGURE STRIÉ.

On donne le nom de pagure à un petit animal, du genre des crustacés, dont la queue ainsi que l'extrémité postérieure du corselet n'ont point de test, et qui, pour suppléer à ce que la nature lui a refusé, s'empare de la première coquille univalve qu'il rencontre, et qu'il juge propre à loger cette partie de son corps. Il est à remarquer au surplus que le pagure ne prend jamais qu'un coquillage vide, et qu'il en change tous les ans, lorsqu'il se trouve logé trop à l'étroit. Le pagure strié habite les côtes de la Méditerranée; il ne vit que de chair ou d'insectes; il est peu estimé lui-même, à cause de sa petitesse et de la difficulté qu'on éprouve pour le tirer de sa coquille. (*V.* C., nº 15.)

LE MAJA LONGUEMAIN.

Les majas, habitans pour la plupart de la Méditerranée, ne sont qu'une variété des crabes, et se divisent eux-mêmes en une infinité d'espèces. Leur corps, ou plutôt le test qui les recouvre, ressemble à une pierre hérissée d'aspérités et couverte de fange. Quand un danger les menace ils se blottissent contre quelque pierre, espérant sans doute qu'ils ne seront pas aperçus. Lorsqu'on les attaque, ils cherchent à se défendre avec leurs pinces. Ces pinces, dans ceux qu'on appelle *longuemain*, ont cinq ou six fois au moins la longueur du plus grand diamètre de leur corps. On mange ces crustacés, mais ils sont peu recherchés, soit parce que leur test est très-dur, soit parce qu'ils sont petits et qu'ils ont peu de chair. (*V.* C., nº 9.)

LE PALINURE LANGOUSTE.

Le palinure, espèce d'écrevisse de mer qu'on a mal à propos confondu avec le homard, est commun sur les côtes de la Méditerranée. De tous les crustacés que produit cette mer, c'est le plus estimé, non-seulement aujourd'hui, mais encore depuis les plus anciens temps. Aristote, Pline, Athénée en parlent comme d'un mets exquis. Le palinure aime les lieux pierreux; quand l'hiver approche, il cherche l'embouchure des rivières. Il vit de poissons et d'animaux marins. La couleur générale des palinures est le vert nuancé de blanc ou de jaune; le langouste commun est rouge comme le homard. (*V.* C., nº 8.)

LA GALATHÉE STRIÉE.

C'est un petit crustacé d'environ deux pouces de longueur, ressemblant par la forme aux écrevisses. Son test a une organisation particulière; il est couvert d'écailles arrondies et dentelées, placées les unes sur les autres comme les ardoises d'un toit. La galathée striée se trouve dans les mers d'Europe. Leur chair n'offre pas un mets très-exquis. (*V.* C., n° 14.)

L'HIPPE SANS MAINS.

Ce crustacé peut être considéré, de même que l'albunée, comme formant le chaînon intermédiaire entre les crustacés à longue queue et ceux qui l'ont fort courte, ou même qui n'en ont point. Ses pattes se terminent par de larges lames, d'où l'on peut inférer qu'il est grand nageur; en échange des pinces qui lui manquent, la nature l'a pourvu d'énormes mâchoires avec lesquelles il saisit et broie sa proie. Les mœurs de l'hippe sont très-peu connues; on ne l'a trouvé jusqu'ici que dans la mer du Sud. (*V.* C., n° 13.)

LE CALIGE COURT.

Le calige peut être regardé comme la sangsue de mer; il ne vit que de sang; pourvu d'ongles crochus et d'une trompe, il s'attache au corps des poissons et ne les quitte que morts. On connaît très-peu les habitudes du calige, qu'on trouve toujours sur le corps des merlans et des saumons. On prétend que, si, par accident ou par l'effet de sa volonté, il vient à se détacher de la place qu'il occupe, il court sur le corps du poisson jusqu'à ce qu'il ait pris possession d'un autre. (*V.* C., n° 12.)

LE LIMULE POLYPHÈME.

Le limule, connu en France sous le nom de crabe des Moluques, parce qu'il vient de la mer des Indes, est remarquable par sa queue longue et pointue. Les Indiens la redoutent, parce qu'ils la croient pleine de venin. Quand l'animal est attaqué, il retire ses pattes sous son corps, applique contre terre les bords de son test, et relève la queue pour se défendre. La chair de ce crustacé est très-peu estimée; mais on se sert de son test, qui ressemble à une écuelle à manche, pour puiser de l'eau, ou pour d'autres usages analogues. Le limule polyphème se trouve aussi en Amérique. (*V.* C., n° 11.)

LES MOLLUSQUES
ET
ZOOPHYTES.

INTRODUCTION.

Les mollusques sont des corps mollasses qui pourraient être appelés des coquillages sans coquilles, car leur organisation est la même que celle des coquillages, et plusieurs en contiennent la preuve par leur organisation intérieure. Les uns nagent librement dans la mer, d'autres se brisent sur les rochers. Les zoophytes ont un corps naturel qui a quelque chose de la plante et de l'animal. On met les éponges au nombre des zoophytes. Ces animaux, par la bizarrerie de leur forme, la singularité de leur organisation, l'élégance de leurs couleurs et la variété de leurs habitudes, méritent de fixer l'intérêt de tous les amateurs d'histoire naturelle. Nous en devons la découverte presque entière au voyageur Péron, auquel nous les avons empruntés.

LA SÈCHE PÉLASGIQUE.

Les sèches sont au nombre des plus grands mollusques que l'on connaisse; il est même constaté qu'il y en a d'assez grosses pour pouvoir prendre avec leurs bras des hommes dans de petites embarcations et les entraîner dans la mer. Elles sont mollasses, laides et difformes, et ont la partie inférieure du corps enveloppée d'un fourreau membraneux et charnu, qui ressemble à un sac, et qui n'est autre que le manteau, organe commun à tous les vrais mollusques; la partie supérieure du corps des sèches présente une grosse tête, munie sur les côtés de deux gros yeux très-remarquables. Cette tête est couronnée de huit bras coniques, pointus, un peu comprimés et garnis, sur leur surface interne, de plusieurs rangées de verrues concaves, qui leur servent à s'attacher au corps des animaux qu'elles veulent saisir. Les sèches ont une vessie qui renferme une liqueur noire à laquelle on a donné le nom d'encre de la sèche. C'est avec cette liqueur que le Chinois fabrique l'*encre de la Chine*, dont on se sert dans les arts. Leurs os, dont on garnit les cages des oiseaux en captivité, pour qu'ils puissent y aiguiser leur bec, sont recherchés dans les arts pour polir les corps peu durs.

La sèche pélasgique est conique, de couleur blanche en dessus et picotée de pointes rouges; on l'a trouvée en pleine mer dans l'estomac d'une dorade. — (*V.* M. et Z., n° 7.)

LA MÉDUSE PÉLASGIQUE.

Les méduses sont des animaux gélatineux, presque toujours transparens, de forme demi-sphérique, plus ou moins surbaissés en dessus, concaves en dessous, et qui nagent librement dans le vague des mers; leur bouche consiste dans un ou plusieurs trous placés au fond de la cavité inférieure, ou dans un tube plus ou moins composé. Cette bouche, ainsi que le disque du corps, est entourée de tentacules qui sont appelées bras; quoique d'un poids très-considérable, les plus faibles efforts suffisent pour les soutenir sur l'eau. Mais lorsque le vent les porte sur le rivage, elles sont perdues sans ressource, attendu qu'elles ne peuvent résister à l'effort des vagues. Les méduses vivent de petits poissons de mer et d'insectes; elles parviennent à une grosseur très-considérable, ont beaucoup d'ennemis, et deviennent souvent la pâture des baleines.

La méduse pélasgique est diaphane, convexe, glabre, et a sept ou huit tentacules attachées dans l'intérieur, autour de la bouche; elle ressemble pendant la nuit à un globe de feu qui roule sur la mer. — (*V.* M. et Z., n° 6.)

LA MÉDUSA.

Ce zoophyte, par sa construction singulière, dont la partie saillante la plus charnue ressemble à de longues feuilles dentelées, offre aussi de longues mains et des couleurs moins brillantes que les précédentes. — (*V.* M. et Z., nº 12.)

LE CUVIÉRIA.

Cet animal est aussi curieux par sa structure que par ses innombrables membranes placées autour d'un cercle orné de coques d'un jaune brun ; au milieu de l'obscurité, les brillantes couleurs de ce zoophyte le feraient prendre pour du fer rouge. — (*V.* M. et Z., nº 10.)

LA PHYSALE.

La physale, comme la plupart des mollusques et des zoophytes, contribue au phénomène de la phosphorescence des mers, qui a été l'objet des méditations des plus célèbres voyageurs. Elle est constamment soutenue à la surface des eaux par une vessie membraneuse, sur le dos de laquelle est élevée une sorte de crête plissée, qui est pour l'animal une véritable voile dont il varie les proportions selon la force ou la direction du vent ; animal perfide, il étend en outre à la surface des flots de nombreuses tentacules, longues de plusieurs pieds, d'une couleur de bleu d'outre-mer extrêmement vive. Malheur à la main qui veut les saisir, le sentiment de la brûlure n'est pas plus rapide que celui du venin que recèlent ces perfides instrumens de proie. Une cuisson insupportable dans la partie touchée par eux, une sorte de stupeur profonde dans le membre qui lui correspond, tels sont les effets, *dit M. Péron*, presque instantanés du contact le plus faible. — (*V.* M. et Z., nº 8.)

LE PHYSSOPHORE.

Le physsophore est un animal mollasse, gélatineux, revêtu des plus belles couleurs, et qui se soutient à la surface des flots au moyen d'une vésicule qui a la forme d'une petite olive, et dont l'intérieur est ordinairement rempli d'air ; lorsqu'il veut plonger dans l'eau, il fait échapper par une soupape l'air dont la vésicule est remplie; sa pesanteur augmente et il s'enfonce; quand au contraire il veut remonter à la surface, une nouvelle bulle d'air semble se former instantanément; le petit réservoir se remplit de nouveau, il redevient plus léger et s'élève sur les eaux. — (*V.* M. et Z., n° 5.)

LE VÉLELLE.

Ce zoophyte, comme le physsophore, a la faculté de se soutenir à la surface des flots ou de s'enfoncer dans la mer, mais par d'autres moyens. Sur son dos, qui a la forme d'une petite nacelle renversée, s'élève obliquement une petite crête mince, légère, transparente et cartilagineuse, dont il se sert comme d'une voile pour se diriger au gré de ses désirs : les nombreuses tentacules dont cette nacelle est garnie permettent à l'animal de saisir sa proie de manière à ne lui pas laisser la possibilité d'échapper; il l'embrasse étroitement, et la dévore bientôt à l'aide d'innombrables suçoirs qui pendent de sa partie inférieure. Le vélelle est particulièrement remarquable par l'élégance de ses formes et par la belle couleur bleue dont il est revêtu. (*V.* M. et Z., n° 16.)

L'OLIGO.

Ce singulier animal a la forme de la tête d'un bélier, avec plusieurs cornes qui s'élèvent de son front; ses yeux sont saillans, et placés au-dessous d'un bandeau rouge : on dirait que sa bouche est enfermée dans un tube court, reposant sur deux vessies qui forment la base ou le pied de son individu. Sa couleur générale est le bleu, reflété de jaune et de brun, parsemé de points rouges. (*V.* M. et Z., n° 3.)

LE BÉROÉ.

Le béroé est de substance diaphane et de forme plus ou moins sphéroïdale; huit ou dix côtes longitudinales sont disposées au pourtour, et formées chacune d'un nombre prodigieux de petites folioles transversales excessivement amincies et d'une mobilité extraordinaire : c'est à l'aide de ses milliers de petites rames agissantes qu'il se dirige vers sa proie, fuit ses ennemis, pirouette sur lui-même, et exécute tous les mouvemens dont il a besoin. Le béroé, qui est ordinairement revêtu de rose, d'opale ou d'azur, est aussi admirable par l'élégance de ses formes, par la richesse de ses couleurs, que par la rapidité et la variété de ses mouvemens. (*V.* M. et Z., n° 9.)

LE STÉPHANOME.

Ce zoophyte, composé de folioles diaphanes qui ressemblent à des feuilles de lierre, est exactement semblable à une belle guirlande de cristal couleur d'azur ; il est pourvu de tentacules roses étendues au loin, dont il fait usage comme d'un réseau pour envelopper la proie qui doit lui servir de nourriture; quand il l'a saisie, il se resserre sur lui-même, forme une espèce de cercle autour de la pâture, et des milliers de suçoirs, semblables à de longues sangsues, s'élancent aussitôt de dessous les folioles, et dévorent cette proie en quelques instans. Au milieu des ténèbres, le stéphanome a l'apparence d'une belle guirlande de flammes et de phosphore. (*V.* M. et Z., n° 4.)

LA JANTHINE.

La janthine, non moins remarquable que tant d'autres zoophytes, est de couleur pourprée; elle se promène à la surface des mers, suspendue par une grappe blanche de vésicules aériennes. (*V.* M. et Z., n° 15.)

LA SALPA.

La salpa, dont la forme a quelques rapports avec celle d'une bouteille, est d'une couleur mélangée de rose, d'azur et d'opale : les zoophytes de cette espèce se trouvent sur les mers en si grand nombre, qu'ils forment des bancs de trente ou quarante lieues d'étendue qui resplendissent au milieu des ténèbres. (*V.* M. et Z., n° 11.)

LE GLACUS.

Ce zoophyte, sur le dos duquel est marquée longitudinalement une bande d'argent, est d'un beau bleu foncé ; il a l'apparence d'un petit lézard pélagien ; ses branchies, ramifiées comme de jolis arbustes, lui servent en même temps de nageoires et de poumons. (*V.* M. et Z., n° 1.)

LA HYALE.

La hyale, que les marins désignent sous le nom de *petite tortue*, est un mollusque d'agréable apparence, qui n'est protégé que par une coquille extrêmement mince, fragile, légère, diaphane, et qui ne s'en complaît pas moins au milieu des flots orageux de l'Océan austral : lorsqu'elle veut se transporter d'un endroit à un autre, elle déploie ses nageoires, qui sont de couleur pourprée, et les fait agir avec beaucoup de vivacité. (*V.* M. et Z., n° 2.)

LE PORPITE.

Le porpite est un zoophyte à spire concentrique, dont le disque intérieur est presque entièrement rempli par des milliers de tentacules ; à l'extérieur, il est couvert d'un test membraneux, et offre l'aspect d'une auréole azurée. (*V.* M. et Z., les deux parties de *dessus* et de *dessous*, n°s 13 et 14.)

LES COQUILLES.

INTRODUCTION.

De tous temps, les coquilles, ces demeures pierreuses et ambulantes des animaux les plus mous de la nature, ont intéressé, soit par leur utilité, soit par l'agrément de leurs formes et de leurs couleurs. Dans notre enfance, nous avons ramassé des coquilles sur le bord de la mer, nous avons joué avec l'escargot et machinalement admiré sa singulière conformation. Nous savons que la perle vient d'une huître, et l'huître commune est pour nous un mets favori.

Les coquilles se divisent en trois parties. La première contient trois classes subdivisées en familles : les coquilles *univalves*, composées de deux pièces égales en grandeur; les *bivalves*, dont les coquilles, nommées *battans*, sont à peu près égales, et les coquilles de plusieurs pièces, appelées *multivalves* ou *polyvalves*. Il y a quinze familles dans la première partie, six dans la deuxième, et autant dans la troisième, qui contient en outre les coquilles fossiles.

On peut encore diviser les coquilles en *terrestres*, *fluviales* ou *marines*, pour distinguer celles de *terre*, d'*eau douce* ou de *mer*.

La plupart des coquillages sont bons à manger.

L'HUITRE COMMUNE.

Les huîtres, que tout le monde connaît par le grand usage qu'on en fait comme aliment, sont des coquilles bivalves irrégulières, et dont la charnière est sans suite; elles s'attachent aux rochers, aux racines des arbres, ou les unes aux autres, de manière à ne pouvoir, sans un effort étranger, changer de place pendant le cours de leur vie. Les crabes et les mollusques des petites espèces sont leurs ennemis; elles s'introduisent furtivement dans la cavité des valvules des huîtres, les tuent lentement et vivent à leurs dépens.

L'huître commune est ondulée, presque ronde, et a une de ses valves aplatie. On la trouve sur les côtes de l'Europe, de l'Asie et de l'Afrique. — (*V.* Ire T., Coq., n° 1.)

LA HOULETTE SPONDYLOÏDE.

Cette coquille, fort rare, est demi-transparente, aplatie et ovale; la valve supérieure est chargée de stries longitudinales, granuleuses et ondulées; la valve inférieure est unie; ses bords sont très-tranchans; elle est de couleur blanche avec quelques taches fauves. On la trouve dans la mer Rouge, sur les rochers, où elle s'attache au moyen d'un ligament. — (*V.* Ire T., Coq., n° 3.)

LA TÉRÉBRATULE VITRÉE.

Les térébratules ont depuis la grosseur d'une tête d'épingle jusqu'à celle d'une tête d'homme; on en trouve beaucoup de fossiles dans toutes les grandes chaînes de montagnes de l'Europe. L'animal qui habite les térébratules marines est émarginé et cilié; il a deux bras liniaires plus longs que le corps; il se fixe aux rochers, a la faculté de changer de place, et vogue quelquefois sur la surface de la mer dans les temps calmes.

La térébratule vitrée, qu'on appelle vulgairement *la poulette*, est ovale, ventrue, très-mince et transparente. On la trouve dans la Méditerranée. (*V.* Ire T., Coq., n° 4.)

LE PEIGNE RATISSOIR.

Les peignes diffèrent des huîtres par la régularité de leurs valves, qui sont réunies au sommet par une charnière accompagnée de deux prolongemens latéraux, et par leur manière de vivre; pour regagner la mer quand ils sont à sec, ils ouvrent leurs valves autant que possible, et les referment ensuite avec tant de vitesse, qu'ils acquièrent l'élasticité nécessaire pour s'élever à une certaine hauteur, et avancer ainsi sur le plan incliné du rivage : les anciens faisaient un très-grand cas des peignes, qui sont un des meilleurs coquillages des côtes maritimes de l'Europe. En Espagne, les pèlerins ornaient leur camail des coquilles des peignes.

Le peigne râtissoir a des valves presque égales et couvertes par douze rayons convexes. On le trouve dans la mer des Indes. —(*V.* Ier T., Coq., n° 2.)

L'ANATIFE LISSE.

Les anatifes sont aplaties et portées sur un pédicule tendineux, flexible et susceptible de se contracter ou de s'alonger. L'animal qu'elles renferment a les tentacules inégaux et ciliés. Elles vivent solitaires et aiment de préférence les endroits battus par les vagues; les animalcules marins leur servent de nourriture.

L'anatife lisse se trouve dans les mers de l'Europe; elle est comprimée, a cinq valves lisses et un pédicule long et ridé. —(*V.* Ier T., Coq., n° 7.)

L'OSCABRION OURSINÉ.

Les oscabrions sont ovales et composés par huit valves en recouvrement attachées sur un ligament un peu plus large qu'elles. Ces animaux sont aplatis en dessous; les parties latérales de leur corps ne tiennent pas à la coquille; ils s'attachent aux rochers, aux vaisseaux et même fréquemment aux poissons et autres testacés : lorsqu'ils sont arrachés avec violence des corps sur lesquels ils se trouvent fixés, ils se replient sur eux-mêmes.

deviennent une boule qui ne présente plus qu'une coquille invulnérable, et restent dans cet état pendant plusieurs jours de suite.

L'oscabrion oursiné a huit valves unguiculées dans leur milieu et légèrement granuleuses sur leurs bords ; il est garni d'épines obtuses, blanches et articulées. Sa patrie est inconnue.—(*V.* 1er T., Coq., n° 6.)

L'ÉRODONE MACTROÏDE.

L'érodone est une coquille bâillante, qui s'enfonce dans le sable de la mer; elle est composée de deux valves, dont l'une est garnie d'une dent creuse et redressée; l'autre, au contraire, a un enfoncement entre deux saillies : son nom vient de deux mots grecs qui signifient dent cariée.

L'érodone mactroïde est épaisse et arrondie ; l'une de ses valves déborde sur l'autre vers le bord appuyé à la charnière. On ignore d'où elle vient. — (*V.* 1er T., Coq., n° 5.)

LA SPONDYLE GAIDERON.

Les spondyles sont des coquilles à valves inégales : toutes deux sont bombées, épaisses, épineuses ou feuillées ; elles ont beaucoup de ressemblance avec les huîtres; et, comme celles-ci, s'attachent aux rochers; leur valve inférieure a sa charnière composée de deux dents épaisses et recourbées. La chair de l'animal des spondyles est moins délicate que celle des huîtres; mais elle satisfait davantage les amateurs, en ce qu'elle est beaucoup plus épaisse.

La spondyle gaideron est épineuse et un peu oscillée; on la trouve dans la Méditerranée, dans la mer des Indes et dans l'Océan américain, où elle présente une immense quantité de variétés de formes et de couleurs.— (*V.* 1er T., Coq., n° 14.)

LA MYE DES SABLES.

Les coquilles appelées myes ont une dent cardinale très-saillante à une de leurs valves ; elles sont accompagnées d'un acéphale ou mollusque à tête cachée, qui fait partir par une des extrémités de la coquille un pied court, et par l'autre extrémité un tube double et très-grand qu'il forme avec son manteau. Les myes s'enfoncent dans le sable, d'où on les tire aux basses marées pour les manger.

La mye des sables est ovale, arrondie postérieurement, et a des stries transversales qui se changent en rides. On la trouve dans les mers de l'Europe. — (*V.* 1er T., Coq., n° 13.)

LA PANDORE NACRÉE.

La coquille de la pandore est mince et demi-transparente. L'une de ses valves est convexe et l'autre droite; sa valve supérieure a deux dents cardinales oblongues, inégales et divergentes, et sa valve inférieure a deux fossettes. L'animal qui l'habite est inconnu. On les trouve dans les mers de l'Europe. — (*V.* 1er T., Coq., n° 12.)

LA GLYCIMÈRE ROUSSE.

Les glycimères sont des coquilles bâillantes aux deux extrémités; leurs valves, de forme transverse, sont faites de manière à rendre facile la marche de l'animal qui l'habite. L'attache musculaire qui réunit les valves est placée vers l'extrémité inférieure, près de la charnière. Les glycimères vivent dans le sable.

La glycimère rousse est alongée et unie en dedans. On la trouve dans les grands fleuves et les lacs de l'Amérique méridionale. — (*V.* 1er T., Coq., n° 11.)

LA CYCLADE CORNÉE.

La forme des cyclades est généralement arrondie et très-bombée. Elles varient cependant beaucoup dans les autres mers; les unes sont très-minces, les autres très-épaisses; les unes sont unies, les autres striées. L'animal qui les habite fait sortir deux tubes d'un côté de la coquille, et de l'autre un pied en forme de langue. Les cyclades s'enfoncent dans la boue aux approches de l'hiver, et ne reparaissent dans les eaux que lorsque la chaleur du soleil du printemps commence à se faire sentir.

La cyclade cornée est mince et de couleur de corne; elle a deux dents à la charnière. On la trouve dans les eaux douces de l'Europe. Elle est très-commune aux environs de Paris. — (*V.* 1er T., Coq. n° 10.)

LA TELLINE VERGE.

Les tellines sont des coquilles bivalves, égales et transverses; elles sont en général assez épaisses, et varient beaucoup dans leurs formes; les unes sont lisses, les autres sont striées ou rugueuses. Les animaux qui les habitent ont en avant deux tuyaux simples et courts, dont l'un sert à l'entrée des alimens, et l'autre à la sortie des excrémens. Beaucoup de tellines sont mangées sur les côtes de France sous le nom de moules.

La telline verge est couverte de stries transversales recourbées, et a des dents latérales très-saillantes. On la trouve dans la mer des Indes. — (*V.* 1er T., Coq., n° 9.)

LA VÉNUS LITTÉRÉE.

Les valves des Vénus sont épaisses, très-bombées et se joignent avec la plus grande exactitude. Leur charnière, plus épaisse que dans beaucoup d'autres coquilles, est formée par trois dents plus ou moins divergentes. L'animal qu'elles renferment est pourvu de deux syphons ou tuyaux recourbés qui lui servent à recevoir les alimens ou à extraire les matières fécales, et qui sont couvertes par un manteau, qui, dans quelques espèces, est très-court, et dans d'autres très-long. Les Vénus se plaisent dans les fonds vaseux, où elles se creusent des retraites au moyen de mouvemens brusques qui chassent au loin la boue.

La Vénus littérée est ovale, antérieurement anguleuse et couverte de stries transverses ondulées; on la trouve dans la mer des Indes. — (*V.* 1er T., Coq., n° 8.)

LA CARDITE CŒUR.

Les cardites sont des coquilles marines dont les animaux ne sont point connus. Elles sont de forme régulière et s'attachent aux rochers par des soies courtes qui sortent de leur face postérieure; elles se rapprochent en cela des moules, avec lesquelles elles ont encore d'autres points de ressemblance. La charnière des cardites est composée de deux dents, dont une est placée à la base de la valve gauche.

La cardite cœur est presque globuleuse et lisse, et a la forme d'un cœur ; les sommets, faits en spirales, sont écartés et courbés en arrière. On la trouve dans la Méditerranée. — (*V.* 1re T., Coq., n° 21.)

L'ARCHE GLYCIMÉRIDE.

Les arches sont des coquillages qu'on mange dans quelques pays, mais dont on ne fait nulle part beaucoup de cas. Comme toutes les coquilles d'espèces bâillantes, elles laissent sortir par l'ouverture qui existe entre leurs valves, des poils au moyen desquels elles s'attachent aux rochers. Elles ont généralement un épiderme écailleux ou velu qui les défend de l'attaque des vers marins. Leur charnière est composée de dents nombreuses qui s'engrènent dans les interstices de la valve opposée.

L'arche glycimeride est transversale et ovale; les sommets en sont crochus et les bords crenelés. On la trouve dans la Méditerranée et sur les côtes de l'Océan. — (*V.* 1re T., Coq., n° 20.)

LA NUCULE ALONGÉE.

Les nucules sont presque triangulaires ou oblongues; leur charnière, en ligne brisée, est garnie de dents nombreuses, transverses et parallèles. Le genre auquel elles appartiennent se rapproche beaucoup de celui des arches. Elles different cependant de celles-ci par la forme de leurs valves et par leur nacre intérieure. Ce qu'on a dit des arches leur est entièrement applicable.

La nucule alongée est tranverse, verdâtre, nacrée en dedans et alongée en bec. On la trouve dans la mer du Nord. — (*V.* 1re T., Coq., n° 19.)

LA MULETTE DES PEINTRES.

La coquille des mulettes est en général épaisse, d'une couleur brune presque uniforme, et plus ou moins nacrée en dedans. Une espèce de ce genre produit des perles dont on tire un certain parti dans le nord de l'Europe et de l'Asie. L'animal qui habite les mulettes a un pied musculeux qu'il fait sortir en lame transversale et qui lui sert à se transporter d'un lieu à un autre. La charnière de la coquille est formée par une dent cardinale, irrégulière et calleuse.

La mulette des peintres est exactement ovale. On la trouve dans les eaux douces de l'Europe. Elle est très-commune dans la Seine. — (*V.* 1er T., Coq., n° 18.)

LA MOULE A PERLE.

Les moules ont une coquille régulière transverse, à valves égales et se ferment exactement; elles se fixent aux rochers par le moyen de petits poils qu'on appelle bissus et qui sortent en dessous, dans le voisinage de la charnière; celle-ci est sans dents ou avec une ou deux dents. Elles font, en Europe, l'objet d'une consommation considérable; et dans l'océan Indien, où se trouvent les plus grandes espèces, elles produisent les perles, qui ne sont que des excroissances de la nature même de la coquille. La chair des moules est meilleure en automne qu'en aucun autre temps de l'année; la plupart des côtes de France en fournissent une grande quantité.

La moule à perle, qui produit presque toutes les perles qu'on voit dans le commerce, se trouve dans la mer des Indes et dans celle d'Amérique; elle est aplatie et presque orbiculaire; sa base est transverse et imbriquée de lames dentées.—(*V.* 1er T., Coq., n° 17.)

LA MOULE CRÊTE DE COQ.

Cette moule est de l'espèce des moules parasites qui s'attachent aux corps étrangers par une partie de leur coquille; elle est plissée et épineuse; sa lèvre est hérissée des deux côtés.

On la trouve aussi dans la mer des Indes. — (*V.* 1er T., Coq., n° 16.)

LA PINNE COMMUNE.

Les pinnes sont des coquilles très-minces, très-fragiles, demi-transparentes, et dont la forme approche de celle d'un triangle alongé; elles sont de la plus grande dimension; on en voit qui ont jusqu'à plus d'un mètre de long. Le bissus que fournissent les pinnes et au moyen duquel elles s'attachent aux rochers ou aux pierres qui tapissent le fond de la mer, est employé par les peuples des bords de la Méditerranée, en Sicile et en Calabre; ils le filent et en font des étoffes, des gants et des bas d'une finesse et d'une beauté admirables. L'animal qui habite ces coquilles n'est qu'imparfaitement connu. On le mange cependant comme les moules.

La pinne commune est striée et garnie d'écailles caniculées, tubulées et presque imbriquées. On la trouve dans la Méditerranée et sur les côtes de l'Amérique. — (*V.* 1er T., Coq., n° 15.)

L'HÉLICE COR DE CHASSE.

La coquille de l'hélice cor de chasse est aplatie, noire et terminée par quatre tours de spire; ainsi que celle de toutes les autres hélices, elle est univalve et présente une ouverture formant une demi-lune. On la trouve très-communément dans les eaux stagnantes, en Europe et en Asie. — (*V.* 2e T., Coq., n° 1.)

L'HÉLICE LIVRÉE.

Les hélices, ou escargots, sont des coquilles globuleuses, à spire convexe ou en forme de cône. L'animal qui les habite a une bouche alongée, armée supérieurement d'une mâchoire courbe, dentée et très-propre à couper les feuilles. Sa tête est garnie de quatre cornes inégales, et son pied, ovale et très-alongé, est rivé et rugueux. Les hélices vivent d'herbes et de feuilles d'arbres. Elles sont quelquefois en nombre si considérable dans les jardins, qu'elles font de très-grands dégâts. Quelques personnes mangent ces animaux assaisonnés, comme un mets fort agréable au goût; mais c'est la médecine surtout qui en prescrit l'usage comme étant pectoraux et adoucissans. On en fait un bouillon qui est très-salutaire dans les maladies de poitrine.

L'hélice livrée est unie, presque ronde, demi-transparente et faciée. On la trouve dans toute l'Europe, dans les jardins et dans les bois. Elle est très-commune aux environs de Paris. — (*V.* 2e T., Coq., n° 2.)

L'HALIOTIDE ORMIER

Les haliotides, connues sous le nom d'oreilles de mer, sont si communes dans certains parages, qu'elles couvrent quelquefois entièrement les rochers, sur lesquels elles ont la faculté de s'attacher. Leurs coquilles, dont l'épaisseur augmente avec l'âge, sont aplaties et à spires très-basses. Elles ont le long de l'épaulement du bord gauche, une rangée de trous ronds, dont le nombre varie; l'animal qui les habite a une tête très-grosse, accompagnée de deux cornes inégales, et un pied elliptique frangé sur les bords, et qui, lorsqu'il est en action, dépasse de beaucoup la coquille.

L'haliotide ormier est presque ovale; elle est garnie en dessus de deux rangées transversales de tubercules rugueux. On la trouve sur les côtes de l'Europe, de l'Afrique et de l'Inde.—(*V.* 2e T., Coq., n° 3.)

LA NÉRITE DUNAR.

Les nérites ont des coquilles univalves, demi-globuleuses, aplaties en dessous et terminées par des spires plus ou moins nombreuses; ces coquilles sont d'une contexture très-solide. L'animal qu'elles renferment a une tête fort aplatie, faite en demi-lune, et de la base de laquelle sortent, de chaque côté, deux cornes coniques fort minces. Les nérites s'attachent aux rochers et restent souvent hors de l'eau, aux basses marées, sans inconvénient pour elles; elles sont répandues en très-grand nombre sur toutes les côtes pierreuses de l'ancien et du nouveau continent; il y en a aussi qui vivent dans l'eau douce.

La nérite dunar est ovale, obtuse, très-solide, de couleur noire et sillonnée par vingt-cinq ou trente stries. On la trouve sur la côte d'Afrique.—(*V.* 2e T., Coq., n° 4.)

L'ARGONAUTE POPYRACÉ.

Les coquilles des argonautes sont élégantes et légères; on les rencontre souvent en pleine mer dans les temps calmes, voguant sur la surface des ondes; elles sont habitées par des animaux pourvus de huit bras, dont ils se servent comme de rames ou de voiles, et qui les dirigent ainsi dans tous les sens. Aussitôt qu'un orage se fait sentir, ces animaux contractent leurs bras et laissent couler les coquilles à fond; il ne leur est pas moins facile de remonter sur la surface de l'eau.

La coquille de l'argonaute popyracé est comprimée, cornée et munie d'un double rang de tubercules coniques. On la trouve dans la haute mer, en Europe, en Asie et en Amérique. — (*V*. 2e T., Coq., nº 5.)

LA CARINAIRE VITRÉE.

La carinaire vitrée est univalve, très-mince, et faite en cône aplati sur les côtés. Elle compose seule le genre des carinaires, et est très-rare dans les cabinets, ce qu'on attribue à son extrême fragilité, et à la difficulté qu'on éprouve pour la transporter intacte en Europe. Le dos de cette coquille est garni d'une carène dentée, et son sommet terminé en spirale; elle a la transparence du verre. On la trouve au fond de la mer des Indes. L'animal qui l'habite est inconnu. — (*V*. 2e T., Coq., nº 6.)

LA PATELLE BOUCLIER.

Les patelles forment un genre très-nombreux; leurs coquilles sont univalves, coniques et sans spires. Ces coquilles sont plus ou moins épaisses, mais en général elles le sont fort peu, et on en voit même de si minces, qu'on ne peut les toucher sans les briser. L'animal qui les habite s'attache aux rochers par plusieurs muscles, qu'il a le pouvoir de contracter très-fortement. Les patelles se trouvent dans toutes les mers et sur toutes les côtes où il y a des roches nues. On fait peu de cas de leur chair, qui est abandonnée à la classe la plus pauvre du peuple.

La patelle bouclier et aiguë est très-lisse. On la trouve dans la mer du Nord et dans celle de l'Inde. — (*V*. 2e T., Coq., nº 7.)

LA TOUPIE SORCIÈRE.

Les toupies sont des coquilles coniques formées d'une seule valve, et dont le test est, en général, épais, solide et paré de couleurs brillantes de toutes les nuances; elles ont un plus ou moins grand nombre de tours de spires, et varient dans leur hauteur et dans leur diamètre; l'ouverture de ces coquilles est presque toujours quadrangulaire et aplatie transversalement; la tête des animaux qui les habitent est obtuse et armée de chaque côté d'une corne, à la base extérieure de laquelle est implanté un œil; le pied de ces animaux est alongé, aplati en dessous et convexe en dessus.

La toupie sorcière est convexe et obliquement ombiliquée; ses tours de spires sont obtusément moduleux. On la trouve sur les côtes de l'Afrique. — (*V.* 2e T., Coq., n° 10.)

LE ROCHER BRANDAIRE.

Les rochers sont des coquilles univalves, ovales ou alongées, couvertes d'aspérités de différentes espèces qui les déforment en apparence extérieurement. Les animaux qui s'y trouvent renfermés sont ceux dont on tirait la pourpre sur les côtes de la Méditerranée; leur tête ne se distingue du col que par un bourrelet très-saillant et strié; elle est munie de chaque côté d'une corne plate et aiguë, et armée d'une trompe terminée par un suçoir garni de tentacules très-courtes; le pied de ces animaux est ovale, alongé, convexe en dessus, plat et strié en dessous; la liqueur qui forme la pourpre se trouve dans un réservoir placé au-dessus du col, à côté de l'estomac : elle est épaisse et de couleur rouge foncé. Les rochers se nourrissent de petits poissons, de mollusques et de crabes mous; ils se tiennent habituellement dans le sable, où ils sont à l'abri de l'agitation des flots.

Le rocher brandaire, qu'on trouve dans la Méditerranée, est presque ovale et entouré d'épines droites. — (*V.* 2e T., Coq., n° 9.)

LE STROMBE GOUTTEUX.

Les strombes sont des coquilles très-tourmentées dans leurs formes; elles sont plissées, courbées, noueuses, épineuses, striées, d'une contexture solide, et même lourde; leur serre se divise en plusieurs cornes alongées, droites ou courbes. On en voit de très-gros; l'animal qui les habite n'est pas connu; mais les naturalistes pensent, par analogie, qu'il doit peu différer de celui que renferment les rochers.

Le strombe goutteux a une lèvre à six cornes, et une queue très-recourbée. On le trouve dans la mer des Indes. — (*V.* 2e T., Coq., n° 3.)

LA VIS FAVAT.

Les vis, dont le nom indique la forme, sont des coquilles solides, qui vivent dans les sables des rivages, et qui sont formées par un grand nombre de tours de spire; leur ouverture présente une ellipse irrégulière, pointue par le bas et arrondie par le haut; l'animal qui les habite a une tête plate en dessous, convexe en dessus, garnie d'une membrane très-fine et de deux cornes très-longues; son pied est toujours plus court que la coquille.

La vis favat, dont les tours de spire sont sans sillons intermédiaires et sans dentelures, est unie et couverte de taches carrées ferrugineuses; on la trouve dans la mer des Indes. — (*V.* 2e T., Coq., no 11.)

LA BULLE RAYÉE.

Les bulles sont des coquilles marines aussi minces que fragiles, dont l'ouverture est tantôt bâillante, tantôt rétrécie par le haut, et dont la spire est tantôt visible, tantôt cachée. Les animaux qui les habitent sont en général plus volumineux qu'elles; on en a même vu plusieurs dont les coquilles étaient complètement cachées dans les chairs; ces animaux s'accrochent fortement sur les corps étrangers, et principalement sur les fucus nageans.

La bulle rayée est blanche, marquée de lignes transverses brunes et de forme presque ovale. On la trouve dans la mer des Indes. — (*V.* 2e T., Coq., no 12.)

LE BULIME STAGNAL.

Les bulimes sont des coquilles ovales ou globuleuses, qui ont beaucoup de rapports avec les hélices; elles sont ou aquatiques ou terrestres; les aquatiques se nourrissent des plantes qui croissent ou tombent dans l'eau; les terrestres vivent dans les jardins et les vergers, où ils sont souvent si abondans, qu'ils causent de très-grands ravages; l'ouverture des bulimes est plus grande en longueur qu'en largeur; les animaux diffèrent peu des hélices, surtout ceux des espèces terrestres.

Le bulime stagnal est oblong, ventru et transparent; la spire en est longue, étroite et effilée. On le trouve en Europe dans les eaux stagnantes; il n'est pas rare aux environs de Paris. — (*V.* 2e T., Coq., n° 13.)

DE LA CÉRITE OBÉLISQUE.

Les cérites ont une coquille univalve dont l'ouverture est terminée à sa base par un canal étroit, court, brusquement recourbé, ou subitement tronqué; cette coquille est fermée par un opercule cartilagineux, strié circulairement et plus petit que l'ouverture; l'animal a une tête cylindrique alongée, et ornée d'une petite frange semblable à une crête, ainsi que de deux longues cornes terminées en pointe; son pied est petit, presque rond et de moitié plus étroit que la coquille.

La cérite obélisque est variée de brun; les tours de spire sont garnis de quatre côtes granuleuses. On la trouve dans la mer des Antilles. — (*V.* 2e T., Coq., n° 14.)

LE BUCCIN HARPE.

Les buccins sont des coquilles renflées, tantôt minces, tantôt épaisses, ayant de trois à dix tours de spire, un sommet souvent aplati, et une surface rarement unie. Les animaux qui les habitent ont une tête alongée, creusée en arc et accompagnée de deux cornes coniques deux fois plus longues qu'elle; leur pied consiste en un gros muscle aplati et vide; ils s'attachent aux corps solides.

La coquille du buccin harpe est ovale, bombée, très-colorée et munie de côtes longitudinales parallèles et tranchantes; on la trouve dans la mer des Indes. — (*V.* 2e T., Coq., n° 15.)

LA TURRILITHE TUBERCULEUSE.

Les turrilithes n'ont encore été trouvées que fossiles; ce sont des coquilles en spirale, à tours contigus et tous apparens, et à parois internes articulées par des sutures sinueuses : l'ouverture est presque ronde, et les cloisons sont perforées par un siphon presque central.

La turrilithe tuberculeuse est formée de tours de spire chargés de quatre rangs de tubercules disposés symétriquement. On l'a trouvée sur la montagne de Sainte-Catherine, près Rouen.— (*V.* 2ᵉ T., Coq., nᵒ 16.)

LE NAUTILE FLAMBÉ.

Les nautiles ont des coquilles en spirale, dont le dernier tour enveloppe les autres; l'intérieur de ces coquilles, qui est toujours nacré, est divisé en un grand nombre de cloisons transversales et voûtées, dont la partie concave est tournée vers l'ouverture : toutes ces cloisons sont traversées par un petit tuyau cylindrique épais et creux, qu'on suppose destiné à servir de conduit à la queue de l'animal, jusqu'à l'origine de la spire où elle s'attache. L'animal des nautiles n'est encore connu qu'imparfaitement.

Le nautile flambé a une ouverture cordiforme : le sommet de sa spire est entièrement caché; il est couvert de fascies brunes en forme de flammes. On le trouve dans les mers des Indes et de l'Afrique. (*V.* 2ᵉ T., Coq., nᵒ 17.)

LE CONE MUSIQUE.

Les cônes, comme l'indique leur nom, sont de forme conique plus ou moins exacte : les uns, et c'est le plus grand nombre, sont lisses; les autres sont granuleux, striés, raboteux; mais tous sont d'une contexture très-solide. L'animal des cônes a une tête très-petite, munie de deux cornes cylindriques terminées par une pointe très-courte; son pied est elliptique, obtus et arrondi à ses extrémités. Les cônes sont tous recouverts, en sortant de la mer, d'un épiderme plus ou moins épais; plusieurs joignent à une très-grande beauté une excessive rareté : on en cite qui ont été vendus plus de deux mille francs.

Le cône musique est blanc, fascié de violet, et marqué de lignes transverses entrecoupées de brun et de blanc. On le trouve dans les mers de la Chine. (*V.* 2ᵉ T., Coq., nᵒ 18.)

LA VOLUTE OLIVE.

Les volutes ont de grands rapports avec les bulles et les buccins; leurs coquilles sont univalves, très-solides, et plus ou moins cylindriques : l'ouverture de ces coquilles est plus longue que large. L'animal qui les habite a un col cylindrique, au bout duquel se fait apercevoir sa tête, sous la forme d'une demi-sphère moins grosse que le col. De la base latérale de sa tête sortent deux cornes coniques très-pointues, de la longueur du col; le pied de cet animal est ovale, tronqué en avant, et de la largeur de la coquille qu'il recouvre quelquefois en partie.

La volute olive est unie, oblongue, à spire courte et obliquement striée : on la trouve dans la mer des Indes. (*V.* 2ᵉ T., Coq., nᵒ 19.)

LE CASQUE TUBERCULEUX.

Les casques sont des coquilles ainsi nommées en raison de leur forme; elles sont bombées, et ont une ouverture plus longue que large, qui est terminée à sa base par un canal court, recourbé vers le dos. La tête de l'animal qui les contient est munie, de chaque côté, d'une corne conique un peu courbe, au bas de laquelle est un œil très-saillant. Les casques vivent dans la mer, à quelque distance du rivage, sur des fonds sablonneux, où ils ont la faculté de s'enfoncer en totalité.

Le casque tuberculeux est transparent, ovale, bombé, garni de stries transverses et de quatre à cinq côtes tuberculeuses. On le trouve dans la Méditerranée. (*V.* 2ᵉ T., Coq., nᵒ 20.)

L'AMMONITE BIFURQUÉE.

Ainsi que les turrilithes, les ammonites n'ont encore été trouvées que fossiles; elles ont de très-grandes affinités avec les nautiles : comme ceux-ci, elles sont divisées dans l'intérieur en cloisons que traverse un siphon ou petit tuyau, et qui s'étend de l'ouverture à l'extrémité de la spire. Les ammonites diffèrent pourtant des nautiles en ce que leurs cloisons sont toujours sinueuses, et en ce que leur siphon est toujours placé sous la carène du dos. Plusieurs ammonites trouvées dans les interstices des bancs calcaires formés par l'ancienne mer, présentaient chacune un volume égal à celui de la cuisse d'un homme.

L'ammonite bifurquée est garnie de côtes simples, écartées et bifurquées sur le dos ; elle a, de plus, un tubercule placé de chaque côté à la naissance des bifurcations. On la trouve fossile près de Saint-Paul-Trois-Châteaux et en Suisse ; elle a de dix à douze centimètres de diamètre. (*V.* 2e T., Coq., n° 21.)

LES VERS.

INTRODUCTION.

Tous les animaux sans vertèbres, dont le corps est mollasse, qui ne subissent pas de métamorphoses, qui n'ont point de pattes articulées et qui respirent par des trachées ou des branchies, sont des *vers;* mais tous les animaux qui portent ce nom dans notre langue, tels que les vers à soie, les vers des fruits, ou autres larves d'insectes, ne sont point de cette classe; mais néanmoins, beaucoup d'autres, auxquels on ne donne pas vulgairement cette dénomination, en font partie. On les divise en plusieurs classes :

Vers mollusques, ayant un manteau épais de forme variable.
— *proprement dits*, au corps alongé, articulé.
— *intestins*, vivant dans l'intérieur du corps humain et des animaux.
— *échinodermes*, recouverts d'un test crustacé ou coriace et souvent épineux.
— *radiaires*, tentacules disposées en rayons autour de la bouche; ayant *un anus.*
— *polypes*, ayant des tentacules autour de la bouche; *point d'anus.*

La variété de ces animaux est considérable. Nous ne nous sommes appliqués à n'en rapporter que quelques-uns des plus curieux.

LA NÉRÉIDE CUIVRÉE.

Le corps de cette néréide est composé de deux cent dix articulations fort convexes, d'une couleur bleu-doré très-brillante; sa tête, peu saillante, porte cinq tentacules à sa partie supérieure et antérieure; les anneaux de son corps ont, de chaque côté, un tubercule blanc, de la base duquel sortent deux pédoncules qui, pour la plupart, portent chacun un pinceau de longs poils bruns inégaux.

La néréide cuivrée se loge dans un tube cartilagineux enfoncé dans le sable, et prolongé au-dessus de sa surface de deux à trois centimètres : au moindre danger, elle se contracte au fond de son tube, et il devient fort difficile de la prendre en entier. Elle est aussi fort commune dans la rade de Charlestown. (*Voir* Vers, n° 1.)

LA NÉRÉIDE FASCIÉE.

Les néréides sont des vers marins qui se contournent et nagent avec une grande vélocité; leur corps est alongé, articulé, à anneaux nombreux garnis de chaque côté d'une ou deux rangées de houppes de soie. Elles se retirent dans les inégalités des rochers ou même dans la terre, où elles filent un léger réseau de soie : c'est de là qu'elles observent et saisissent les petits vers ou les polypes qui leur servent de nourriture. Lorsqu'on coupe un de ces animaux en deux ou trois morceaux, les fragmens continuent de se mouvoir pendant quelque temps; on prétend même que la tête se conserve en vie, et qu'elle suffit pour reproduire une autre néréide.

La néréide fasciée est cylindrique, blanchâtre, fasciée de rouge, et a sept tentacules simples; son corps est composé d'environ soixante anneaux : on la trouve sur les pierres couvertes de vase, dans la rade de Charlestown. (*V.* V., n° 2.)

LA SCYLLÉE NACRÉE.

Ce ver, de forme ovale, est de couleur argentée; son corps, presque cylindrique, est renflé au milieu, terminé par une longue queue, et garni latéralement de trois paires de tentacules de différente grandeur : de chaque tentacule souche sort un rang de tentacules inégales plus ou moins nombreuses. Il a sur le dos deux larges lignes longitudinales, d'un bleu très-vif; sa queue, ainsi que la base et la pointe de ses tentacules, sont de la même couleur.

Cet animal, élégant par sa forme et par sa couleur, nage pendant le calme sur la surface des eaux; on le trouve, loin des côtes, dans toutes les mers des pays chauds. — (*V.* V., n° 3.)

LA LIMACE CAROLINIENNE.

Les limaces, que tout habitant de la campagne a pu observer, se plaisent dans tous les lieux où le soleil ne peut pénétrer, tels que les bas prés, les bois humides et les souterrains; elles laissent transsuder de leur corps une humeur visqueuse qui leur sert à s'attacher aux corps sur lesquels elles marchent : la trace brillante que cette humeur produit permet aux jardiniers de les suivre et de les détruire. Elles se nourrissent de plantes, de fruits, de champignons et de corps morts : pour les vergers, elles sont un véritable fléau. Peu de temps après qu'elles ont cessé d'exister, elles se résolvent ou se fondent en une matière visqueuse qui conserve la couleur de l'animal : le sel, le tabac, et en général tous les irritans les font périr; leur marche est excessivement lente.

La limace carolinienne est cendrée, marbrée de brun, et a deux rangées de points noirs sur le dos. On la trouve dans l'Amérique septentrionale, dans les bois humides, sous les écorces d'arbres. — (*V.* V., n° 4.)

LA LAPLÉSIE VERTE.

Les laplésies sont des vers qui répandent une odeur fétide et qu'il faut se garder de toucher; elles ont la singulière propriété de faire tomber les poils sur lesquels on les applique; lorsqu'elles sont en mouvement, leur figure se rapproche de celle de la limace; en repos, elles ont l'air d'une masse de chair informe; leur tête est armée de quatre cornes, dont les deux antérieures sont obtuses, et les deux postérieures aiguës. Pour échapper aux poursuites de leurs ennemis, elles répandent une encre que renferme un réservoir qui a son issue près de l'anus. Elles habitent de préférence les fonds vaseux, et vivent de petits crabes et de petits coquillages.

La laplésie verte a le corps vert; les bords de son manteau sont un peu plus pâles que son individu. On la trouve sur les côtes d'Amérique. — (*V.* V., nº 6.)

LA LAPLÉSIE DÉPILANTE.

Comme toutes les laplésies, la laplésie dépilante a le corps rampant, oblong, convexe, bordé de chaque côté d'une large membrane qui se recourbe sur le dos; sa tête est garnie de quatre tentacules, et son dos pourvu d'un écusson contenant une pièce cornée. Elle est d'un rouge brun d'une seule couleur; on la trouve dans la Méditerranée. — (*V.* V., nº 5.)

LE STRONGLE DU CHEVAL.

Les strongles sont des vers qu'on ne trouve que dans les animaux domestiques; ils ont le corps alongé, cylindrique et presque transparent; dans les femelles, la queue est entière et pointue; dans les mâles, elle est terminée par une épine qui sort entre trois feuillets membraneux; leur longueur est de deux à trois centimètres. On les trouve dans l'estomac du chien en paquets de la grosseur d'une noix, qui sont formés par plus de deux cents vers; dans le cheval ils sont répandus dans tout le canal intestinal; leur présence a pour effet de susciter des convulsions, des attaques de vertiges, et de faire dépérir les animaux qui en sont affectés. Les chevaux en rejettent souvent en très-grand nombre avec les matières fécales.

Le strongle du cheval se trouve dans l'estomac des chevaux et de tous les autres quadrupèdes domestiques. — (*V.* V., nº 7.)

LE TÆNIA CARCUBITAIN.

Les tænia sont des vers intestinaux qu'on ne trouve que dans l'estomac et les intestins des animaux, où ils vivent des sucs gastriques et autres qui en découlent continuellement ; on les a nommés vers solitaires parce qu'on a cru long-temps qu'il n'y en avait jamais qu'un seul dans un même individu ; mais les observations des naturalistes modernes ont prouvé qu'il pouvait y en avoir souvent plusieurs ; cette dénomination, consacrée par l'usage, n'en a pas moins été conservée. Le corps de ces vers est aplati, très-long, articulé, et terminé antérieurement par une tête à quatre suçoirs, couronnée souvent de crochets rétractiles ; les chiens sont les animaux qui en sont le plus généralement affectés; ils en éprouvent des douleurs très-graves, qui finissent souvent par la mort. Plusieurs symptômes indiquent la présence du tænia dans le corps de l'homme : les principaux sont la pâleur du visage, les étourdissemens, les vertiges, la puanteur de la bouche, le chatouillement de l'œsophage, le gonflement du ventre et l'amaigrissement. L'huile empyreumatique est le moins dangereux et le meilleur des spécifiques qu'on a découverts pour détruire les tænia : ces animaux prennent souvent un accroissement très-considérable ; on en a vu plusieurs qui avaient près de trois cents aunes de long.

Le tænia curcubitain est ce qu'on appelle en France le ver solitaire; on le trouve dans les intestins de l'homme ; son corps est composé d'articulations quadrangulaires, légèrement engaînées, et dont le bord latéral est aigu et comprimé. — (*V.* V., n° 8.)

LA SANGSUE MÉDICINALE.

Les sangsues, dont en médecine on fait un usage si fréquent, sont des vers qu'on trouve dans les eaux douces ou salées ; elles ont le corps oblong, composé d'un très-grand nombre de muscles circulaires, et sont susceptibles de s'étendre, de s'aplatir et de se contracter considérablement ; leur bouche est armée de trois dents très-aiguës, capables de percer non-seulement la peau d'un homme, mais encore celle d'un cheval ou d'un bœuf ; elles nagent à la manière des anguilles, en faisant un mouvement vermiculaire, et se nourrissent habituellement du sang des poissons et des quadrupèdes. Les sangsues d'eau douce préfèrent les eaux vaseuses où il croît une grande quantité de végétaux. Lorsqu'on en coupe une en deux parties, le fragment auquel tient la tête se conserve en vie, et forme au bout de quelque temps un nouvel animal, qui ne diffère pas des autres. Assez ordinairement elles se gorgent de nourriture autant qu'en peut contenir leur estomac.

La sangsue médicinale est alongée, noirâtre et couverte de lignes de diverses couleurs, mais parmi lesquelles le jaune domine. On la trouve dans les eaux stagnantes et vaseuses. (*V.* V., n° 9.)

LA SERPULE HEXAGONE.

Les serpules, qu'on trouve dans toutes les mers, soit entièrement couchées et attachées sur des coquilles ou autres corps durs, soit dans des éponges, des fucus ou autres corps analogues, vivent assez généralement en familles nombreuses entrelacées les unes aux autres. Leur corps est cylindrique, atténué postérieurement et terminé à l'extrémité antérieure par deux faisceaux de filets plumeux qui entourent une trompe en massue, tronquée et pédicillée.

La serpule hexagone a un test courbé irrégulièrement, montrant la moitié d'un prisme hexagone, et dont les côtés sont rugueux; elle a dix-huit branchies, plumeuses, fasciées de brun; sa trompe est presque pyriforme; on la trouve sur les coquilles d'huîtres et autres corps à surface inégale dans la rade de Charleston. — (*V.* V., n° 10.)

L'AMPHITRITE VENTRUE.

Les amphitrites, comme plusieurs autres vers marins, vivent dans des tuyaux d'une substance cornée ou tendineuse, formée d'une humeur visqueuse qui transsude du corps de l'animal et se condense sur les bords; elles ont différens rapports avec les néréides et les aphrodites.

L'amphitrite ventrue a la bouche en forme d'onglet et entourée d'une trentaine de tentacules blancs inégaux, derrière lesquels se trouvent deux branchies rougeâtres, rétractiles, qui se divisent en plusieurs branches; son corps, très-ventru en dessous dans sa partie antérieure, est aplati en dessus et composé de cinquante anneaux, accompagnés de chaque côté d'un tubercule en forme d'épine simple. On la trouve en très-grand nombre sur les vieilles coquilles, dans la rade de Charleston. — (*V.* V., nº 11.)

LA TRICHURE DE L'HOMME.

Parmi les vers intestinaux, les trichures sont ceux sur lesquels on a fait jusqu'à ce jour le moins d'observations. Leur corps est alongé, cylindrique, épaissi et obtus postérieurement, atténué et filiforme à sa partie antérieure, où il se termine en trompe; celles qui habitent les intestins de l'homme sont regardées comme la cause première d'une espèce de dyssenterie que les Allemands appellent *morbus mucosus*.

La trichure de l'homme est unie en dessous, crénelée en dessus, et a sa partie antérieure finement striée. On la trouve fréquemment dans les intestins des gros hommes, où elle acquiert jusqu'à cinq centimètres de longueur. — (*V.* V., nº 13.)

L'APHRODITE ARMADILLE.

Les aphrodites ont le corps ovale, aplati, et ont de chaque côté des paquets d'épines ou de soies roides. Ces vers vivant continuellement dans la mer, on est peu instruit de leur manière d'être; on sait cependant que les plus grosses aphrodites se nourrissent de coquillages, dont on a trouvé des fragmens dans leur estomac.

L'aphrodite armadille est très-petite, et couverte d'une écaille ponctuée, faite en cœur; son corps est ovale, alongé et composé de douze anneaux convexes, couverts chacun de deux écailles en recouvrement. On la trouve dans la baie de Charleston, où elle se cache dans les trous et se met en boule aussitôt qu'on la touche. — (*V.* V., nº 12.)

TUBIPORE MUSIQUE.

Les tubipores, comme les madrépores, sont des polypiers pierreux dans lesquels habitent des animaux qui ont la faculté d'étendre considérablement leur demeure. Ils vivent dans la mer à une plus grande profondeur que les madrépores, et y forment des masses arrondies, uniquement composées de tuyaux parfaitement cylindriques, divergens, et réunis de distance en distance par des diaphragmes de même nature qu'eux. On leur attribue, dans l'Inde, la propriété de préserver des effets de la strangurie et des morsures des serpens.

Le tubipore musique, qui est très-remarquable par son beau rouge de corail, a les tubes rassemblés en faisceaux et les diaphragmes très-écartés. On le trouve dans les mers de l'Inde et de l'Amérique. — (*V.* V., n° 14.)

LE MADRÉPORE CYPITEUX.

Les madrépores ont long-temps été regardés comme des plantes marines; mais par un mémoire publié en 1727, Peyssonnel, médecin de Marseille, prouva que ces prétendues plantes étaient de véritables animaux, et que ces animaux formaient et augmentaient continuellement leur habitation; les savans reconnurent depuis que les madrépores étaient en effet une matière calcaire unie à une portion plus ou moins grande de substance animale.

La contexture, la forme et la couleur des madrépores varient considérablement; ils sont, selon les espèces, solides, durs, celluleux, friables, rouges, jaunes, bruns ou blancs; ils possèdent tous, d'ailleurs, le caractère du genre : une ou plusieurs étoiles enfoncées et formées par des rayons en lames minces, perpendiculaires et souvent inégales. L'animal qui les habite n'a pas encore été assez observé pour qu'il soit possible de le bien décrire. On considère comme un fait constaté que les madrépores augmentent les îles et en forment de nouvelles dans les mers du Sud et de l'Inde où ils sont extrêmement communs.

Le madrépore cypiteux est composé d'un grand nombre de cylindres réunis, et terminés par des étoiles concaves et réticulées. On le trouve dans la Méditerranée. — (*V.* V., n° 15.)

L'ACTINIE ONDULEUSE.

Les actinies sont des vers qui se fixent sur tous les corps solides qui se trouvent dans la mer, mais qui ont la faculté de s'en détacher à volonté pour aller se placer ailleurs; leur corps est cylindracé, charnu ou coriace, et très-contractile; leur bouche est bordée d'une ou de plusieurs tentacules ou rayons, se formant et disparaissant par la contraction, et s'épanouissant comme une fleur au gré de l'animal. Les actinies se nourrissent de coquillages, de chevrettes et de petits crabes, qu'elles saisissent avec leurs tentacules, et qu'elles gardent dans l'intérieur de leur corps pendant dix à douze heures; elles rejettent ensuite les parties qu'elles n'ont pu digérer. Quand elles sont dans un état de contraction complète, elles ont à peu près la forme d'un bouton. Les poissons et les oiseaux sont leurs ennemis les plus redoutables; les corneilles les déchirent à coups de bec.

L'actinie onduleuse a le corps conique, pâle et marqué de stries doubles, ridées, de couleur orange. On la trouve dans la mer du Nord. — (*V.* V., n° 16.)

L'ASTÉRIE CORDIFÈRE.

Les astéries, ou étoiles de mer, sont fort remarquables; leur corps est suborbiculaire, déprimé, à peau coriace, anguleux, ou disposé en lobes ou en rayons qui sont garnis d'épines mobiles et de tentacules tubuleuses et rétractiles; leur bouche ou suçoir est toujours placée au centre de ces rayons. Au moyen de leurs tentacules, qu'elles font agir dans tous les sens, les astéries nagent et marchent très-facilement; elles font leur nourriture principale de jeunes coquillages qu'elles sucent avec l'espèce de trompe dont elles sont pourvues.

L'astérie cordifère a un disque pentagone aplati, écailleux, dont les angles sont obtus, et qui est accompagné de cinq rayons presque cylindriques, qui ont neuf fois la longueur du diamètre de son corps; sur le côté de chaque articulation écailleuse des rayons, sont trois épines blanches presque égales et divergentes. Elle est très-commune sur les côtes de la Caroline. — (*V.* V., n° 17.)

DU CORAIL ROUGE.

Le corail, qui de tout temps a été l'objet d'un commerce très-considérable, est, parmi les productions les plus précieuses de la mer, celle qui ressemble le plus complètement à un végétal sans feuilles; il est fortement attaché sur les rochers par un pied très-solide, duquel s'élève une tige qui se divise en un certain nombre de branches; dans chacune de ces branches sont des cavités qui servent de retraites à des polypes blancs, mous, et un peu transparens; ces polypes ont huit tentacules égales, coniques, et munies d'appendices qui sont rangés sur deux lignes opposées; leur ventre, très-court, est entièrement détaché des parois de la cellule. Aussitôt qu'on retire le corail de l'eau, tous les polypes se contractent, les appendices de leurs tentacules rentrent en eux-mêmes comme les cornes des limaçons.

Le corail rouge a les rameaux écartés et cylindriques. On le trouve dans la mer Rouge et dans la Méditerranée. — (*V.* V., n° 18.)

RÈGNE VÉGÉTAL.

Toute la surface du globe, depuis la cime des plus hautes montagnes, jusqu'au fond des fleuves et de l'Océan, est couverte ou remplie d'une multitude innombrable de végétaux divers qui en forment l'ornement le plus varié et le plus gracieux, et qui font de la terre un jardin immense, au milieu duquel nous nous trouvons placés.

Les avantages et les secours multipliés que les végétaux offrent à l'homme sont très-nombreux. On a donné le nom de *botanique* à la science aussi agréable qu'utile de cette partie de l'histoire naturelle.

LES ARBRES ET ARBUSTES.

INTRODUCTION.

On comprend, sous le nom d'arbres, toutes les plantes boiseuses qui croissent en grosseur et en hauteur, plus que toutes les autres plantes ligneuses, plus petites que l'arbrisseau, qui est un petit arbre. Dans ce nombre prodigieux d'arbres, d'arbrisseaux ou d'arbustes, se trouvent les bois que l'on emploie pour les constructions de toute espèce, les meubles, le chauffage, la teinture et mille objets nécessaires à nos besoins ou à nos plaisirs, parmi lesquels il en est qui portent des fruits délicieux.

L'ACAJOU.

On n'a observé jusqu'ici qu'une seule espèce d'acajou; on lui donne le nom d'*anacardium* d'Occident, parce qu'on ne le trouve qu'en Amérique. Il ne faut pas le confondre avec le *mahogon*, dont le bois coloré fournit la matière de la plus grande partie de nos meubles précieux. Le bois du vrai acajou est blanc, mais il découle de l'arbre, par incision, une gomme transparente et roussâtre, qui, délayée à l'eau simple et appliquée sur le bois, lui donne de l'éclat et du lustre. L'acajou est de hauteur moyenne; son tronc est noueux, et ses branches ressemblent, par leur disposition, à celles du pommier. Il porte pour fruit une espèce de noix, dont l'écorce, très-dure, contient une huile âcre et caustique, au moyen de laquelle on trace, sur le linge, des caractères ineffaçables. Cette noix est bonne à manger; elle est supportée par un réceptacle charnu, fait en forme de poire moyenne; ce réceptacle fournit un aliment sain, agréable au goût; l'amande ou noix se mange grillée. — (*Voir* 1er Tableau, Arbres et Arbustes, nº 6.)

LE CITRONNIER.

Cet arbre, originaire de l'Asie, a été transplanté depuis dix-huit cents ans en Europe, et beaucoup plus tard en Amérique, où il a très-bien réussi : il est devenu si commun à Saint-Domingue, qu'on en forme des haies vives, presque impénétrables, autour des plantations de cannes à sucre; il y parvient jusqu'à la hauteur de soixante pieds. Il est moins grand dans les contrées méridionales de l'Europe, où, comme l'oranger, il croît en pleine terre. Son fruit est trop connu pour qu'il soit nécessaire de le décrire. Le bois du tronc est blanc et très-dur; on l'emploie dans l'ébénisterie. Les feuilles du citronnier, de même que l'écorce du citron, sont regardées comme un très-bon fébrifuge. — (*V.* 1er T., Arbr. et Arb., nº 5.)

LE CORMIER, OU SORBIER.

Cet arbre, l'un des plus beaux de nos forêts, a le tronc droit et uni; ses rameaux lui forment une tête arrondie et touffue-

Ses fruits sont des espèces de pommes ou plutôt de nèfles, de la grosseur d'une prune moyenne. On les cueille verts, et on les étend sur la paille pour les faire mûrir. Leur goût est supérieur à celui de la nèfle; on les appelle *cormes*. Le bois du sorbier est extrêmement dur; aussi est-il fort recherché pour les ouvrages de charpente ou de menuiserie qui demandent beaucoup de force, tels que les vis des pressoirs, les rouleaux, les machines exposées au frottement, etc. Il se plaît dans les terres froides, mais substantielles; il se sème de lui-même au moyen des fruits qui tombent de l'arbre. — (*V.* 1er T., Arbr. et Arb., n° 4.)

LE TULIPIER, L'IRIODENDRUM.

Nous devons cet arbre à l'Amérique septentrionale, où il s'élève à la hauteur de soixante-dix à quatre-vingts pieds; il s'est assez bien acclimaté en Europe. Il porte des fleurs semblables à la tulipe; elles sont composées de plusieurs pétales, dont la couleur générale est le vert clair moucheté de jaune et de rouge à la partie inférieure. Son bois, dur et pesant, entre dans les constructions maritimes et dans les ouvrages de charpente. Il résiste aux hivers de Paris; on ne doit pas le confondre avec le tulipier à feuilles de laurier, plus connu sous le nom de *magnolia*, pareillement originaire de l'Amérique, de la Chine et du Japon. — (*V.* 1er T., Arbr. et Arb., n° 3.)

LE HÊTRE.

Le hêtre s'élève à une assez grande hauteur; son tronc est droit, son écorce unie et de couleur grisâtre, son feuillage touffu. Il produit une amande qu'on nomme faine, dont le goût approche de celui de la noisette. Réduite en farine, la faine donne un assez bon pain; on en retire aussi une huile très-douce, bonne à manger quand elle a vieilli. Son bois est cassant, ce qui empêche nos charpentiers d'en faire un grand usage; sa cendre s'emploie utilement dans les verreries. On le trouve dans les forêts de l'Europe et dans celles de l'Amérique; il s'accommode de tous les terrains; il aime surtout un sol dur et rocailleux. On fait de ses branches des rames et d'autres ouvrages qui demandent un bois élastique. — (*V.* 1er T., Arbr. et Arb., n° 2.)

LE MARGOUSTAN, OU GARCINIA.

Le margoustan croît dans les Indes orientales, où il se fait remarquer par la bonté de ses fruits plus encore que par la beauté de ses fleurs, qui sont d'un rouge foncé. Il ressemble assez pour la taille et l'arrangement de ses branches aux pommiers d'Europe. Le fruit de cet arbre est à peu près de la grosseur d'une orange; il est plein d'une pulpe blanche, d'une saveur exquise et d'un parfum délicieux. Son bois ne sert que pour le chauffage; l'écorce en est astringente, et on prétend que sa décoction est un puissant remède contre la dyssenterie. Il y a une espèce de margoustan à bois dur, qui vient naturellement dans l'île d'Amboine. On l'emploie dans les constructions. — (*V.* 1er T., Arbr. et Arb., n° 1.

LE CYPRÈS.

Le cyprès, dont on compte jusqu'à huit espèces, se trouve dans toutes les parties du monde, en Europe, en Asie, en Amérique, et au cap de Bonne-Espérance. Le cyprès ordinaire, vert, résineux, s'élève en pyramide ou étale ses rameaux horizontalement, ce qui forme deux variétés. Le bois en est dur, compacte, rougeâtre, semé de veines d'une odeur douce, mais pénétrante. Cet arbre a été consacré à la mort par les anciens, parce que sa racine ne donne jamais de jets quand une fois le tronc a été coupé; ils le regardaient aussi comme incorruptible: ce qu'on peut dire, c'est qu'il est de très-longue durée: les portes de Saint-Pierre de Rome, placées sous Constantin, et enlevées par Eugène IV, qui les remplaça par des portes d'airain, étaient de bois de cyprès, et avaient onze cents ans d'existence; encore étaient-elles très-bien conservées. Les baies du cyprès sont astringentes, et passent même pour fébrifuges. Cet arbre est peu délicat; il vient sur toute espèce de terrain, et il supporte bien nos hivers. Il y a dans la Virginie une espèce particulière de cyprès qu'on appelle *chauve*, parce que ses rameaux sont peu étendus; mais le tronc en est très-épais; il n'est pas rare d'en voir de trente pieds de circonférence: les naturels les emploient pour faire des pirogues d'une seule pièce. — (*V.* 1er T., Arbr. et Arb., n° 12.)

L'AUNE, OU AULNE.

C'est un arbre à bois blanc et tendre, qui se plaît, comme le peuplier et le saule, dans tous les lieux humides, et dont les jeunes branches, longues et flexibles, peuvent remplacer l'osier. Les branches plus fortes servent à piloter dans les rivières; car elles se conservent très-bien dans l'eau, au lieu qu'à l'air elles dépérissent fort promptement. L'aune produit de petites baies d'un brun foncé. — (*V.* 1er T., Arbr. et Arb., nº 11.)

LE MURIER.

Originaire de la Chine et des Indes orientales, le mûrier blanc n'est connu en Europe que depuis le temps de l'empereur Justinien. On dit que sous le règne de ce prince, deux moines persans portèrent à Constantinople des œufs de vers-à-soie et de la semence de mûrier. Quoi qu'il en soit, cet arbre s'est très-bien acclimaté dans les régions occidentales, et on le cultive aujourd'hui jusqu'en Hongrie. Les feuilles de cet arbre précieux sont, comme on le sait, la nourriture unique des vers-à-soie; son bois, d'une belle couleur jaune, s'emploie avec succès dans la menuiserie, et ses baies blanches, succulentes, charnues, sucrées, fournissent un aliment sain. Réduites en sirop, ces baies sont un spécifique contre la toux. La culture a produit dans cet arbre plusieurs variétés; l'une des principales est celle du mûrier à baies noires; elles ont plus d'acidité que les mûres blanches. Les Japonnais ont une espèce de mûrier dont l'écorce préparée leur fournit du papier, et dont le bois, tendre et rempli de fibres longues et soyeuses, leur procure un fil assez fort. — (*V.* 1er T., Arbr. et Arb., nº 10.)

LE CÈDRE.

Il n'est personne qui ne connaisse le cèdre, personne qui ne sache que les cèdres couronnaient le front sourcilleux du mont Liban. Mais ce n'est pas seulement dans la Syrie que la nature produit ce bel arbre; on le trouve en Perse et en beaucoup d'autres lieux de l'Asie. Les cèdres des environs de Schiraz s'élèvent à une hauteur prodigieuse, et leur grosseur, qui s'étend jusqu'à huit à dix pieds de diamètre, est proportionnée à cette hauteur. — (*V.* 1er T., Arbr. et Arb., nº 9.)

LE BOULEAU.

Tantôt humble arbrisseau, tantôt arbre superbe, suivant la qualité du sol qui le nourrit, le bouleau croît spontanément dans les contrées septentrionales de l'Europe et de l'Asie. C'est même le seul arbre qu'on trouve dans le Groënland et les autres terres voisines du pôle ; son écorce est presque incorruptible ; ce qui produit assez souvent une espèce de phénomène, ce sont des bouleaux entiers dont tout le bois s'est pourri et consumé de vétusté, et dont l'écorce reste toujours sur pied, comme si l'arbre vivait encore. Les feuilles du bouleau donnent par décoction une teinture jaune. L'écorce encore verte paraît aux Kamschadales un mets exquis ; elle leur fournit aussi une boisson qu'ils trouvent délicieuse. Dans les climats d'une latitude moins élevée, les bouleaux fournissent, par des incisions faites au tronc et aux grosses branches, une grande quantité de sève, ou plutôt de liqueur toute prête, d'un goût agréable et qu'on peut garder un an en bouteilles. — (*V.* 1er T., Arbr. et Arb., nº 14.)

LE CAPRIER.

Le câprier ordinaire, qui croît en Afrique et dans les régions méridionales de l'Europe, est un arbuste rameux, couvert de feuilles et de fleurs ; il aime les lieux âpres et rocailleux. Ses fleurs sont très-belles ; elles se composent d'une corolle blanche, du milieu de laquelle sortent un grand nombre d'étamines longues, déliées et teintes de pourpre ; son fruit est ovale et charnu ; sa chair sert d'enveloppe aux graines qui sont nombreuses. Ce ne sont pas les fruits, mais les boutons des fleurs avant leur épanouissement que l'on met confire dans le vinaigre, et qu'on vend sous le nom de câpres. Ces câpres sont regardées comme apéritives et anti-scorbutiques. Les fruits se font confire de la même manière. On les appelle cornichons de câprier. — (*V.* 1er T., Arbr. et Arb., nº 13.)

LE TILLEUL.

Le tilleul est originaire de l'Europe et de l'Amérique septentrionale. La plus belle espèce de ceux que produisent nos climats est connue sous le nom de tilleul de Hollande. Ces tilleuls, s'ils sont plantés dans un bon terrain, acquièrent une grande hauteur et une grosseur proportionnée; on en a vu de neuf à dix pieds de diamètre; on en conservait un à Norfolk dont la circonférence était de quarante-huit pieds. Il croît rapidement, exige peu de soin, se couvre d'un très-beau feuillage, et, comme le charme, il reçoit toutes les formes qu'on veut lui faire prendre; aussi est-il l'ornement des jardins, où tantôt on entoure son pied d'un buisson de rosiers ou d'autres arbustes, tantôt, au contraire, on le taille en caisse ou en vase. Son bois, blanc et tendre, s'emploie en menuiserie; son écorce filamenteuse et flexible sert, à Paris, à faire des cordes de puits; ses fleurs, en infusion, sont anti-spasmodiques. En Lithuanie, on tire de l'écorce le même parti qu'en France; on fait de plus une liqueur assez agréable, au moyen de l'espèce de lymphe qu'on obtient du tronc par incision. On cultive en Hongrie une espèce de tilleul, qu'on appelle argenté, à cause de la blancheur cotonneuse du dessous des feuilles. — (*V.* 1er T., Arbr. et Arb., no 16.)

LE PEUPLIER.

Plusieurs espèces de peupliers croissent en Europe; d'autres espèces ne se trouvent que dans le Canada. Le peuplier blanc, le plus beau de tous, monte verticalement et acquiert une grande hauteur; il aime les terrains marécageux, le bord des ruisseaux et des rivières; mais il ne laisse pas de venir dans tout autre terrain. On a tenté, il y a quelques années, de faire du papier avec les aigrettes des semences de cet arbre, et l'essai a complètement réussi. Le papier s'est trouvé fin, soyeux, capable de tenir la colle et même de recevoir l'impression.— (*V.* 1er T., Arbr. et Arb., no 15.)

L'ORME.

Des cinq espèces d'ormes que comptent les naturalistes, trois croissent en Sibérie ou en Amérique; deux seulement se trouvent en Europe. La plus belle et surtout la plus utile est celle de l'orme des champs. Cet arbre est lent à venir, mais il demande peu de soin ; il ne lui faut qu'une terre meuble et légèrement préparée. Son bois, dur, serré, d'un jaune tirant sur le rouge, est précieux pour le charronnage, surtout s'il vient d'un terrain pierreux ; les feuilles passent pour vulnéraires et astringentes ; le mucilage qui sort de l'écorce, quand on la froisse dans l'eau, donne un excellent remède contre la brûlure ; les feuilles vertes, pilées avec le suif, fournissent le mastic des tonneliers.—(*V.* 1er T., Arbr. et Arb., n° 8.)

L'ARBRE A PAIN, OU ZAMIA.

Le zamia, ou arbre à pain des Hottentots, se trouve abondamment vers le cap de Bonne-Espérance. Il se termine par une espèce de cône qui a la forme d'une pomme de pin. Son tronc est rempli d'une moelle farineuse et substantielle, dont les Hottentots se nourrissent. L'arbre femelle ne porte qu'un seul cône, l'arbre mâle en porte plusieurs, mais ils sont plus petits. Les feuilles du zamia se terminent par une pointe épineuse ; c'est ce qui le distingue des autres espèces d'arbres à pain, tels que le cycas des Indes, le cycas du Japon, et beaucoup d'autres qu'on trouve répandus dans les îles de la mer du Sud.—(*V.* 1er T., Arbr. et Arb., n° 7.

LE CHARME.

Le bois de cet arbre est blanc, mais très-dur ; aussi le voit-on remplacer l'orme dans le charronnage. Le charme est très-bon à brûler ; il donne un feu clair et vif, et d'excellent charbon. On fait de ses branches des palissades, des haies qu'on a appelées *charmilles ;* on le taille, on le façonne, et il prend sous la faux toutes les formes ; il n'est point délicat, résiste à l'hiver, peut se transplanter en tout temps, à tout âge, et souffre la tonture l'hiver comme l'été.—(*V.* 1er T., Arbr. et Arb. n° 17.)

L'IF.

L'if est un arbre à tige droite, à cime arrondie et toujours verte, à écorce rougeâtre, à feuilles aigues et linéaires. Ces feuilles sont pour l'homme et pour les animaux un poison mortel, si l'antidote n'est administré sur-le-champ; les animaux, guidés par leur instinct, s'en abstiennent, à moins qu'ils ne soient pressés par la faim. Il n'en est pas de même de l'amande que renferme le noyau du fruit appelé baie; elle est d'un goût supérieur à celui des noisettes, et l'on peut en manger sans inconvénient. Le bois de l'if, dur, solide, élastique, est excellent pour le charronnage, la conduite des eaux, les vis, les dents de rouages; on en fait aussi de beaux meubles; les anciens en fabriquaient des arcs très-estimés, parce qu'ils ne perdaient jamais leur élasticité. L'if conserve ses feuilles en toute saison, ce qui fait qu'on l'introduit dans les jardins pour en former des avenues ou des palissades, qu'on peut tailler à son gré. Une particularité remarquable, c'est que les ifs qui viennent de semence s'élèvent tout droits comme une pyramide, tandis que ceux qui sont nés de bouture sont toujours tortus et courbés. Les uns et les autres se plaisent dans les lieux froids et sombres. — (*V.* 2e T., Arbr. et Arb., no 2.)

LE CHÊNE.

On compte quarante espèces au moins de chênes en arbre ou en arbrisseau; toutes sont utiles; dans quelques-unes les feuilles sont persistantes, elles tombent dans les autres. Le chêne commun s'élève jusqu'à quatre-vingt-dix ou cent pieds de hauteur. Son fruit est trop connu pour qu'il soit nécessaire de le décrire. On sait que les porcs s'engraissent de glands, les bêtes fauves même ne les dédaignent pas. C'est sur le chêne que naissent, par la piqûre des insectes, ces excroissances appelées galles, dont la teinture tire la couleur noire; l'écorce broyée fournit le meilleur tan pour la préparation des cuirs; le bois est d'une utilité générale dans les constructions. Le chêne peuple nos forêts, nos montagnes, nos vallées, les lieux secs et les lieux humides; mais les terres fortes sont pour lui les meilleures; il y croît, il est vrai, plus lentement, mais la qualité de son bois y gagne beaucoup. — (*V.* 2e T., Arbr. et Arb., no 1er.)

LE SAPIN.

Cet arbre s'élève dans toutes les forêts antiques des deux mondes, il couronne les plus hautes montagnes, monte lui-même à une hauteur prodigieuse, et forme tous les ans sa tête de la pousse de la dernière sève; de sorte que ses rameaux sont placés par étages autour d'une tige droite, élancée, terminée en bouquet. Le sapin croît partout, excepté dans le sable et dans la craie vive; mais il aime les températures froides; il languit sous un soleil trop ardent. Cet arbre, éminemment utile, fournit aux constructions de tout genre des chevrons, des solives, des planches, des poutres et des mâts. Il vient de semis, et atteint le dernier degré d'accroissement au bout d'environ quatre-vingts ans; c'est le moment de l'abattre pour l'employer, sinon il tombe et se consume; mais du milieu de ses débris sortent une multitude de rejetons destinés à le remplacer. On tire par incision de son écorce une liqueur gommeuse connue sous le nom de térébenthine; l'huile essentielle qu'on extrait de cette substance est d'un grand usage dans les arts. — (*V.* 2e T., Arbr. et Arb., n° 6.)

LE CHATAIGNIER.

Autrefois très-commun en France, et généralement employé dans toutes les constructions, le châtaignier ne se trouve plus que dans nos provinces montagneuses, dans les Cévennes, sur les Pyrénées; là même l'espèce en est diminuée; mais depuis quelques années on ne néglige aucun moyen de le reproduire. Il mérite les soins qu'on y donne; nul arbre ne possède à la fois et au même degré, la beauté du feuillage, l'excellence du bois, l'utilité, la bonté du fruit, et surtout la facilité de se multiplier dans toute espèce de terre; car il ne refuse ni la craie, ni le sable, ni les cailloux, ni même le tuf. Le châtaignier fait la principale richesse de plusieurs de nos provinces, et il fournit aux animaux et même aux hommes un aliment abondant, mais un peu lourd. — (*V.* 2e T., Arbr. et Arb., n° 5.)

LE HOUX.

Le houx commun est un grand arbrisseau qui s'élève en arbre si le sol et l'exposition lui conviennent. Sa forme pyramidale, son feuillage d'un vert brillant, son tronc droit et cylindrique, ses fleurs en bouquet remplacées par des baies d'un très-beau rouge, lui donnent un aspect agréable, surtout dans l'hiver, dont il brave toutes les rigueurs sans se dépouiller de sa verdure; lui seul paraît vivre quand tout est mort autour de lui. La seconde écorce du houx, pilée et mise en fermentation, donne une substance gélatineuse connue sous le nom de glu. Ses baies sont fortement purgatives; son bois dur et pesant s'emploie dans la menuiserie et dans l'ébénisterie; il prend et retient la couleur noire mieux qu'aucun autre. Le houx, arbrisseau, forme en quelques contrées des haies impénétrables, surtout si l'on en garnit le pied d'arbustes épineux. — (*V.* 2e T., Arbr. et Arb., n° 4.)

L'ORANGER.

L'oranger, ornement des jardins, surtout dans nos provinces méridionales, en Espagne et en Portugal, où, grâce au climat, il croît en pleine terre; l'oranger est originaire des Indes, et se fait remarquer par la beauté de ses fleurs et leur doux parfum, par la couleur brillante de ses fruits, par son feuillage toujours vert et brillant, par la réunion en tout temps sur ses branches de fleurs en bouton, de fleurs épanouies, de fruits naissans, et de fruits déjà mûrs. Les Portugais, qui, dit-on, ont les premiers apporté ce bel arbre en Europe, font voir encore à Lisbonne l'arbre duquel sont sortis tous ceux que l'Europe possède. Le bois de l'oranger est dur, compacte, légèrement odorant; les ébénistes en font usage. Ses fleurs distillées fournissent un bon anti-spasmodique; ses feuilles sont toniques; l'écorce aromatique de ses fruits a les mêmes propriétés. La boisson qu'on en tire par décoction est corroborante, cordiale et vermifuge. — (*V.* 2e T., Arbr. et Arb., n° 3.)

LE BANANIER.

Cette superbe plante, qu'on voit s'élever à la hauteur de douze et quinze pieds, est originaire des Indes, d'où les Portugais l'ont transportée en Amérique, en Guinée et aux Canaries; elle a partout prospéré. Sa tige herbacée, cylindrique, d'un beau vert luisant, a un diamètre de neuf à dix pouces; elle porte au sommet un faisceau de feuilles longues de sept à huit pieds sur dix-huit pouces de large. Du milieu de ces larges feuilles sort un épi long, épais, charnu, et chargé de fleurs d'un blanc jaunâtre, à plusieurs étamines dont l'une se convertit en un fruit semblable par la forme au concombre. La saveur de ce fruit approche de celle de nos pommes cuites avec du beurre et du sucre. Chaque plante produit de cinquante à cent baies; elle périt peu de temps après; la vie entière de ce végétal n'est que de neuf ou dix mois. L'épi ou régime du bananier mûrit mieux lorsqu'il est détaché de la plante. Si on le fait bouillir, il produit une sorte de liqueur susceptible de fermentation. On peut aussi le convertir en pain. Les feuilles tiennent lieu de papier; la tige donne un fil dont on fabrique certaines étoffes; la moelle qu'elle contient s'emploie comme nos liqueurs. — (*V.* 2e T., Arbr. et Arb., n° 14.)

LE TREMBLE.

C'est le nom par lequel on désigne une espèce de peuplier, dont la feuille, extrêmement mobile, *tremble* et s'agite au moindre souffle d'air. Cela vient de la forme des pétioles qui sont aplatis sur les côtés, ce qui donne au vent plus de prise. — (*V.* 2e T., Arbr. et Arb., n° 13.)

LE SAVONNIER.

Le savonnier croît dans les deux Indes. Sa tige mince, droite, élevée, couverte d'une écorce lisse, supporte une tête touffue. Les fleurs naissent en petites grappes blanchâtres sous l'aisselle des feuilles; elles sont suivies de baies rondes, dont la pulpe rouge sert d'enveloppe à un noyau noir et très-dur. Cette pulpe, éminemment savonneuse, mousse dans l'eau comme le savon, qu'elle remplace très-bien. — (*V.* 2e T., Arbr. et Arb., n° 12.)

LE GRAND ÉRABLE.

Cet arbre, auquel on donne aussi le nom de faux platane ou de faux sycomore, est d'une haute taille, a un tronc droit, l'écorce brune, la tête grande, étalée, les feuilles larges, d'un vert foncé par-dessus, blanchâtres par-dessous. Le bois sert à faire de bonnes planches. On tire par incision de son écorce une liqueur douce qu'on convertit en bon sucre. Cet érable est assez commun en France, en Suisse et en Allemagne. — (*V.* 2e T., Arbr. et Arb., n° 8.)

LE MALPIGHIE.

Plusieurs espèces d'arbrisseaux, indigènes de l'Amérique du Sud, composent le genre des malpighies. L'une des plus remarquables est celle qui croît à Cayenne, et qui ressemble par le feuillage à nos grenadiers. Elle s'élève jusqu'à dix ou douze pieds de hauteur et se divise en plusieurs branches minces, longues, recouvertes d'une écorce brune, chargées de feuilles et de fleurs à corolle d'un rose tendre. Le fruit consiste en une baie ronde, charnue, rouge; les naturels s'en nourrissent. On trouve aussi à Cayenne une malpighie qu'on nomme piquante, parce que ses feuilles sont hérissées par-dessous de pointes aigues qui s'insinuent dans les chair scomme celles de l'ortie, pour peu qu'on les touche. — (*V.* 2ᵉ T., Arbr. et Arb., n° 7.)

LE PIN.

Cet arbre, l'un des plus beaux de nos forêts, fournit à la marine d'excellens mâts, et au commerce ses fruits et sa racine. Dans les contrées septentrionales, l'écorce pulvérisée se mêle à la farine de seigle, et rend le pain plus nourrissant. La résine s'obtient, soit par incision, soit par le moyen du feu; celle qui est produite par ce dernier moyen s'emploie sous le nom de poix à calfater les vaisseaux et à divers usages; celle qui provient des incisions faites à l'écorce donne par la distillation l'huile essentielle de térébenthine. Le fruit a la forme d'un cône composé de plusieurs écailles, comme les feuilles d'un artichaut; sous chaque écaille se trouve une petite amande dont la coque est très-dure; on donne à ces amandes le nom de pignons. — (*V.* 2ᵉ T., Arbr. et Arb., n° 15.)

LE COCOTIER.

Le cocotier, de la famille des palmiers, se trouve en abondance aux Indes orientales et dans presque toutes les îles de la mer du Sud. Son tronc, d'un pied de diamètre sur environ soixante de hauteur, se couronne de dix ou douze feuilles découpées en lanières; chacune d'elles, longue de quinze pieds, se compose d'une multitude de folioles, comme les barbes d'une plume. Cet arbre fleurit tous les mois, et les fleurs se convertissent en fruits, qui consistent en une noix de la grosseur d'un petit melon, recouverte d'une enveloppe filandreuse de couleur brune, tirant sur le rouge. La noix, dure et ligneuse, renferme une liqueur qui, en s'épaississant à la longue, forme une amande à chair blanche et ferme, comme celle de la noisette. Le tronc de cet arbre sert à la construction des cases indiennes; les feuilles en font la couverture; on en fabrique aussi des parasols, des voiles pour les pirogues, des corbeilles, des filets pour la pêche et des nattes. Quand les feuilles sont jeunes, on en tire une sorte de papier sur lequel on écrit avec un stylet. L'enveloppe de la noix fournit une bourre grossière dont on fait des étoffes et des cordages; la coque est convertie en vases, en gobelets, en petits ustensiles auxquels on donne un poli très-brillant. La liqueur qu'elle contient, avant la formation de l'amande, est d'un goût et d'un parfum délicieux; l'amande fraîche fournit un aliment aussi sain qu'agréable; on en tire par expression une huile très-douce; on donne le marc aux bestiaux : ainsi, tout, dans le cocotier, est utile à l'homme; les Indiens savent même lui faire rendre une liqueur agréable, connue sous le nom de *vin de palmier;* on la fait couler de l'arbre par l'amputation des spathes, avant le développement des fleurs, et on la recueille dans des pots de terre qu'on place par-dessous. Cette liqueur est d'une saveur très-douce lorsqu'elle est fraîche; au bout de quelques heures, elle devient piquante : si on la distille en ce moment, elle fournit l'eau-de-vie connue des marins sous le nom de *rack* ou *aracka;* plus tard, elle se convertit en vinaigre, et, bouillie alors avec de la chaux, elle s'épaissit, et finit par donner un assez bon sucre. — (*V.* 2e T., Arbr. et Arb., no 16.)

LE CACAOYER.

Cet arbre, de taille moyenne, croît naturellement dans l'Amérique, et particulièrement dans l'isthme; il aime les terrains gras et humides, et les lieux ombragés; la sécheresse et la chaleur excessive le font périr promptement. L'amande de son fruit est la base de cette substance aromatique et nourrissante, dont l'usage est aujourd'hui si connu sous le nom de chocolat. Ces amandes sont renfermées, au nombre d'environ trente, dans une capsule longue de six pouces, large de deux, d'un rouge foncé parsemé de points jaunes ; elles sont de la grosseur d'une olive ; leur couleur tire sur le violet. On les trouve comme enchâssées dans une pulpe blanchâtre, d'un goût acidulé, mais assez agréable. — (*V.* 2e T., Arbr. et Arb., no 11.)

LE FRÊNE.

Le frêne fournit un bois dur et solide qui n'est pas moins recherché que celui du chêne ; on en fait des outils de labourage, des charrues, des essieux, des rayons de roues, des manches d'instrumens. Il devient un très-bel arbre dans les plaines dont le sol est léger et sablonneux ; les terres fortes ne lui conviennent point ; sa feuille ressemble à celle du sorbier. — (*V.* 2e T., Arbr. et Arb., no 10.)

LE ROCOU, OU BIXA.

On connait dans le commerce une substance colorante, designée sous le nom de rocou ou roucou, également utile aux peintres et aux teinturiers ; elle est produite par la pulpe préparée des fruits d'un arbrisseau de l'Amérique et des Antilles, auquel les Européens donnent le même nom, et que les naturels appellent bixa. Les Caraïbes se teignent tout le corps de rocou, et c'est ce qui leur donne la couleur rouge qui les distingue. Les nègres de Saint-Domingue mêlent les graines du rocou dans leurs ragoûts. — (*V.* 1er T., Arbr. et Arb., no 9.)

LA VIGNE.

L'Amérique et l'Asie possèdent un assez grand nombre d'espèce de vignes ; une seule, apportée autrefois de l'Asie en Europe par les Phéniciens, s'est acclimatée au milieu de nous ; c'est la vigne commune, espèce d'arbrisseau dont le tronc difforme se divise en rameaux ou sarmens, souples, flexibles, garnis de nœuds renflés à divers intervalles, et de filets qui se roulent en spirale autour des corps qu'ils rencontrent. Les fleurs, petites, de couleur verdâtre, sont disposées en grappes ; elles font place au fruit si connu par son nom de raisin. La vigne a un grand nombre de variétés, dont la principale différence consiste dans la couleur et la qualité du fruit ; il y a des raisins rouges, noirs, blancs, jaunes, gris, violets, et leur goût ne varie pas moins que leur couleur. Tous produisent, par la fermentation et la pression, la liqueur enivrante, le vin, qui n'est pas moins connu que le fruit lui-même. On fait avec le raisin, outre des vins exquis, diverses sortes d'*eaux-de-vie ;* celles de *Cognac* et de *Montpellier* sont les plus estimées en France. Les grains ou pepins de raisin, broyés et soumis à l'action du pressoir, donnent une huile bonne à brûler. — (*V.* 3e T., Arbr. et Arb., no 2.)

LE COUDRIER, OU NOISETIER COMMUN.

C'est un arbrisseau très-commun dans les haies et les bois taillis, à tiges droites, rameuses, pliantes, couvertes d'une écorce veloutée. Le fruit est fixé dans une enveloppe verte, mince et déchirée en lanières vers le haut, charnue à la base. Le fruit du coudrier s'améliore par la culture. On en tire une huile assez douce, dont la pharmacie fait quelque usage. Ses branches, lorsqu'elles sont jeunes, sont employées à faire des cerceaux pour les futailles. La noisette ou aveline est un aliment pesant et de digestion difficile; les personnes dont l'estomac et la poitrine sont délicats, doivent s'en abstenir. — (*V.* 3e T., Arbr. et Arb., no 1.)

LE NOYER.

Le noyer est originaire de la Perse ; la culture l'a naturalisé en Europe, où elle en a même obtenu plusieurs variétés. Son fruit, trop connu pour être ici décrit, donne, par expression, une première huile assez douce; la seconde huile, produite par une pression plus forte, sert à la peinture et entre dans la composition du savon. On dit que l'eau qu'on obtient par décoction des feuilles du noyer est très-efficace dans les affections scrophuleuses; le suc de la racine fraîche est un fort purgatif; la décoction du brou (l'écorce des noix vertes) fournit une teinture brune très-solide ; le bois est recherché pour la menuiserie, l'ébénisterie ; les sculpteurs l'emploient aussi. La racine, sciée en travers et par lames, représente le plus beau marbre. Les vieilles noix provoquent la toux ; pour les rendre bonnes on les met tremper dans l'eau durant plusieurs jours; elles se gonflent, se ramollissent, perdent leur âcreté, et on peut les dépouiller aisément de leur peau rance et amère. — (*V.* 3e T., Arbr. et Arb., n° 5.)

LE NÉFLIER.

Le néflier commun est un arbre de grandeur médiocre; son tronc tortueux se divise en plusieurs rameaux plians, armé de fortes épines que la culture fait disparaître à la longue. Son fruit passe pour astringent; on le cueille vert et on l'étend sur la paille où il mûrit. Le néflier s'accommode de toute espèce de terrain. — (*V.* 3e T., Arbr. et Arb., n° 4.)

L'OLIVIER.

L'olivier, si précieux par l'huile qu'on retire de ses fruits, réussit très-bien sur les côtes méridionales de la France; il fait la principale richesse de la Provence, de plusieurs cantons du Languedoc et de l'ancien Roussillon. Cet arbre demande un climat chaud; aussi est-il commun en Italie et en Espagne; il vient bien dans les terres légères; il aime assez l'humidité, craint beaucoup le froid; il n'exige d'ailleurs que très-peu de soin. Son bois est excellent pour le chauffage; on en fait aussi de petits meubles. L'olive, cueillie avant sa maturité, et dépouillée par une forte lessive de son amertume, devient très-bonne à manger. — (*V.* 3e T., Arbr. et Arb., n° 3.)

LE PALMIER-ARÉQUE.

Ce palmier, originaire de l'Inde, s'élève à cinquante pieds de hauteur; sa tige droite, mince, marquée d'anneaux parallèles, ne porte au sommet que sept à huit feuilles; ses fruits, d'un jaune doré, ont à peu près la forme et la grosseur d'un petit œuf de poule. La pulpe en est rouge, le noyau blanc veiné de rouge; il entre dans la composition du *bétel* dont les Indoux font un usage continuel. L'arèque d'Amérique acquiert une hauteur prodigieuse: on en a vu à la Jamaïque de cent soixante-dix pieds. Quelques feuilles disposées en parasol forment sa tête. Le tronc se termine par un faisceau ou bourgeon de feuilles, connu sous le nom de chou-palmiste. Ce chou a le goût de l'artichaut, et on

maladies des enfans causées par les vers. On tire des noyaux du fruit une huile dont la médecine se sert en quelque cas. On conserve les pêches dans l'eau-de-vie, ou simplement séchées au soleil; dans ce dernier cas, on les garde pour faire des compotes. — (*V*. 3e T., Arbr. et Arb., n° 14.)

LE DATTIER.

Cet arbre, de la famille des palmiers, est originaire de l'Arabie et de l'Afrique; on l'a transplanté en Espagne et en Italie, où il réussit, quoique moins bien que dans le sol natal. Le dattier vit très-long-temps. Sa tige, qui n'a que quinze pouces environ de diamètre, au temps où l'arbre a pris tout son accroissement, monte à quatre-vingts pieds et plus de hauteur. Un ample faisceau de feuilles longues de dix pieds lui sert de couronnement. Aux aisselles de ces feuilles naissent les régimes chargés de fleurs innombrables. Ces régimes se divisent en rameaux simples; les fleurs sont de couleur jaunâtre. Les fruits, semblables à une très-grosse olive, sont d'un beau jaune doré; ils ont une saveur sucrée assez agréable quand ils sont frais. Les meilleures dattes nous viennent de Tunis; celles d'Italie ou d'Espagne ne se conservent pas. Les Arabes et les Africains, habitans du désert, en font leur principale nourriture; pour cela, ils les réduisent en farine lorsqu'elles sont sèches, et pour s'en servir, ils délaient cette farine avec un peu d'eau. La pulpe des dattes, séparée des noyaux, et soumise à une forte pression, se réduit en une espèce de pâte qu'on nomme *miel de dattes*, et qu'on estime beaucoup. Les noyaux, triturés et bouillis, fournissent une bonne nourriture aux chameaux et aux brebis; le fruit, fermenté avec de l'eau, produit un vinaigre qui donne par distillation une eau-de-vie que les nègres appellent *nectar de dattes;* les régimes, dépouillés de leurs fleurs, servent de balais; leur base, macérée dans l'eau et fortement battue, fournit une étoupe dont on fait des cordages et des chaussures. Les jeunes feuilles se mangent en salade; les feuilles anciennes remplacent le bois de chauffage. Les folioles, également macérées et battues, donnent une bourre dont on fait des tapis et divers ustensiles. Enfin, on retire par incision du tronc du dattier une liqueur douce et blanchâtre qui porte le nom de *lait de dattes*. En un mot, tout dans le dattier est utile, et ce n'est pas sans raison qu'on l'a de tout temps regardé comme l'un des plus beaux présens que la Providence ait faits aux hommes. — (*V.* 3e T., Arbr. et Arb., n° 13.)

LE MUSCADIER.

On ne trouve le muscadier que dans les îles Moluques, et particulièrement dans celle de Banda. C'est un arbre d'environ trente pieds, très-branchu, et chargé d'un feuillage épais toujours vert et ressemblant assez à l'oranger. Il porte constamment des fleurs et des fruits, et ne se dépouille jamais de toutes ses feuilles; il aime l'humidité et l'ombre; à l'abri d'autres arbres plus grands que lui, il résiste au froid des montagnes. La forme du fruit approche de celle de la poire; sa couleur est vert clair; il se compose d'abord d'une enveloppe extérieure qui s'ouvre par le sommet en deux valves charnues, entre lesquelles se trouve la noix. Cette noix, connue sous le nom de muscade, a pour enveloppe particulière une membrane épaisse, transparente, d'un rouge vif qui jaunit en vieillissant, désignée sous le nom de *macis*. Ce macis est plus estimé que la noix elle-même, d'abord parce qu'elle a plus d'arome, ensuite parce que l'usage en est moins dangereux. — (*V.* 3e T., Arbr. et Arb., n° 12.)

L'ANANAS.

La tige de cet arbuste herbacé n'a guère que deux pieds d'élévation; elle monte verticalement, est garnie de feuilles courtes, charnues, assez semblables à celles de l'aloès, et se termine en un bouquet de fleurs bleues très-serrées, auxquelles succèdent des baies qui, en mûrissant, s'unissent et produisent un seul fruit qui a la forme d'une pomme de pin. Ce fruit, jaune en dehors, blanc en dedans, est d'une saveur délicieuse; il donne par expression une liqueur enivrante et excitante. Chaque fruit se couronne d'une touffe de feuilles, qui, mises en terre, produit une plante nouvelle. L'ananas, originaire de l'Inde, a été transplanté en Amérique, où il a réussi. En Europe on le cultive dans les serres. — (*V.* 3e T., Arbr. et Arb., n° 11.)

LE CAFÉIER.

Originaire de l'Arabie et de l'Inde, et naturalisé, comme l'ananas, en Amérique, le caféier est un arbrisseau précieux par son fruit, dont l'enveloppe rouge contient deux graines aplaties d'un côté, convexes de l'autre, et marquées à la surface plate d'un sillon longitudinal; ce sont ces graines auxquelles nous donnons le nom de café, qui, par la torréfaction et l'infusion dans l'eau bouillante, fournissent cette boisson délicieuse et aromatique dont l'usage est aujourd'hui si général. On prétend que le café non torréfié et réduit en poudre a de grandes vertus fébrifuges. Les enveloppes ligneuses des graines, concassées grossièrement, donnent aussi, par infusion, une boisson qu'on désigne par le nom de *café à la sultane*. — (*V.* 3e T., Arbr. et Arb., n° 10.)

LE COTONNIER.

Il y a plusieurs espèces de cotonniers; les uns constituent des arbres de moyenne grosseur, les autres de simples arbrisseaux; l'espèce la plus généralement cultivée est originaire de l'Inde et de l'Afrique, d'où elle a été importée dans les îles de la Méditerranée. Ses tiges cylindriques, ligneuses, velues, d'un roux tirant sur le rouge, ne s'élèvent guère au-dessus de trois pieds; les grains sont entourés d'un duvet très-fin et non moins abondant. C'est ce duvet qui, après diverses préparations qui tendent à le dégager des grains, forme la matière si connue en Europe sous le nom de coton. — (*V.* 3e T., Arbr. et Arb., n° 7.)

LE POIRIER.

Le poirier croît naturellement dans nos forêts; transporté dans nos jardins, il s'est amélioré par la culture, et il a produit un grand nombre de variétés. Son fruit est d'un très-grand usage; on le regarde comme digestif. Son bois, d'un compacte, d'un grain très-fin, reçoit très-bien la teinture noire, au point qu'on a beaucoup de peine à le distinguer de l'ébène; aussi est-il très-recherché par les ébénistes et les tourneurs. Le fruit du poirier sauvage converti en sirop est, dit-on, un spécifique contre la diarrhée. En Normandie on tire des poires, par le moyen de la fermentation, une boisson qu'on appelle *poiré*, et qui est plus spiritueuse que le cidre. (*V.* 4e T., Arbr. et Arb., nº 5.)

LE FRAISIER.

Ce n'est qu'une plante rampante, qui serait remarquée à peine sans la bonté et le parfum de son fruit. La fraise est saine autant qu'agréable au goût, pourvu qu'elle soit mûre, fraîchement cueillie, et qu'on n'en mange que modérément. Les fraises donnent, par la distillation, une eau fortifiante, rafraîchissante et en même temps purgative. — (*V.* 4e T., Arbr. et Arb., nº 4.)

LE GROSEILLIER.

Le groseillier, arbuste rameux de trois ou quatre pieds de haut, produit de petites baies rouges ou blanches, réunies par grappes, d'un goût acide, mais agréable. On les mange crues ou en compote ; on en fait aussi des sirops. La médecine en fait usage dans les hémorragies et les diarrhées. Quelques personnes tirent des groseilles une espèce de vin qui se conserve toute l'année. Il y a une espèce de groseillier qu'on appelle *épineux*, parce que ses branches sont hérissées de piquans. Ses baies sont d'un vert clair ou jaunâtre ; on en fait du vin qui est meilleur que celui de la groseille ordinaire, et qui de plus passe pour antiscorbutique. — (*V.* 4e T., Arbr. et Arb., nº 3.)

L'ABRICOTIER.

Une grandeur moyenne, des rameaux étendus, de larges feuilles glabres et dentelées, des fleurs disposées par bouquet, et surtout des fruits pleins d'une pulpe charnue et succulente, distinguent l'abricotier commun qu'on trouve dans toute l'Europe, où il a été apporté de l'Orient. Il découle des branches une gomme qui, dit-on, est adoucissante. L'huile extraite des noyaux de l'abricot est aussi très-bonne dans certaines inflammations. On a remarqué que le fruit des abricotiers plantés en plein vent est moins gros, mais de meilleur goût que celui des abricotiers en espalier. On en multiplie les espèces au moyen de la greffe. L'abricotier vit long-temps, et plus il vieillit, plus il rapporte. — (*V.* 4e T., Arbr. et Arb., nº 2.)

L'AMANDIER.

Le fruit de l'amandier est bien connu ; doux ou amer, il est également employé dans les offices; mais il est peu sain, surtout pour les personnes qui ont l'estomac délicat. Les amandes donnent par expression une huile émolliente et apéritive ; les amandes amères ont la même vertu. Le bois de l'amandier est dur, compacte, roussâtre et veiné de belles couleurs. L'arbre entier s'élève à environ trente pieds. — (*V.* 4e T., Arbr. et Arb., nº 1.)

LE CERISIER.

Le cerisier, originaire de l'Asie mineure, est un assez bel arbre, dont le tronc est recouvert de plusieurs écorces, qui se déchirent et se lèvent circulairement. Il n'est personne qui ne connaisse les cerises. Prises en petite quantité, elles rafraîchissent; séchées au soleil, elles sont astringentes. Il y a plus de trente variétés de cerises, parmi lesquelles on distingue les guignes, les bigarreaux et les griottes.— (*V.* 4e T., Arbr. et Arb., nº 10.)

LE POMMIER.

Ainsi que le poirier, le pommier croît naturellement dans les bois: mais la culture et l'industrie l'ont conquis pour nos jardins, qu'il pare par son feuillage et par ses fleurs. On sait que la pomme se mange crue, cuite, en compote, en confitures ; que la pharmacie en tire un sirop cordial, et qu'en Normandie, où toutes ses espèces abondent, on en retire, par le moyen de la fermentation, une liqueur connue sous le nom de *cidre,* et qui remplace le vin partout où la vigne ne saurait réussir. Le bois du pommier est moins dur que celui du poirier ; mais comme il est plein, doux et liant, il est recherché par les tourneurs. L'écorce du pommier fournit une assez bonne teinture jaunâtre. (*V.* 4e T., Arbr. et Arb., nº 7.)

LE PRUNIER.

Le prunier est l'un des arbres les plus répandus dans nos climats, et en même temps des plus utiles. Ses racines sont employées par les ébénistes et les tabletiers; son bois veiné, d'un rouge brun, sert dans les ouvrages d'ébénisterie. Son fruit fournit la matière d'excellentes compotes, lorsqu'il n'est pas mangé cru. On le fait sécher et on le conserve sec pendant très-long-temps. Le prunier vient bien sur toute sorte de terrain; mais pour obtenir la meilleure qualité de fruit, il faut greffer les bonnes espèces sur les sauvageons; il en est de même des pommiers et des poiriers.—(*V.* 4e T., Arbr. et Arb., n° 6.

LE POIVRIER.

Le genre des poivriers contient plus de trente espèces; ce sont en général des plantes sarmenteuses que produisent les climats chauds des deux Indes, et qui portent des baies aromatiques d'une odeur agréable et d'une saveur piquante. Les longues tiges du poivrier noir, celui qui fournit à l'Europe le poivre qu'elle consomme, a besoin d'être soutenu par des échalas. Il fleurit ordinairement deux fois chaque année, ce qui produit deux récoltes. Le poivre blanc n'est pas autre chose que le grain noir dépouillé de son enveloppe. On prétend que ce dernier est en certain cas un puissant fébrifuge. (*V.* 4e T., Arbr. et Arb., n° 15.

LE GIROFLIER.

Cet arbre ne croissait qu'aux îles Moluques; il arriva même que, pour pouvoir s'en assurer la possession exclusive, les Hollandais, maîtres de ces îles, les détruisirent dans toutes, excepté dans celles de Ternate et d'Amboine, où ils avaient leurs principaux établissemens. Mais toutes leurs précautions n'empêchèrent pas le Français Poivre d'introduire dans l'île de France toutes les plantes aromatiques des Moluques; parmi elles était le giroflier, qui de cette île a été transporté à Cayenne, où il s'acclimate et prospère. Personne n'ignore que le clou de girofle est le fruit de cet arbre, et qu'on en fait un grand usage en Europe pour la préparation des alimens. On retire de ces clous une huile essentielle qui est très-caustique, mais qu'on emploie avec succès dans les odontalgies ou maux de dents. — (*V.* 4e T., Arbr. et Arb., n° 14.)

LE PISTACHIER.

C'est une plante de la famille des térébinthacées, qui renferme un assez grand nombre d'espèces, parmi lesquelles on distingue celle qui fournit les pistaches, et qu'on ne trouve que dans le Levant. La pistache est une sorte de noix de la grandeur et de la forme d'une grosse olive. Elle se compose du brou d'une coque dure, mais cassante, et d'une amande dont la chair est colorée en vert. Cette amande est fort douce et bonne à manger ; les confiseurs lui font une enveloppe de sucre. — (*V.* 4e T., Arbr. et Arb., n° 13.)

LE VANILLIER.

Semblable au lierre, le vanillier presse de sa tige flexible le tronc des arbres voisins, et s'élève en serpentant jusqu'à leurs plus hautes cimes ; de là il retombe pour s'élever encore et puis redescendre, ou pour s'étendre horizontalement, et former ainsi dans les forêts des espèces de haies, ou plutôt de réseaux, presque impénétrables. Cette plante se plaît sur les bords de la mer et dans les lieux marécageux. A mesure qu'on pénètre dans l'intérieur, on la voit moins fréquemment. La fleur du vanillier est remplacée par une gousse, ou capsule longue et charnue, qui s'ouvre en trois portions, toutes chargées de menus grains. C'est cette capsule qui, dépouillée de sa viscosité par les préparations qu'on lui fait subir, constitue ce précieux aromate qui entre avec le sucre dans la composition du chocolat. — (*V.* 4e T., Arbr. et Arb., n° 12.)

LE FRAMBOISIER.

Le framboisier est un arbuste épineux d'environ quatre ou cinq pieds de haut ; il croît naturellement dans les bois, mais on le cultive dans les jardins, à cause de la bonté de ses fruits. Il se plaît dans les terres humides et substantieuses, et à une exposition froide. La framboise se mange crue, soit seule, soit mêlée avec la fraise, à laquelle elle ressemble par la forme, non par la grosseur. On la regarde comme rafraîchissante et anti-scorbutique. — (*V.* 4e T., Arbr. et Arb., n° 11.)

LE COIGNASSIER.

Le fruit du coignassier a la forme d'une espèce de poire ; la peau extérieure en est cotonneuse, la partie intérieure charnue et jaunâtre ; il a une odeur assez agréable, mais il est d'un goût âpre et d'une qualité astringente. On ne laisse pas de l'employer dans quelques préparations alimentaires, où, à la vérité, on le corrige par le moyen du sucre. Le coignassier se cultive dans nos jardins, moins pour son fruit que par l'extrême facilité qu'on a de greffer sur lui les poiriers de toute espèce. — (*V.* 4e T., Arbr. et Arb., n° 9.)

LE FIGUIER.

Cet arbre, renommé pour son fruit, s'élève dans les bons terrains jusqu'à vingt-cinq ou trente pieds de hauteur. Il a le bois blanc, spongieux et plein d'un suc laiteux extrêmement âcre. Les feuilles sont larges, épaisses, rudes au toucher ; les figues contiennent la fleur, quand elles sont vertes, et la graine lorsqu'elles sont mûres. Elles sont pleines d'une pulpe plus ou moins rouge, et d'un goût exquis. Les figues sèches sont estimées ; on les regarde comme très-bonnes pour la poitrine. Le figuier doit être taillé pour qu'il soit d'un meilleur rapport. Il est très-commun en Espagne et dans nos provinces méridionales, dont le climat lui convient, à cause de sa douceur. — (*V.* 4e T., Arbr. et Arb., n° 8.)

LES PLANTES NOURRICIÈRES.

INTRODUCTION.

Sous le titre de plantes nourricières, nous avons formé un choix de celles qui servent à la nourriture habituelle de l'homme et des animaux domestiques. On donne aujourd'hui le nom de *céréales* aux graminées ou grains qu'on emploie à faire le pain ; tels sont : le *froment*, le *seigle*, l'*orge* et l'*avoine*. On fait également, dans certaines contrées, du pain de *sarrasin*, de maïs ou blé de Turquie. L'*avoine* est aussi un excellent aliment pour les chevaux ; c'est une nourriture confortative qui leur donne de l'ardeur. Les animaux domestiques se nourrissent habituellement de foin, de la paille des blés, de la luzerne, du sainfoin, du trèfle, d'orge en vert, etc. Une foule de plantes légumineuses servent également à la nourriture de l'homme.

LE BLÉ FROMENT.

On croit que cette utile plante, qui nourrit tant de millions d'hommes, est indigène de la Tartarie ; tout ce qu'on peut dire, c'est qu'elle est connue depuis les temps les plus reculés, et qu'il est vraisemblable que c'est la culture qui, en l'améliorant, a produit toutes les espèces qui font aujourd'hui la richesse de nos climats. Celle qu'on cultive le plus généralement en Europe est le froment d'hiver, qu'on sème en automne et qu'on ne récolte que l'année suivante ; c'est la plus propre à faire du pain, à cause de l'abondance et de la qualité du gluten qu'elle contient. Le froment s'accommode de toutes les températures, et on le sème avec succès jusqu'au fond de la Sibérie ; dans les terres qui lui conviennent, il est d'une fécondité prodigieuse. Pline rapporte qu'un intendant d'Auguste avait envoyé d'Alexandrie, à ce prince, un pied de blé qui portait quatre cents talles, provenant d'un seul grain. Le froment renferme, outre le gluten, une substance sucrée et du mucilage. Les habitans de plusieurs cantons de la Pologne, très-riches en blé, retirent par la fermentation du résidu de leurs récoltes, une liqueur spiritueuse, très-forte et très-active. — (*V.* 1er T., Pl. N., n° 7.)

LE SEIGLE.

Après le froment, le seigle est de toutes les substances alimentaires celle dont l'usage est le plus général ; mais le pain qu'on fait de sa farine est moins nourrissant et même moins sain que le pain de froment. On dit qu'il nous vient du Levant. On le cultive aujourd'hui dans les contrées du nord et sur nos montagnes. Un sol maigre, léger, sablonneux lui suffit. Il est malheureusement sujet à une maladie qu'on nomme l'*ergot*, et qui lui communique des qualités extrêmement dangereuses. L'ergot convertit le grain en une poussière très-âcre. En Allemagne, en Pologne, on retire du seigle comme du froment, une espèce d'eau-de-vie ; les paysans couvrent leur cabane de la paille que leur fournit cette plante. — (*V.* 1er T., Pl. n., N° 6.)

LE MAÏS.

Cette précieuse graminée nous a été apportée de l'Amérique. On la cultive avec fruit dans nos départemens méridionaux, où elle est plus connue sous le nom de blé de Turquie. Les Américains en faisaient du pain et l'employaient à beaucoup d'autres usages ; ils mêlent aujourd'hui à la farine du maïs celle du froment, ce qui donne à leur pain une qualité bien supérieure. Le pain de maïs seul est lourd et indigeste. La graine fermentée fournit une liqueur vineuse et enivrante ; l'épi, quand il est tendre, se mange en friture ou confit au vinaigre. En France, on ne s'en sert guère que pour les bestiaux, qui s'en montrent avides.

Le maïs se plaît dans les terres légères et sablonneuses. — (*V.* 1er T., Pl. N., n° 3.)

LE SARRASIN.

On donne ce nom à une espèce de blé dont le grain est noir, petit et de forme triangulaire. On prétend que le premier fut apporté en Europe par les Maures, ou Sarrasins, vers le milieu du huitième siècle. La volaille de basse-cour, et surtout les pigeons, aiment beaucoup ce grain ; la fleur, qui est jaune, ne plaît pas moins aux abeilles. — (*V.* 1er T., Pl. N., n° 2.)

LE RIZ.

Le riz est pour les habitans de l'Asie ce qu'est pour nous le blé, la première et la plus générale de toutes les substances alimentaires. Il est sain, nourrissant, de facile digestion et d'un goût agréable. On le cultive dans quelques contrées méridionales de l'Europe, où l'on emploie la paille qu'on en tire à faire divers tissus, et principalement des chapeaux de femmes. Le riz ne vient que dans les terres humides et marécageuses, souvent inondées ; il y en a une espèce qui croît dans les terrains secs et se contente d'un arrosement léger. Les Chinois et les Hindous retirent du riz, par la fermentation, une liqueur qui leur tient lieu de vin. L'eau de riz est d'un fréquent usage dans la médecine. — (*V.* 1er T., Pl. N., n° 1.)

L'ORGE.

L'orge s'emploie comme aliment et comme médicament. Ses grains, amilacés, longs, pointus des deux bouts, renflés au milieu, offrent, sous un test jaune, âcre, amer et coriace, une substance blanche, farineuse, nutritive, qui, mêlée au froment, donne d'excellent pain. On appelle orge mondé celui qui a été privé de son écorce par le frottement, et orge perlé celui auquel l'opération prolongée n'a laissé qu'un petit grain rond et blanc, réduit à la substance amilacée. On se sert des deux espèces pour faire des tisanes rafraîchissantes. Personne n'ignore que l'orge, soumise à la fermentation et à la trituration, sert de base à la boisson si généralement connue sous le nom de bière. — (*V.* 1er T., Pl. N., n° 4.)

L'AVOINE.

L'avoine a tenu autrefois lieu de froment dans plusieurs contrées de l'Europe; les peuples de la Germanie s'en nourrirent pendant long-temps, et encore aujourd'hui les habitans pauvres des régions polaires en font la base de leur repas; mais le pain d'avoine est lourd, indigeste et de mauvais goût. Ce grain ne s'emploie que pour faire de la bière ou de l'eau-de-vie; on en donne aussi aux chevaux, dont elle augmente la vigueur. Grossièrement concassée, l'avoine fournit un gruau léger, suave et rafraîchissant. On la donne avec succès dans les fièvres inflammatoires, en y ajoutant un peu de nitre pour en augmenter l'activité. — (*V.* 1er T., Pl. N., n° 5.)

LE MILLET.

Le millet, ou panis, est le plus petit de tous les blés; on l'emploie principalement à nourrir la volaille et les oiseaux que l'on tient en cage. Réduit en farine, il peut fournir du pain et du gruau qu'on fait cuire avec du lait, du bouillon ou de l'eau. Cette plante, originaire de l'Inde, transportée en Europe, est cultivée en Italie et dans nos provinces méridionales — (*V.* 1er T., Pl. N., n° 14.)

L'OSEILLE.

On distingue dans l'oseille plusieurs espèces; la meilleure, peut-être parce qu'elle contient plus d'acide, est celle qui croît dans les champs, plus petite que celle qu'on cultive dans les jardins. Celle-ci est plus verte, et ses feuilles sont moins lancéolées. On s'en sert pour relever certains alimens; on en prépare aussi des bouillons pour les malades, en certains cas. Il ne faut pas confondre cette plante potagère avec une autre plante commune dans les forêts d'Europe, qu'on appelle *oseille des bûcherons* ou *alléluyas*. Elle porte de petites fleurs blanches, veinées, quelquefois teintes de pourpre; elle est acide, rafraîchissante, antiscorbutique; elle s'emploie avec succès dans les fièvres bilieuses inflammatoires. Ses feuilles, en se resserrant, annoncent la pluie. C'est de cette espèce, non de l'oseille commune, qu'on retire la substance connue dans le commerce sous le nom impropre de *sel d'oseille*, et dont la vertu, comme on sait, consiste à enlever des étoffes blanches les taches d'encre. —(*V.* 1er T., Pl. N., n° 2.)

LE MANIOC.

C'est un arbrisseau de l'Amérique, haut de six à sept pieds, à fleurs blanchâtres, bien plus précieux par ses racines que par ses fruits. Ces racines fournissent à un grand nombre d'habitans une nourriture saine et facile à digérer. Une particularité remarquable, c'est que ces racines, qu'on cultive d'autant plus aisément qu'elles n'adhèrent pas à la tige, renferment un suc laiteux qui est un véritable poison. La fécule qu'on en retire, dépouillée par l'expression de ce suc dangereux, donne un pain nourrissant ou des liqueurs fermentées; on donne à cette fécule le nom de cassave. Les feuilles de l'arbrisseau, cuites et hachées, se mangent comme chez nous l'oseille et les épinards. —(*V.* 1er T., Pl. N., n° 20.)

LE CHOU COMMUN.

Le genre des choux comprend une vingtaine d'espèces, qui pour la plupart croissent dans les potagers d'Europe; on remarque parmi elles celle qui a une tige ligneuse et donne des arbrisseaux plutôt que des plantes. Le chou potager est cultivé chez nous de temps immémorial; on le trouve de même chez les autres peuples, et c'est probablement à cette longue culture que l'on doit ses nombreuses variétés; les principales sont le colza, le chou-vert, le chou-cabu ou pommé, le chou-fleur, le chou-rave et le chou-navet. Le premier est celui qui tient le plus de l'état sauvage; on le cultive dans les départemens du nord pour avoir sa graine, dont on tire une huile abondante, bien connue dans le commerce. Le chou-vert se distingue par sa haute taille. Dans le chou-rave, la sève se porte à la souche de la plante, et elle y produit un gonflement, une masse tubéreuse qui est très-bonne à manger. C'est la racine elle-même qui se gonfle et se distend dans le chou-navet, de manière à former une masse ronde, comestible. Les Allemands préparent les choux par la fermentation, et ils en font un mets qu'il appellent *sauer-kraut,* et que nous prononçons choucroute. Cette substance, qui peut se conserver pendant quatre ou cinq ans, est antiscorbutique, et entre ordinairement dans la masse des provisions qu'on fait en mer. — (*V.* 1er T., Pl. N., n° 18.)

LA MOUTARDE.

La moutarde est blanche ou noire. La première croît dans les champs, en France, en Angleterre, en Allemagne. Sa tige, haute de quinze à vingt pouces, se termine par un bouquet de fleurs jaunes, disposées en épi. Les siliques, hérissées de poils, contiennent de deux à quatre grains d'un jaune pâle. La seconde, connue sous le nom de sénevé, s'élève à trois ou quatre pieds, a des fleurs jaunes très-petites, et porte des siliques où sont renfermées de quatre à neuf graines. Ces graines fournissent par expression une huile très-douce, et par la distillation une huile volatile très-âcre; elles sont antiscorbutiques. On les emploie dans la médecine en un grand nombre de cas, et l'on en compose des cataplasmes qu'on nomme sinapismes, de *sinapi*, nom latin de la plante. Mais le plus grand usage qu'on fasse de ces graines consiste dans la préparation de la pâte liquide qu'on appelle moutarde, et qui sert d'assaisonnement à beaucoup de mets. — (*V.* 1er T., Pl. N., n° 19.)

LE NAVET.

C'est une racine charnue, d'une saveur douce, un peu piquante, d'un grand usage dans la préparation de nos alimens, et en certains lieux pour la nourriture des bestiaux. La forme, la couleur et la grosseur du navet varient beaucoup. Il y en a de ronds, d'alongés, de gros, de petits, de blancs, de gris, de jaunes, de noirâtres. Ce légume est sain, quoiqu'un peu venteux; on le confond souvent avec la rabiole, ou grosse rave, bien différente de la rave ordinaire, qui n'est qu'une variété du radis. —(*V.* 1er T., Pl. N., n° 17.)

LE CHAMPIGNON.

Le champignon se compose d'une substance spongieuse, molle, charnue, quelquefois mucilagineuse. Sa forme varie suivant les espèces; le plus grand nombre sont surmontés d'un chapeau. Les uns peuvent se manger, les autres renferment un poison actif, et il est souvent très-difficile de distinguer les bons des mauvais. Les signes auxquels on peut les reconnaître sont très-équivoques, et les exemples d'empoisonnement par les champignons sont si nombreux, que le meilleur parti serait de s'en abstenir; ceux même qu'on peut manger ont presque toujours des qualités malfaisantes. En général, on doit rejeter tous ceux dont la chair est adhérente et coriace, et ceux dont la chair molle et aqueuse change de couleur quand on la divise.—(*V.* 1er T., Pl. N., n° 11.)

LE TOPINAMBOUR.

On donne ce nom à des excroissances charnues, des tubercules qui se forment sur les racines d'une plante qu'on trouve dans l'ancien pays des Topinambours, peuples du Brésil. Ces excroissances ont le goût de l'artichaut; on les mange cuites ou crues. —(*V.* 1er T., Pl. N., n° 10.)

LE RAIFORT.

Le raifort ou radis nous vient de la Chine. Ses feuilles forment sur le sol une touffe de verdure; la racine, tantôt ronde, tantôt alongée en fuseau, dans l'un et l'autre cas couverte d'une peau rouge, quelquefois grosse et noire, occupe une des premières places sur toutes les tables. On la mange crue, assaisonnée de sel. Elle a une saveur piquante, et même assez âcre, surtout dans la variété dont l'écorce est noire, ou dont la forme est longue; mais elle est saine, et passe pour antiscorbutique. — (*V.* 1er T., Pl. N., n° 8.)

LE HARICOT.

Le haricot commun est indigène de l'Inde; on le cultive aujourd'hui dans toute l'Europe. Les semences qu'il produit sont renfermées dans une gousse qu'on mange quand elle est encore verte. Elles varient souvent de forme et de couleur, et cette variété est l'effet de la culture. Les haricots ne servent pas seulement de nourriture aux hommes, on les donne encore aux bestiaux qui les dévorent avidement. On peut les conserver tout l'hiver sans qu'ils perdent de leur bonté; il faut même qu'ils aient un an au moins pour pouvoir être semés. Parmi les diverses espèces de ce légume, on distingue le haricot d'Espagne, que l'on cultive dans les jardins pour les orner. Sa tige, qui s'élève souvent jusqu'à douze pieds, produit une infinité de jets qui tous se chargent de bouquets de fleurs d'un rouge éclatant. Ces haricots sont très-gros, et de couleur pourpre ou violette. — (*V.* 1er T., Pl. N, no 13.)

LA POMME-DE-TERRE.

La pomme-de-terre, qui offre tant de ressources à la classe pauvre et laborieuse, est un présent que le Pérou a fait à l'Europe, bien plus précieux que les métaux de ses mines. Tout le monde connaît ces racines tubéreuses, succulentes, farineuses, agréables au goût, saines, faciles à digérer, ainsi que la fécule qu'on en tire, et qui est d'un si grand usage dans l'économie domestique. — (*V.* 1er T., Pl. N, no 12.)

LA TRUFFE.

La truffe, bien connue des amateurs de la bonne chère, n'est qu'une masse charnue, semblable par la forme à la pomme-de-terre, végétant sous le sol, dans les lieux sablonneux, sans tige et sans racines. Il est probable qu'elle se nourrit des sucs de la terre par ses propres pores; quant à la manière dont elle se perpétue, on croit que c'est par ses graines, qui, au reste, sont si petites, qu'on ne saurait les apercevoir à l'œil simple. On sait que les porcs sont très-friands de la truffe et la découvrent. — (*V.* 1er T., Pl. N, no 9.)

L'AIL.

L'ail, dont on fait un grand usage dans les climats chauds de l'Europe, ainsi que dans nos provinces méridionales, se compose d'une bulbe âcre et d'une odeur pénétrante; mais elle rachète cet inconvénient par les vertus antiseptiques qu'elle possède. On l'emploie avec succès dans toutes les maladies qui résultent d'atonie ou d'épaississement des humeurs. Les anciens Egyptiens adoraient l'ail; les Grecs l'avaient en horreur; les soldats romains s'en nourrissaient; il entre aujourd'hui dans la préparation des alimens chez les peuples du midi; mais l'odeur qui s'en exhale est si pénétrante, surtout lorsqu'il est mangé cru, qu'il infecte la respiration et jusqu'à la sueur. —(*V.* 1er T., Pl. N., n° 16.)

LE POURPIER.

C'est une plante herbacée, à feuilles charnues, munies quelquefois à leur aisselle d'un bouquet de poils, à fleurs jaunes. On mange le pourpier en salade tant qu'il est jeune; il entre ensuite dans les potages, et dans plusieurs compositions médicinales. Il croît naturellement en Amérique; il craint le froid de nos climats, de sorte qu'on est obligé de l'élever en couche et sous cloche. —(*V.* 1er T., Pl. N., n° 15.)

LE SALSIFIS.

C'est une racine longue, charnue, de couleur brune, tirant tantôt sur le roux, tantôt sur le noir. Il y en a de deux sortes; l'une, qu'on appelle aussi scorsonère, est très-commune en Espagne et dans nos départemens du midi. Elle se plaît dans les terres grasses, mais douces et ameublées. Le salsifis se mange le plus souvent en beignets ou en friture.—(*V.* 1er T., Pl. N., n° 21.)

L'ASPERGE.

L'asperge pousse dès les premiers jours du printemps; elle donne des tiges plus ou moins longues, plus ou moins charnues, suivant le genre de culture qu'elle reçoit. Pour avoir de belles pousses, blanches par le bas, vertes en haut, bonnes à manger, il faut avoir soin de les couper tous les ans à rase terre, afin qu'elles ne puissent pas monter en graine. Un plant d'asperges dure plusieurs années. L'asperge est diurétique et apéritive. Son nom vient de deux mots grecs qui signifient *non ensemencé*, parce que les meilleures asperges sont celles qui ne proviennent pas de semis. — (*V*. 2e T., Pl. N., no 7.)

L'ARTICHAUT.

L'artichaut est si commun parmi nous qu'il n'est personne qui ne le connaisse comme aliment; ce que beaucoup de gens ignorent peut-être, c'est que les artichauts qu'on sert sur nos tables ne sont pas autre chose que la tête des fleurs non encore épanouies. Le réceptacle charnu de l'artichaut est un très-bon mets, surtout en friture; il est d'assez facile digestion. Un plant d'artichaut peut durer quatre ou cinq ans. Dans quelques cantons, quand on veut remplacer un plant, on en lie toutes les feuilles, et on les empaille soigneusement. Elles blanchissent bientôt comme celles du cardon d'Espagne, se dépouillent de toute leur amertume, et sont employées au même usage. On peut conserver ainsi toute l'année ces paquets de feuilles, enterrés dans le sable. — (*V*. 2e T., Pl. N., no 6.)

LA TOMATE.

La tomate ou pomme d'amour forme le principal assaisonnement d'un grand nombre de mets, surtout dans les contrées méridionales de l'Europe, où beaucoup de personnes les mangent, même en salade. Elle naît sur une plante à tige sarmenteuse qui d'abord s'élève jusqu'à la hauteur d'un pied et demi ou deux pieds, et que son poids fait ensuite retomber vers la terre. Cette plante, extrêmement touffue, fait l'ornement des potagers, autant par la couleur verte de ses feuilles, que par la couleur rouge et brillante de ses fruits. — (*V*. 2e T., Pl. N., no 13.)

LA CAPUCINE.

La capucine est originaire de l'Amérique. C'est une plante herbacée dont la tige faible, étalée, a besoin d'un appui. Ses fleurs, en forme de cloche, sont remarquables par leur belle couleur-orangé foncé ou rougeâtre, très-éclatant. Elle est annuelle dans nos climats; au Pérou, où elle est indigène, elle est très-vivace. Comme elle aime à grimper, on la plante dans nos jardins, autour des cabinets de treillage qu'on veut ombrager. On confit au vinaigre ses boutons de fleurs et ses jeunes fruits, qu'on emploie ensuite en guise de câpres. La fleur épanouie entre dans les salades qu'elle orne par sa couleur. On prétend qu'un peu avant le crépuscule, les fleurs de la capucine lancent des étincelles électriques. Il y en a une espèce à fleurs doubles; on la conserve dans les serres. — (*V.* 2e T., Pl. N., no 12.)

LE POTIRON.

Le potiron, vulgairement appelé citrouille, est du genre des concombres, mais beaucoup moins estimé comme aliment. On le cultive de même; dans les pays où il est commun, on en nourrit la volaille et les porcs; dans quelques autres, on en fait des potages et même des ragoûts dont les pauvres gens se contentent. — (*V.* 2e T., Pl. N., no 11.)

L'ÉPINARD.

L'épinard provient de semis; il exige une terre bien amendée. Il produit une touffe de feuilles vertes qu'on coupe au pied pour les faire cuire, soit seules, soit mêlées à d'autres substances. Les premiers semis, ceux du mois d'août, donnent vers la fin de l'automne et pendant tout l'hiver; les autres donnent plus tard; on le réserve pour l'arrière-saison. L'épinard paraît sur toutes nos tables. — (*V.* 2e T., Pl. N., no 4.)

LE MELON.

Le melon n'est qu'une variété du concombre. La plante est sarmenteuse et rampante, garnie de grandes feuilles très-rudes au toucher et de petites fleurs jaunes qui naissent à l'aisselle des feuilles. Le fruit qui leur succède est tendre, charnu, succulent, aromatique, surtout dans l'espèce qu'on nomme *cantalou*. On ne doit toutefois en manger qu'avec modération; car l'excès est très-dangereux; il produit des vents, des fièvres et des coliques qui plus d'une fois dégénèrent en dyssenteries fâcheuses. Les meilleurs melons viennent des pays chauds, où l'on peut les semer en pleine terre. Les melons de Valence en Espagne sont renommés pour leur substance sucrée; il y en a de verts, de blancs, de rouges; on les conserve tout l'hiver, et ils sont dans le pays un article de commerce assez essentiel. — (*V.* 2ᵉ T., Pl. N., nº 1.)

L'IGNAME.

L'igname, ou dioscorée, a une tige sarmenteuse qui porte des fleurs en épis. On cultive cette plante en Afrique et dans les deux Indes, à cause de sa racine qui fournit un aliment très-sain, assez analogue à la pomme-de-terre, mais d'une saveur bien plus agréable. Ces racines, très-grosses dans quelques espèces, ont souvent deux ou trois pieds de long, et pèsent jusqu'à trente ou quarante livres. — (*V.* 2ᵉ T., Pl. N., nº 14.)

L'ANGÉLIQUE.

L'angélique croît spontanément sur nos montagnes, et on la cultive dans les jardins. Dans l'état sauvage, on la trouve tantôt sur le bord des ruisseaux, tantôt sur la cime des rochers les plus escarpés. Sa tige herbacée, creuse, cylindrique, striée, est garnie de grandes feuilles; et de même que les branches qui en sortent, se terminent par une grande ombelle verdâtre. Cette plante est d'une odeur agréable et d'une saveur aromatique, quoiqu'un peu âcre; elle est stomachique, vermifuge, fortifiante. Au nord on l'emploie comme assaisonnement; au midi on la mange en salade. De ses racines fraîches on tire une liqueur spiritueuse; ses jeunes tiges et ses racines sont confites au sucre. L'angélique des bois a les mêmes propriétés que l'angélique ordinaire, qu'on nomme *archangélique*, parce qu'elle croît en abondance autour d'Archangel; mais elle est un peu moins estimée. — (*V.* 2ᵉ T., Pl. N., nº 9.)

LE CHOU-FLEUR.

Dans cette espèce intéressante, ornement des meilleures tables, ce sont les branches naissantes qui, gonflées par une surabondance de sève, se transforment en une cime épaisse, charnue, mamelonnée, tendre, ressemblant à un bouquet placé au milieu des feuilles d'un chou commun. Ce bouquet se développe, s'alonge, se ramifie, et finit par porter des fleurs et des fruits. Dans les beaux plants, cette cime ou tête est d'un blanc éclatant. Les feuilles du chou-fleur sont plus longues que celles des autres choux. Il y a une variété de chou-fleur qu'on nomme *brocolis*, et dont les Italiens et les autres peuples méridionaux font un très-grand cas; au lieu d'une seule tête, ce chou a plusieurs tiges longues, charnues, qui se couronnent chacune d'un petit bouquet, qui n'est pas inférieur pour le goût et pour la bonté au chou-fleur ordinaire. — (*V.* 2e T., Pl. N, n° 8.)

LA CAROTTE.

La racine de la carotte est pivotante, charnue, douce, légèrement aromatique et sucrée. Elle est d'un grand usage dans nos cuisines. Nous avons des carottes de plusieurs espèces; elles se distinguent par la couleur; il y en a de blanches, de jaunes, de rouges et de violettes. Le suc de la carotte, épaissi au feu, est employé dans les maladies de la gorge et de la poitrine; leur râpure calme les douleurs de la brûlure; fermentées, elles fournissent une liqueur spiritueuse. On recommande l'usage de la carotte aux personnes qui souffrent du calcul. — (*V.* 2e T., Pl. N., n° 5.)

LE CÉLERI.

Cette plante, qui entre dans la composition de nos salades, vient de semences que l'on confie à la terre chaque printemps, dans des sillons un peu profonds. A mesure que ses feuilles sortent, on les réunit, et on amoncèle la terre autour du pied jusqu'au sommet des feuilles qu'on ébarbe par le haut. Cette pratique a pour objet de le faire blanchir; on y réussit en privant la plante de lumière par l'entourage de terre qu'on lui donne. Le céleri passe pour très-échauffant. — (*V.* 2e T., Pl. N., n° 20.)

LE CONCOMBRE.

Le concombre commun est une plante à tiges sarmenteuses et rampantes, à larges feuilles et à fleurs jaunes. Son fruit est alongé, presque cylindrique et assez souvent raboteux à sa surface et couvert de verrues. On mange le concombre en salade; il est très-rafraîchissant. Les concombres verts, encore jeunes et confits au vinaigre, sont ce qu'on appelle les *cornichons*, assaisonnement très-connu d'un grand nombre de mets. La graine du concombre, laiteuse et huileuse, est l'une des quatre semences froides qu'on emploie comme émulsions dans les fièvres inflammatoires. La pulpe du concombre préparé fournit une pommade adoucissante et cosmétique.—(*V.* 2e T., Pl. N., no 3.)

LA LAITUE.

La laitue, qu'on mange cuite ou crue en salade, est l'une des plantes potagères dont on fait le plus grand usage. Il y en a un grand nombre de variétés. La laitue sauvage renferme un principe narcotique par lequel on pourrait remplacer l'opium; on en compose une eau distillée qui est regardée comme un diurétique et un calmant. La laitue perd ce principe par la culture, du moins en grande partie. Pour empêcher la laitue de monter trop vite dans les chaleurs, on a soin d'empaqueter et de lier chaque pied. La laitue romaine, et surtout celle de Bretuire, qui commence à devenir commune, l'emportent sur toutes les autres par la douceur de leurs feuilles et leur qualité rafraîchissante.—(*V.* 2e T., Pl. N., no 21.)

LA CHICORÉE.

La chicorée se sème dans nos jardins dès le mois de mars; on la replante lorsqu'elle est née, et on en lie les pieds pour les faire blanchir, ayant soin seulement d'aérer les têtes. Ce mode de culture lui ôte l'amertume qui lui est naturelle. Les racines de la chicorée sauvage sont employées à faire des tisanes et des décoctions. On cultive un grand nombre de variétés de la chicorée; les plus recherchées pour être mangées en salade sont l'endive et l'escarole à feuilles larges et d'une saveur douce et agréable.—(*V.* 2e T., Pl. N., no 19.)

LE TRÈFLE.

Le trèfle des prés ou triolet est une plante qui s'élève à quinze ou dix-huit pouces de hauteur. Ses feuilles se composent de trois folioles arrondies, marquées d'une tache qui a la forme d'un croissant; sa fleur, de couleur purpurine, donne, à la succion, un suc doux, mielleux, d'une saveur un peu astringente. Dans les bonnes terres, le trèfle donne trois coupes réglées. Les chevaux, les bœufs, les moutons s'en nourrissent avec délice; dans le printemps on le leur fait prendre en vert. Il y a plus de cinquante espèces de trèfle; on remarque parmi elles celle qu'on nomme trèfle souterrain, parce qu'on trouve toujours ses fruits cachés sous terre, quoique tenant encore à la tige par le pédoncule. — (*V.* 2ᵉ T., Pl. N., nᵒ 18.)

LA LUZERNE.

La luzerne s'élève plus que le trèfle; ses feuilles se composent de même de trois folioles; mais leur forme est ovale; ses fleurs, disposées en grappe, sont de couleur violette, quelquefois jaunâtre, ou nuancée de bleu et de blanc. Elles sont remplacées par des gousses qui se roulent en spirale comme la coque des limaçons. Cette plante, dont on nourrit les bestiaux, est très-substantieuse: elle aime les terres douces, humides et qui ont beaucoup de fond. L'espace de terrain que deux bœufs peuvent labourer en un jour, semé en luzerne, produit assez de fourrage, dit-on, pour nourrir trois chevaux pendant un an. — (*V.* 2ᵉ T., Pl. N., nᵒ 17.)

LE SAINFOIN.

Les espèces qui composent ce genre sont généralement des plantes herbacées, à feuilles simples, à fleurs en épi ou en panicule. Le sainfoin ordinaire pousse ses tiges à la hauteur d'un pied; ses feuilles, vertes en dessus, sont blanchâtres et velues par-dessous. Ses fleurs, de couleur rougeâtre, terminent les tiges; elles sont remplacées par des gousses épineuses profondément sillonnées. Le sainfoin mêlé avec le foin ordinaire compose un très-bon fourrage pour les bestiaux. Les feuilles du sainfoin, si on les met sécher avec précaution, contractent l'odeur du thé vert et se contournent de même. La graine de cette plante favorise la ponte des poules. — (*V.* 2ᵉ T., Pl. N., nᵒ 16.)

LE FOIN.

On donne le nom de foin à l'herbe qui vient naturellement dans les prairies, dans les savanes, sur le penchant des collines. C'est une plante qui s'élève assez, mais qui ne produit que des tiges menues, faibles, couronnées d'épis légers, maigres, et le plus souvent dépourvus de graines. Ce foin naturel, susceptible de coupe, sert à corriger les qualités trop substantieuses des autres fourrages, tels que le trèfle, la luzerne, etc. Il fait la principale nourriture des animaux herbivores, comme le cheval, le bœuf, etc. — (*V*. 2ᵉ T., Pl. N., nº 15.)

LA PISTACHE DE TERRE.

La pistache de terre, ou arachide à quatre feuilles, est une petite plante à racine fibreuse, à feuilles composées de quatre folioles, à fleurs jaunes que remplacent des gousses qui contiennent des semences oblongues, de couleur rougeâtre. Quelques-unes de ces gousses se cachent dans la terre, comme cela arrive dans une espèce de trèfle; les graines qu'elles contiennent passent pour les meilleures. Elles se composent d'une substance farineuse et oléagineuse, qui a le goût du gland; elles sont échauffantes. On les met ordinairement en dragées. On les emploie aussi dans les ragoûts en forme de marrons, et on en fait aussi des ratafias, mais pour cela on le soumet à la torréfaction. Cette plante, originaire du Brésil et des Antilles, a été depuis quelque temps transportée en Europe, où elle s'est acclimatée. — (*V*. 2ᵉ T., Pl. N., nº 10.)

LES

PLANTES MÉDICINALES.

INTRODUCTION.

Beaucoup de plantes peuvent servir dans la composition des remèdes qu'on emploie pour les maladies de l'espèce humaine, comme pour celles des animaux. L'art les applique à la médecine par l'action qu'il leur donne sur l'économie animale, prises intérieurement ou extérieurement. L'étude de la botanique, qui n'est qu'un amusement pour les gens du monde, est de nécessité pour le *médecin*, qui ordonne, dans le traitement des maladies, toutes les plantes dans lesquelles il a remarqué, ou il sait qu'existe, une vertu médicale. C'est un devoir aussi pour le *pharmacien*, chargé de leur préparation, et pour l'*herboriste*, qui les recueille, d'en étudier, d'en apprécier toute l'utilité. Nous n'en avons décrit qu'un petit nombre ici, le cadre de notre ouvrage n'en comportant pas davantage.

L'ARMOISE.

Cette plante croît dans les lieux secs et arides; celle des jardins a moins de vertu. Sa racine est fibreuse et rampante; sa tige, haute de deux ou trois pieds, est herbacée, cylindrique et cannelée; ses feuilles sont alternes, planes, découpées, velues, d'un vert foncé en dessus et blanches en dessous. Sa fleur est bleue ; elle exhale une odeur forte et aromatique. On emploie ses feuilles et sa fleur en infusion. — (*Voir Plantes médicinales*, n° 6.)

L'ARBOUSIER.

Cette plante est toujours verte et croît dans le midi de la France. Sa racine est ligneuse ; ses tiges, courbées vers la terre, sont nombreuses et grêles ; ses feuilles, dures, charnues, luisantes, petites, ovales. Ses fleurs, disposées en grappes, sont blanchâtres à la base et d'un rose tendre au sommet ; ses fruits sont des baies d'un beau rouge, à cinq semences. Ses feuilles sont éminemment diurétiques ; on les administre en infusion et en décoction. —(*V*. Pl. M., n° 5.)

LA FUMETERRE.

La fumeterre officinale est très-connue à cause de l'usage fréquent qu'on en fait en médecine ; elle est commune dans les lieux cultivés, comme les champs, les vignes, etc. Sa racine est blanche et fibreuse ; ses tiges sont grêles, longues d'un pied environ, faibles, un peu couchées, lisses, tendres, anguleuses, garnies de rameaux opposées aux feuilles, et portant des épis de fleurs. Ses feuilles sont molles, lisses et d'un vert blanchâtre, presque triangulaires. Les fleurs sont en éventail, découpées, et d'un blanc rougeâtre, avec une tache pourpre au sommet ; elles ont un éperon court, obtus et comprimé ; leur longueur est de trois lignes. La fumeterre est annuelle et fleurit au printemps. Cette plante est sans odeur, mais d'une saveur très-amère et très-désagréable. Elle est fort estimée contre les maladies de la peau, contre le scorbut et autres. — (*V*. Pl. M., n° 4.)

LA MAUVE.

On en distingue de deux espèces, l'une petite et l'autre grande : celle-ci, dont on se sert le plus ordinairement, donne des tiges de deux pieds, quelquefois droites, souvent couchées ; ses feuilles sont larges, presque rondes, un peu découpées, vertes-brunes, très-molles. La fleur est d'une belle couleur bleue ; le fruit contient des semences petites et minces. Sa racine est menue, blanche et muqueuse. Elle est émolliente comme toute la plante, dont on fait de fréquentes décoctions. — (*V.* Pl. M., n° 3.)

LE COCHLÉARIA.

Il s'en trouve en Europe, en Afrique, dans le Groënland et en Sibérie. On en compte de onze espèces; presque toutes sont annuelles ou vivaces par la racine. Sa tige est verticale, et plusieurs ont les feuille simples. On l'appelle vulgairement *l'herbe aux cuillers*. Cette plante croît en France, dans les lieux humides ou voisins de la mer, le long des torrens, sur les montagnes. On la cultive dans les jardins. Toute cette plante est succulente. Sa racine, blanche, épaisse et chevelue, produit une touffe de feuilles arrondies, échancrées en cœur à la base. Les tiges qui naissent du milieu des feuilles sont longues de huit à dix pouces, rameuses, faibles et ordinairement couchées; ses fleurs sont petites et blanches, et ramassées en épis courts et serrés. Cette plante est très-diurétique, incisive, et est un des plus puissans antiscorbutiques que l'on connaisse; sa saveur est âcre, piquante et amère; son odeur est pénétrante et un peu désagréable. — (*V.* Pl. M., n° 2.)

LA GUIMAUVE.

Cette plante a une tige de plusieurs pieds; elle est ronde, creuse, velue; ses feuilles sont blanchâtres, larges, pointues, dentelées, épaisses, cotonneuses. Ses fleurs, découpées en cinq parties, ayant une légère teinte d'incarnat, qui se perd par la dessiccation; elles sont sans odeur. La racine, longue, grosse, grise au dehors, blanche au dedans, très-mucilagineuse, inodore, a une saveur fade. On l'emploie, ainsi que les feuilles, en émolliens; les fleurs en infusion pour tisanes. La racine sert encore à faire des pâtes, des pastilles, du sirop, etc. —(*V.* Pl. M., n° 1.)

LE CHIENDENT.

Le chiendent est une plante indigène. C'est une racine longue d'un à deux pieds, très-menue, rampante, offrant beaucoup de nœuds, d'où partent les radicules, sa couleur est blanche; elle est sans odeur. Son écorce est âcre et amère; sa substance intérieure est féculente, elle a une saveur douce et sucrée. On emploie la racine du chiendent dans les tisanes; les chiens le recherchent à la campagne, le mangent en herbe et se purgent avec. — (*V.* Pl. M., nº 12.)

L'IPÉCACUANHA.

On en distingue plusieurs variétés. Cette plante est commune au Brésil. Il y en a de quatre sortes : le *gris*, le *blanc*, le *brun* et le *noir*.

Le gris, qui est le seul que l'on emploie, offre une racine grise, petite, fibreuse, grosse au plus comme une plume ordinaire. L'écorce en est épaisse, dure et très-cassante parce qu'elle est résineuse. Son odeur est peu sensible; la saveur en est âcre, amère et nauséabonde. On l'emploie en poudre comme l'émétique. — (*V.* Pl. M., nº 11.)

LA RHUBARBE COMPACTE.

Cette espèce se cultive dans le midi de la France. Sa racine est grosse, brune en dehors et jaune en dedans; sa tige est très-élevée; ses feuilles, épaisses, crénelées et luisantes. Ses fleurs sont d'un blanc jaunâtre.

La racine de la rhubarbe est compacte; la poudre de cette racine, qui n'est bonne que vers la sixième année, se donne comme purgatif. — (*V.* Pl. M., nº 10.)

LA JOUBARBE BRULANTE.

La joubarbe vient ordinairemement sur les toits, les murs et les rochers, dans toutes les parties de l'Europe. Sa racine est petite et chevelue; ses tiges sont nombreuses et peu élevées; ses feuilles sont charnues, succulentes, presque ovales, très-rapprochées contre la tige. Sa saveur est piquante, son odeur presque nulle. Elle fleurit au mois de juillet. C'est à cette époque qu'il ne faut pas s'en servir; on peut se la procurer verte pendant toute l'année. Son suc est un purgatif très-énergique. — (*V.* Pl. M., n° 9.)

LE SÉNÉ D'ITALIE.

Le séné est originaire d'Italie. Il vient dans toute la France méridionale. Sa racine est ligneuse ; sa tige, haute de douze à quinze pieds, et d'un gris verdâtre. La fleur est jaune, le fruit est purgatif. — (*V.* Pl. M., n° 8.)

LA SMILACE-SALSEPAREILLE.

Cette plante a une racine traçante, une tige grimpante, anguleuse, armée d'épines, de feuilles non épineuses, longues de quatre à huit pouces, ovales, aigues, marquées de trois nervures longitudinales, de petites fleurs en corymbe et des baies noires, semblables à de petites cerises. Cette plante croît dans le Pérou, le Mexique, au Brésil et en Virginie ; elle est cultivée à la Jamaique. Elle se plaît dans les terrains bas et humides et sur le bord des rivières. La racine et les tiges sont de puissans sudorifiques. — (*V.* Pl. M., n° 7.)

LE SALEP MALE.

On le voit croître dans les bois et les prairies humides de la France. Sa racine présente deux bulbes arrondies et charnues, dont l'une disparaît chaque année pour faire place à celle qui doit lui succéder. Sa tige est droite, cylindrique, et de près d'un pied de haut ; ses feuilles sont tachées d'un rouge brun ; ses fleurs sont en épis et pourprées. Le fruit est une capsule à trois panneaux, contenant un grand nombre de semences très-petites. Nouvellement récoltées, les bulbes du salep sont mucilagineuses et gluantes ; mais lorsqu'on les fait sécher, on en retire, par la pulvérisation, une fécule analeptique, qui forme avec l'eau ou le lait une sorte de crème gélatineuse fort agréable, et qui convient dans toutes les convalescences des maladies longues, ainsi que pour rétablir les estomacs délabrés. — (*V.* Pl. M., n° 18.)

L'ALOÈS.

Cette plante a plusieurs espèces et est originaire d'Afrique; quelques-unes viennent dans les champs, d'autres aiment les terres argileuses, ou couvrent les rochers; elle croît en Afrique, en Amérique, et dans les pays méridionaux de l'Europe. Ses feuilles sont épaisses, charnues, souvent couvertes de verrues, surmontées d'une épine. Elles sont quelquefois agréablement marquées de taches blanches ou jaunes. Ses fleurs, tantôt régulières, tantôt à deux lèvres, d'une couleur pourpre ou verte, et contenant un nectar au fond de leur tube, se développent en épis. Cette plante fournit la gomme résine connue dans le commerce sous les noms d'*aloès succotrin*, *hépatique* et *caballin*. Les sucs d'aloès sont purgatifs et toniques. Il y a des aloès qui fournissent un fil très-fort, avec lequel les Indiens de la Guyane font des hamacs, des voiles, etc., et les Portugais, des bas, des gants, etc.

Il est presque semblable à un olivier; le bois en est odoriférant et fort pesant. — (*V*. Pl. M., n° 17.)

L'HYSSOPE.

C'est une petite plante qui est commune dans les jardins. Ses feuilles sont longues, étroites; ses fleurs, bleues, en épis; sa racine ligneuse, dure, grosse comme le doigt. Toute la plante est d'une odeur agréable. Elle est rangée parmi les pectoraux stimulans. On s'en sert en infusion et en sirop. —(*V*. Pl. M., n° 16.)

LE HOUBLON.

Cette plante est indigène, sarmenteuse, commune en tous lieux, cultivée dans beaucoup de pays, notamment en Allemagne et en Angleterre. On en trouve en France formant des haies près des ruisseaux, ou des touffes énormes dans les bois, servant alors de retraite aux bêtes fauves. Les tiges du houblon sont grêles, faibles, longues de trente à quarante pieds, s'accrochant à ce qu'elles rencontrent. Les feuilles sont larges, à trois pointes, vertes, brunes et dentelées. Ses racines sont ligneuses, en grand nombre, s'entrelaçant ensemble. Ce sont les fleurs surtout qu'on emploie; elles sont en petits pains de la grosseur du pouce, formées d'écailles libres qui se recouvrent de bas en haut. Leur couleur est verdâtre: elles exhalent une odeur désagréable; peu à peu, elle devient fauve et leur odeur s'affaiblit; l'ouverture qui en provient donne à l'eau un goût acide. On emploie le houblon à la fabrication de la bière, à des boissons, dans plusieurs maladies. (*V.* Pl. M., nº 15.)

LA MANNE.

Cette plante, s'étant un peu élevée, s'abaisse vers la terre, dans toute sa longueur. Ses feuilles sont alongées et unies; on en retire cette substance qui sert à la médecine. — (*V.* Pl. M., nº 14.)

L'IRIS DE FLORENCE.

L'iris est très-commun en Italie, d'où on nous envoie sa racine. On en distingue plusieurs espèces, dont deux sont plus particulièrement employées: l'*iris de Florence* et le *glayeul* ou *iris nostras*. La racine du premier est tuberculeuse, blanche, et répand une odeur de violette. Sa saveur est âcre et irritante. Cette plante a de belles fleurs, dont la couleur varie. Il y en a dont les nuances ressemblent à l'arc-en-ciel.— (*V.* Pl. M., nº 13.)

LE PLANTAIN.

Il y a plusieurs espèces de plantain: le *commun*, le *moyen*, et le *lancéolé*. Ils sont astringens. Le grand plantin, qui est celui dont on fait le plus d'usage, a les feuilles longues, larges, à sept nervures bien prononcées, vertes, sans odeur, mais de saveur âcre, styptique. Au milieu de ces feuilles il s'élève une tige d'un pied, ronde, assez dure, terminée par un épi formé de petites fleurs blanchâtres tirant sur le violet. On emploie toute la plante en infusion ou lotion. — (*V.* Pl. M., nº 24.)

LA RÉGLISSE ORDINAIRE.

Cette plante croît ordinairement dans la partie méridionale de la France. Sa racine est ligneuse, rampante, jaune en dedans; sa tige est branchue, haute de deux à trois pieds; ses feuilles sont étroites, petites et pointues. Les fleurs, rangées en épis, sont purpurines. La racine, qui est la partie médicamenteuse de la réglisse, est sans odeur, mais elle a une saveur douce, sucrée, qui laisse après elle une légère amertume. Elle est employée à des boissons rafraîchissantes, etc. — (*V*. Pl. M., nº 23.)

LE TAMARIS DE FRANCE.

C'est un arbrisseau quelquefois assez élevé. Son écorce est de couleur grisâtre et son bois blanc. Ses feuilles ressemblent un peu à celles des cyprès. Ses fleurs, à cinq étamines, paraissent plus d'une fois tous les ans. Elles sont de couleur blanche purpurine, et produisent un bel effet. On l'emploie en médecine. Les teinturiers se servent quelquefois de ses fruits à la place des noix de galle. Son bois sert à faire de petits meubles, des tasses, des gobelets, etc. Il croît naturellement en Italie, en Espagne et dans le midi de la France. Il se plaît dans les terrains humides et légers. — (*V*. Pl. M., nº 22.)

LE MILLE-PERTUIS.

Le mille-pertuis présente un grand nombre d'espèces herbacées et ligneuses, dont plusieurs se trouvent en Europe. Celle-ci, qu'on appelle *calicinal*, est de toutes les espèces connues, celle qui a les plus grandes fleurs. Elle croît naturellement dans le Levant, sur le mont Olympe, aux environs de Constantinople, et est cultivée en Europe dans un grand nombre de jardins. Cette plante aime une situation ombragée, et produit un bel effet lorsqu'elle est en fleur. Ses racines traçantes s'étendent au loin et multiplient beaucoup. Sa tige, haute d'environ un pied, est à quatre angles, rougeâtre et étalée sur la terre. Les feuilles sont longues de deux pouces environ, sur un de large : elles sont un peu pointues, et criblées de points transparens. Sa fleur vient à l'extrémité des tiges; elle est de couleur jaune. *Le mille-pertuis* est ainsi nommé, parce que, lorsqu'on le regarde au soleil, on voit sur ses feuilles des petits points transparens qui paraissent autant de trous. Cette plante est un excellent vulnéraire, et est propre à divers remèdes. Elle est très-commune dans nos campagnes, dans nos bois, etc. — (*V.* Pl. M., n° 21.)

LE TABAC.

Le tabac est une plante à larges et longues feuilles, à petites fleurs roses; son usage est aujourd'hui général. On l'emploie râpé, que l'on prise en poudre, et en feuilles séchées et préparées, que l'on fume en *cigares*, ou dans une pipe. Il y a plusieurs manières de le préparer. Le tabac d'Espagne est le plus estimé, surtout celui que l'on appelle de *Macoubac*. Ce fut en 1560 que M. Nicot, ambassadeur de France en Portugal, en sema la graine dans son jardin. Il l'avait reçue de quelques curieux qui venaient de l'apporter d'un canton du Mexique nommé *Tabaco*, où les naturels donnaient à cette plante le nom de *petun*. L'application heureuse qui fut faite de ses feuilles sur quelques ulcères le fit regarder comme un excellent vulnéraire. M. Nicot l'envoya à la reine *Catherine de Médicis*, et c'est de là que viennent à cette plante les différens noms qu'elle a portés successivement, d'*herbe à la reine*, de *nicotiane*, de *petun* et de *tabac*. Elle a encore donné son dernier nom, qui est le plus commun, à une des petites Antilles, où elle croît avec plus de succès qu'ailleurs. — (*V.* Pl. M., n° 20.)

LE QUINQUINA.

Le quinquina n'est point une plante, mais un arbre. A raison de son importance dans la médecine, nous avons cru devoir le placer à la suite du choix que nous avons fait des *plantes médicinales*. Il y a plusieurs espèces de quinquina; mais on n'en admet généralement que trois, qui sont dites officinales, le *gris*, le *rouge* et le *jaune*. Le quinquina gris est un arbre de la grandeur de nos *cerisiers*. Il croît surtout au Pérou, aux environs de Toxa, province de Quito. Ses feuilles sont oblongues, sa fleur est rougeâtre; elle donne une gousse rousse qui porte une amande blanche, émulsive. Ses écorces varient selon l'âge de l'arbre ou celui des branches sur lesquelles on les récolte c'est; ce qui donne lieu aux nombreuses différences que l'on remarque entre le *quinquina gris* du commerce. Le *quinquina rouge* nous est fourni par un gros et très-bel arbre, qui abonde à Santa-Fé, et qui porte des fleurs qui ont une odeur très-agréable. Son écorce, de grosseur très-variée, depuis celle du doigt jusqu'à la grosseur du poing, offre souvent des morceaux qui sont plats au lieu d'être roulés sur eux-mêmes. Elle est très-épaisse, d'un gris brunâtre, gercé à l'extérieur; et au contraire d'un rouge briqueté à l'intérieur, couleur qui devient plus intense par l'immersion de l'eau.

Le quinquina jaune est un arbre très-grand dont l'écorce offre des dimensions très-variables. Sa couleur varie du jaune au gris. Ses principes constituans paraissent être les mêmes que ceux des deux autres. Quoi qu'il en soit, le *quinquina jaune* est moins fébrifuge que les deux autres; il est plus souvent employé comme tonique et amer. Pour les deux autres, on les emploie en poudre ou en décoction pour tisane ou sous la forme de vin. C'est le meilleur médicament que l'on connaisse pour combattre la fièvre. — (*V.* Pl. M., n° 19.)

LES FLEURS.

INTRODUCTION.

Les couleurs brillantes dont sont peintes les fleurs, l'élégance de leurs formes, les doux parfums que souvent elles exhalent, tout attire vers elles les regards et l'admiration.

Après avoir examiné l'ensemble de la fleur, il faut la décomposer et tâcher de découvrir l'usage d'un organe où la nature déploie ses richesses avec tant de magnificence. Sa base, ordinairement verte, sert de première enveloppe : c'est le *calice ;* une seconde, plus remarquable, puisque c'est en elle que résident ces brillantes couleurs qui frappent les regards, forme la *corolle.* Viennent ensuite les *étamines ;* ce sont ordinairement des filamens minces, terminés par un renflement particulier; le *pistil*, qui est composé de la partie qui doit devenir le fruit, c'est l'*ovaire*, et d'un organe particulier, qui est le *stigmate.* Souvent toutes ces parties existent ensemble, qui, forment une fleur complète: mais chacune d'elles étant susceptible de variations, soit en elle-même, dans la forme et le nombre, soit dans ses rapports avec les autres, dans la proportion et la situation, donnent lieu à des combinaisons infinies. La plus facile à observer est la corolle; elle est composée d'une ou de plusieurs pièces que l'on nomme *pétales ;* de là elle est monopétale ou polypétale. Les pétales de la corolle, ou ses divisions, sont tous pareils ou différens dans leur forme ou leur place, ce qui produit les corolles régulières et irrégulières.

Les étamines paraissent avoir des rapports directs avec la corolle par leur position; ainsi dans presque toutes les fleurs monopétales elles naissent de la corolle même, au lieu que dans les autres elles sortent d'un autre point; mais elles conservent presque toujours des rapports numériques avec elle; c'est pourquoi elles sont en nombre égal, double ou multiple. Le calice conserve encore plus de rapports avec la corolle, dont les découpures ou parties sont presque toujours à égalité de nombre avec les siennes, surtout quand elle prend naissance sur lui. Il arrive plus souvent qu'elle tire son origine d'un point particulier, que l'on nomme *réceptacle*. Les trois parties ont donc une grande analogie; en sorte que l'une ne varie pas dans le nombre de ses divisions, par exemple, sans que ce changement n'influe sur les deux autres; mais elles sont subordonnées elles-mêmes au pistil.

Il résulte de ces différences une variété telle de *noms*, d'*expressions* et de *conformation* dans les fleurs, que, pour les bien connaître, il faudrait en faire une étude spéciale. Comme cette science forme en quelque sorte la plus agréable partie de la botanique, nous y renvoyons nos jeunes lecteurs.

LE BLUET DES BLÉS.

Cette fleur, appelée vulgairement le barbeau des champs, l'aubifoin, le casse-lunette, le blaville, est connue de tout le monde, est annuelle et se trouve abondamment dans les champs parmi les blés. Sa tige est droite, haute de un à deux pieds, rameuse et couverte d'un duvet blanchâtre; les feuilles sont longues, étroites, cotonneuses, entières et garnies de quelques dents; ses fleurs sont d'un beau bleu, mais dans les jardins elles prennent toutes les teintes, excepté le jaune; il y en a de blanches, de roses, de purpurines, de panachées, etc. Ces variétés se reproduisent par les graines. — (*Voir* Fl., n° 1.)

L'AMARANTHE.

Sa tige est rameuse; ses feuilles sont ovales-lancéolées et les fleurs très-petites et nombreuses, groupées aux aisselles supérieures, ou disposées à l'extrémité de la tige et des rameaux, en grappes cylindriques, qui, par leur ensemble, forment une espèce de panicule. Elle croît en Amérique et dans l'Inde, et est cultivée en Europe pour servir, pendant l'automne, à l'ornement des jardins, par les couleurs variées que prennent sa tige, ses feuilles ou ses fleurs. — (*V.* Fl., n° 2.)

LE LILAS.

Les lilas sont des arbrisseaux étrangers, mais devenus très-communs et cultivés presque partout, à cause de la beauté et surtout de l'agréable parfum de leurs fleurs violettes. Elles sont disposées en thyrses à l'extrémité des rameaux. Il est originaire des Indes; il croît et se propage de lui-même dans les haies et les bois de la Suisse et de plusieurs contrées de l'Allemagne; il arrive communément à la hauteur de huit à dix pieds. On voit dans les jardins des Tuileries et du Luxembourg de fort belles touffes de *lilas de Perse* qui ornent les plates-bandes de ces beaux lieux. Il est ordinairement garni d'un feuillage, dont les feuilles sont en cœur, larges de deux pouces et pointues. Les fleurs sont petites et très-nombreuses, quelquefois blanches, pourpres ou panachées. — (*V.* Fl., n° 6.)

LE NARCISSE.

Les narcisses semblent appartenir plus particulièrement aux climats tempérés de l'ancien continent. Ils sont cultivés dans nos jardins, sont très-belles; leur odeur, trop forte dans un endroit renfermé, exhalée à l'air libre, est douce et pénétrante; distillées, elles fournissent une odeur aromatique, cordiale. Ses feuilles sont lisses, longues, étroites et aigues; ses fleurs solitaires, à limbe extérieur blanc, à limbe intérieur très-court, crenelé et bordé de rouge. — (*V.* Fl., n° 5.)

LA PERVENCHE.

Ce genre ne comprend que cinq espèces : deux croissent en Europe, deux en Asie, une en Amérique. C'est un petit arbrisseau dont les feuilles sont simples; les fleurs partent de l'aisselle des feuilles et de l'extrémité des rameaux; il croît en Europe, dans les haies et les bois; il recherche l'ombre et la fraîcheur. Ses tiges ont quelquefois deux pieds de long, et ses feuilles ont environ un pouce et demi; elles ne tombent point durant l'hiver; les nouvelles sont molles et d'un vert gai; les anciennes sont fermes et d'un vert sombre; ses fleurs sont solitaires, à corolle blanche, bleue ou rouge. Le calice est très-petit; la corolle forme un peu l'entonnoir. La pervenche, prise en infusion, est utile, ainsi que ses fleurs; c'était la fleur de prédilection de J.-J. Rousseau. — (*V.* Fl., n° 9.)

LE GRAND LISÉRON.

On le trouve dans toutes les parties de la France. Sa tige est grimpante, sarmenteuse, laiteuse, succulente, herbacée et canelée. Ses feuilles sont simples; sa fleur a la forme d'une cloche blanche, quelquefois d'une couleur tendre de rose; le calice a cinq divisions. Le fruit est une capsule à trois loges, contenant trois semences anguleuses et pointues. La racine est utile en médecine. — (*V.* Fl., n° 12.)

LE LIS.

Le lis est originaire de Syrie, mais il est cultivé abondamment dans nos jardins. La noble simplicité de sa tige, qui s'élève majestueusement quelquefois à plusieurs pieds de hauteur, la forme gracieuse de ses fleurs, leur blancheur éclatante et son odeur suave l'ont fait ranger parmi les fleurs les plus gracieuses. Ses feuilles sont radicales, longues, pointues, d'un vert agréable; les caulinaires sont beaucoup plus petites et diminuent encore en s'avançant du côté de la tige; la fleur est une corolle blanche, évasée, étroite à sa base, ayant six pétales, un stigmate épais, à trois lobes, et six étamines avec anthères jaunes et veloutées. Le fruit est une capsule à trois lobes. L'odeur du lis se perd par la dessiccation. Cette fleur décore, depuis des siècles, les armes de France, dont elle forme toujours le fond des écussons et des drapeaux. — (*V.* Fl., n° 14.)

LE LAURIER NOBLE.

Il est cultivé dans nos jardins; sa tige, grisâtre à sa base, verte à ses sommités, a de douze à quinze pieds de haut; ses feuilles sont alternes, veinées, luisantes, dures, pétiolées, et toujours vertes. Ses fleurs, jaunes, tirant sur le blanc, ont une corolle à six divisions servant de calice, plusieurs étamines, etc. Le fruit est bleu et gros comme un grain de poivre. Le laurier est l'emblème du courage et de la victoire; dans l'antiquité, on en ceignait la tête des héros. Il y a encore le *laurier-rose*, le *laurier-thym* qui ornent nos jardins. — (*V.* Fl., n° 8.)

LA JACINTHE, OU L'HYACINTHE.

Cette plante est bulbeuse et très-recherchée des curieux, à cause de la beauté de sa fleur, qui est bleue, charnue, et forme de petites cloches; ses feuilles sont épaisses, très-alongées, et sa tige est élevée, formée d'un tube creux. — (*V.* Fl., n° 3.)

LA RENONCULE.

La renoncule est un genre de plante qui renferme un grand nombre d'espèces. Celle qu'on cultive dans les jardins est renommée par la beauté de ses fleurs; il y en a de doubles et de simples; elle a une grande variété de couleur. La renoncule passe pour avoir été apportée de Tripoli, il y a plusieurs siècles, et peut-être dès le temps des croisades. On en forme des plates-bandes dans les jardins. Celle qu'on appelle *renoncule des prés*, ou *grenouillette*, est employée en médecine. Le bouton d'or des prairies est une renoncule commune. Cette plante est vénéneuse. — (*V.* Fl., n° 7.)

LE SOLEIL DES JARDINS.

Cette plante a une tige très-élevée ; on l'appelle aussi *tournesol*, parce qu'elle est toujours tournée du côté du soleil. Sa fleur, entourée de demi-fleurons jaunes, présente la forme du soleil orné de ses rayons. — (*V.* Fl., n° 10.)

LA PASSIFLORE AILÉE.

Cette belle fleur a un calice d'une seule pièce, en godet, ou tubulé, non adhérent à l'ovaire, divisé à son limbe en cinq, ou plus souvent dix lobes, dont cinq sont alors plus intérieurs, et colorés ; une couronne implantée sur le rebord du sommet du calice, au-dessous de son limbe, composé de glands ou d'écailles, disposées sur un à trois rangs, dirigées en divers sens ; un ovaire simple, libre, uniloculaire, muni intérieurement de trois, ou plus rarement quatre styles claviformes, et d'autant de stigmates en tête ; cinq, ou plus rarement quatre étamines insérées au fond du calice ; filets réunis intérieurement en un tube entourant étroitement le support du pistil, séparés et divergens par le haut, portant chacun par le milieu une anthère oblongue, biloculaire, dont les deux extrémités sont libres. Sa tige est ligneuse, ou plus souvent herbacée, ordinairement grimpante ; feuilles alternes, à pétioles nues ou glanduleuses, simples ou plus rarement composées. — (*V.* Fl., n° 13.)

LE GÉRANIUM.

Ce genre renferme trente-neuf espèces, dont vingt-six se trouvent en Europe. Elles sont toutes herbacées, annuelles ou vivaces ; leurs pédoncules ne portent qu'une ou deux fleurs. Le *géranium Robertin*, vulgairement herbe à Robert, croît le long des haies, sur les vieilles murailles et dans les lieux secs. Ses tiges sont rameuses, cylindriques, velues, rougeâtres, noueuses et hautes d'un pied ou plus; il y en a de très-beaux que l'on cultive dans les jardins, et que l'on tient dans des caisses ou des pots. En frottant les feuilles avec les doigts, il en reste une odeur acidulée qui n'est pas désagréable : il n'en est pas de même de la fleur. Les fleurs du géranium sont rouges, rarement blanches, à pétales entiers, arrondies au sommet. Elle est utile en médecine. — (*V.* Fl., n° 21.)

LA VIOLETTE.

Elle vient dans tous les bois et le long de toutes les haies. On la cultive dans les jardins; il y en a de simple et de double. Sa tige est seulement haute de deux à trois pouces; ses feuilles sont larges, dentées, oblongues et d'un beau vert. La fleur, de la couleur dont elle porte le nom, a cinq pétales inégaux et un calice à cinq divisions; elle a une odeur des plus suaves. La violette est l'emblème de la modestie. — (*V.* Fl., n° 16.)

L'ARISTOLOCHE.

Parmi les espèces remarquables par la singularité de leurs fleurs, on peut placer l'aristoloche. C'est une plante sarmenteuse, dont les tiges, anguleuses par le bas, s'entortillent autour des arbres, et grimpent jusqu'au sommet des plus élevés, d'où elles retombent en formant différentes figures, selon les obstacles qu'elles rencontrent. Ses tiges sont garnies de grandes et belles feuilles alternes, en forme de cœur, portées par de longs pédoncules. Les fleurs qui sortent des aisselles de ses feuilles sont très-grandes; elles ont quelquefois plus de huit pouces de diamètre, jaspées de jaune livide et de pourpre obscur. Leur structure est des plus singulières; l'extérieur, ou le disque, représente la conque d'une grande oreille. L'odeur de cette fleur est infecte et s'attache tellement aux mains indiscrètes qui la cueillent, que l'on a beaucoup de peine à la faire disparaître. Ses racines sont un poison mortel pour les animaux qui en mangent. Elle croît abondamment à la Jamaïque.— (*V.* Fl., n° 4.)

LA ROSE.

Le rosier est un genre de plante composé de quarante espèces; environ vingt sont originaires d'Europe, neuf de l'Amérique septentrionale et une de l'Afrique, etc. Ce sont ordinairement des arbrisseaux munis d'aiguillons épars; les fleurs sont au sommet des rameaux solitaires ou disposés en corymbe. Les feuilles sont ailées. Il y a des roses blanches et jaunes. Une espèce a l'odeur de cannelle. Il y a une sorte de rosier qu'on appelle églantier, dont les fleurs sont simples, tantôt rouge pâle, tantôt blanches et qui croît dans les haies et les buissons.

L'odeur suave que la rose répand et la fraîcheur dont elle est le symbole, la font rechercher pour l'ornement des parterres et des bosquets. Il est rare que l'on compose un bouquet sans y placer une rose, que l'on regarde comme la reine des fleurs. La rose blanche est l'emblème de l'innocence; la rose proprement dite est celui de la beauté. M. Redouté, le peintre de cette fleur charmante, a fait un grand ouvrage où toutes les diversités y sont aussi exactement représentées d'après nature, que savamment classées. — *V.* Fl, n° 11.)

LA TULIPE.

Les feuilles sont engainantes et radicales; la hampe, presque toujours dénuée de feuilles, porte une seule fleur redressée. Quelquefois la tulipe a quatre bogues. Il y en a de plusieurs couleurs, presque toutes sont panachées. Ces fleurs étaient autrefois en Hollande, et le sont même encore, un objet de luxe parmi les amateurs qui en payaient plusieurs un prix considérable. La ville de Harlem était principalement renommée pour les tulipes. On en voit à Paris dans le jardin des Tuileries, et dans celui de M. Tripet, aux Champs-Élisées, de fort belles encore dans la saison. — (*V.* Fl., n° 15.)

L'ŒILLET.

Il y en de plusieurs espèces et de plusieurs couleurs, des rouges, des blancs, des panachés, des simples et des doubles.

C'est une fleur très-agréable, puisqu'elle a les plus belles couleurs, la taille la plus légère et la plus élancée, une odeur aromatique des plus suaves, et qu'on peut se la procurer en tout temps. — (*V.* Fl., n° 17.)

MARGUERITE (LA REINE).

Cette fleur vient d'Amérique; elle est très-belle, et fait en automne le principal ornement des jardins. Elle a reçu son nom de la reine de Navarre, sœur de François Ier, qui la préférait à beaucoup d'autres. Elle n'a ni l'éclat ni le parfum de la rose; moins brillante, elle dure davantage.

Il vient naturellement dans les prairies, au commencement du printemps, une petite fleur blanche et rose qui porte également ce nom. — (*V.* Fl., n° 22.)

LE COQUELICOT.

Le coquelicot, ou pavot rouge, croît dans les champs, où, en été, on le voit brillant au milieu des blés, et souvent à côté du bluet. Sa tige est verticale et haute d'un pied et demi environ. Elle naît du milieu d'une rosette de feuilles, et se termine par de longs pédoncules, surmontés chacun d'une seule fleur penchée vers la terre avant son épanouissement. Toute la plante est hérissée de poils très-ouverts, surtout sur la tige. Les fleurs sont quelquefois doubles, d'un rouge vif. Les pétales ont une tache noire à leur base. Toute la plante répand une odeur narcotique. On l'emploie en médecine. — (*V.* Fl., n° 24.)

LA BOULE-DE-NEIGE.

C'est le nom vulgaire d'une variété de la viorne-obier, dont les fleurs blanches et toutes stériles sont rassemblées en boule. La boule-de-neige est un des plus jolis arbrisseaux qu'on puisse cultiver pour l'ornement des jardins. Elle présente au mois de mai, au moment où elle est en fleur, un coup d'œil charmant. Elle n'est pas difficile sur la nature du terrain; cependant, quand elle est plantée dans une terre sèche et trop exposée au soleil, elle perd ses fleurs de bonne heure. — (*V.* Fl., n° 18.)

LE TRISTAN, A FEUILLES DE LAURIER ROSE.

Cette plante croît à la Nouvelle-Hollande. Ses feuilles sont alternes, lancéolées, en ovale renversé, très-aigues, traversées par une seule nervure et assez semblables à celles du laurier-rose. Ses étamines sont au nombre de seize à vingt, distribuées en quatre paquets, insérées à l'orifice du calice. — (*V.* Fl., n° 19.)

POIS DE SENTEUR, OU GESSE ODORANTE.

Sa tige est anguleuse, rameuse, légèrement velue comme toutes les plantes; elle s'élève à la hauteur de trois pieds et plus, en s'attachant aux corps qui sont dans le voisinage, au moyen des vrilles qui terminent les pétioles de ses feuilles. Ses fleurs sont grandes, agréablement odorantes, portées deux à trois, les unes près des autres, à l'extrémité d'un long pédoncule : elles se distinguent par leurs couleurs en deux variétés remarquables; dans l'une, l'étendard est d'un violet très-foncé, tandis que les ailes et la carène sont bleues; dans l'autre, l'étendard est rose, et les ailes de la carène sont blanches. — (*V.* Fl., n° 20.)

ARUM, OU GOUET.

L'arum ou gouet, vulgairement appelé *pied-de-veau*, appartient au système sexuel qui dépend des feuilles des aroïdes de la méthode naturelle. Cette espèce est tantôt herbacée, tantôt ligneuse. Ces dernières ont quelquefois un stipe, sorte de tronc cylindrique, et d'autres fois une tige faible et grimpante. Les feuilles des arums sont entières ou découpées, ou même composées de plusieurs folioles. La fleur est extrêmement remarquable. Elle offre à l'extérieur un cornet que les botanistes ont désigné sous le nom de *spathe*. Ce cornet a le plus ordinairement la forme d'une oreille d'âne. L'*arum serpentaire* est un de ceux qui méritent le plus d'être connus. Il s'élève à la hauteur de deux ou trois pieds. — (*V.* Fl., n° 23.)

RÈGNE MINÉRAL.

INTRODUCTION.

Le règne minéral se compose de l'ensemble de la terre proprement dite, et de tout ce qui est renfermé dans son sein, sous le rapport de la géologie, science qui a pour objet l'examen de l'intérieur des terres et des substances diverses qui en font partie.

On peut donc établir d'abord que tous les faits géologiques découlent naturellement de ces deux causes générales : la grande élévation primordiale des montagnes, et la circulation des fluides dans les couches de la terre. Nous empruntons à un naturaliste connu les divisions suivantes, qu'il a établies pour distinguer les différentes substances qui forment la matière du globe terrestre :

1° Les terres simples : la *silice*, l'*alumine*, la *chaux*, la *magnésie*, la *baryte*, la *strontiane*, la *zircone* et la *glucine*. 2° Les principaux élémens des roches primitives : le *quartz*, le *feld-spath*, le *mica* et le *schorl* ou *amphibole*. 3° Les roches primitives elles-mêmes, qui comprennent les *granits*, les *gneiss*, les *roches feuilletées*, les *porphyres*, les *trapps*, les *cornéennes*, etc. 4° Les *cristaux pierreux*, et notamment les *gemmes* ou *pierres précieuses*. 5° Les *substances silicées non cristallisables*, les *silex*, les *calcédoines*, les *agates*, les *jaspes*, etc. 6° Les diverses matières qui forment les couches secondaires de la terre, comme la *pierre calcaire commune*, les *marbres*, la *craie*, la *marne*, les *argiles*, etc. 7° Celles qui composent les *couches tertiaires*, comme les *poudings*, les *sables*, les *grès formés de débris agglutinés*, etc. 8° Les *métaux*. 9° Les *volcans*. 10° Les matières volcaniques, comme les *basaltes*, les *laves*, les *pierres-ponces*, etc. 11° La *houille* ou *charbon de terre*, les *bitumes* et le *soufre*. 12° Le *sel gemme*. 13° Les *fossiles* et *pétrifications* qui sont des corps sans vie, identifiés, avec le temps, dans les substances dont elles font alors partie.

Nous répétons ce que nous avons déjà dit ailleurs, que cet ouvrage n'étant qu'une esquisse des connaissances qui tiennent à l'histoire naturelle, et propre seulement à donner aux jeunes gens le goût de la science, nous n'avons fait qu'effleurer chaque partie ; ainsi on ne sera donc point surpris de ne trouver sous le titre du règne minéral que deux tableaux renfermant, de ce règne, ce qui nous a semblé principalement curieux et utile.

LES PIERRES, GRÈS, MARBRES, ETC.

LA PIERRE DE ROCHE A BATIR.

Les pierres de roche qui servent à bâtir diffèrent suivant les lieux ; il y en a de grises et de très-dures ; de blanches et de différentes nuances ; les unes que l'on façonne et taille avec des outils tranchans ou piquans, faits exprès : celles-ci s'appellent *pierres de taille* ; les autres, que l'on façonne grossièrement, se nomment *moëllons*. Toutes se tirent de carrières qui tiennent quelquefois dans les terres des espaces immenses : telles sont les carrières qui existent autour de Paris, dans la plaine de Mont-Rouge et lieux environnans. On les extrait des rochers au moyen d'instrumens fabriqués à cet effet et de la poudre à canon. — (*V.* 1er T., *Minéraux*, n° 5.)

LA PIERRE MEULIÈRE.

La pierre meulière est ainsi nommée parce qu'on l'emploie à faire des meules de moulins. Cette pierre est formée d'une espèce de *silex carié*; la couche d'argile où se sont formées, avec le temps, ces couches de *silex carié*, est à la surface même du sol, recouvert de fort peu de terre. Elles ont depuis quelques pouces jusqu'à plusieurs toises de diamètre. Les plus grandes carrières de cette pierre si utile se trouvent dans plusieurs parties de la France, principalement à la Ferté-sous-Jouarre, sur les bords de la Marne, etc. A la Ferté, il y a deux variétés de *pierres meulières*: l'une, dont la pâte est bleuâtre; c'est la plus dure et la meilleure; l'autre est jaunâtre et d'une qualité un peu inférieure. — (*V.* 1er T., Min., n° 4.)

LES GRÈS.

On regarde communément les grès comme des pierres formées des débris d'autres pierres dégradées, décomposées et réduites en sables qui ont été charriés par les eaux, et qui, étant agglutinés de nouveau, ont formé des couches pierreuses plus ou moins solides, ce qui les a fait ranger parmi les dépôts *tertiaires*. Il y a en effet des grès qui ont cette origine; mais l'immense majorité de ceux qui existent sont, comme les couches calcaires, des dépôts secondaires, dont les molécules ont immédiatement été formées dans le temps où elles se sont précipitées en couches horizontales au fond des mers. Il y a des grès qui servent à faire des pierres à rasoir, des meules à aiguiser; d'autres, comme celui de Fontainebleau, à paver les rues : celles de Paris sont garnies de ce même grès. Il est à remarquer qu'un pavé, qu'on appelle grès, comme ce dernier, se casse facilement, s'éboule et se transforme en un sable fin et qu'on emploie à fourbir les ustensiles de cuisine. — (*V.* 1er T., Min., n° 3.)

LES ARDOISES.

L'*ardoise primitive* est un schiste argileux, ordinairement d'une couleur noirâtre ; on la trouve par couches. Elles ont rarement une épaisseur considérable, et varient de plusieurs pouces jusqu'à quelques pieds. Le banc qui forme la carrière de Charleville a soixante pieds d'épaisseur, mais c'est un phénomène peut-être unique. On les extrait par feuilles minces, que l'on emploie à la couverture des maisons et des édifices. Il y a aussi des ardoises secondaires qui sont employées au même usage. — (*V.* 1er T., Min., n° 2.)

LA CRAIE.

La craie est une terre calcaire plus ou moins divisée, ordinairement blanche. Elle est disposée par couches horizontales, souvent épaisses de plusieurs toises. La craie est formée par les coquilles que les eaux de la mer ont réduites en pâte. La craie, même la plus durcie, n'est susceptible que du poli gras que prennent les matières tendres, et se réduit au moindre effort en une poussière semblable à la poudre des coquilles. La craie que l'on connaît sous le nom de *blanc d'Espagne* est la plus fine et la plus pure ; on l'emploie dans les arts, et surtout dans la peinture des bâtimens. — (*V.* 1er T., Min., n° 1.)

LE GRANIT.

Le granit est la roche la plus ancienne du globe terrestre ; elle sert de base aux schistes primitifs et aux autres matières qui forment l'écorce de la terre. Il s'étend à une profondeur inconnue. Le granit en général est composé de trois substances cristallisées qui sont le *quartz*, le *feld-spath* et le *mica* : il contient aussi parfois d'autres substances. Il forme quelquefois des couches très-épaisses ; il y en a de plusieurs couleurs. Cette espèce de roche est très-dure. Ses principales variétés sont le granit *oriental*, d'*Ingrie*, de *Corse*, de l'*île d'Elbe*, *graphique*, etc. ; le granit d'*Égypte* ou *oriental* est *rouge*, composé de *quartz blanc* et d'un peu de *mica noir* (*V.* 1er T., Min., n° 9) ; celui de Corse, dans lequel le blanc domine principalement (*V.* 1er T., n° 10), et le noir, qui est le moins estimé. (*V.* 1er T., n° 11.) Dans les plus beaux monumens des anciens, le rouge avait la préférence. On emploie aujourd'hui le plus commun dans les constructions.

LES MARBRES.

Le *marbre* est un carbonate calcaire, presque toujours mélangé plus ou moins de diverses matières étrangères ; il diffère de la pierre calcaire commune, par le tissu de sa pâte, qui est grenue, et confusément cristallisée ; malgré la finesse de son grain, on y distingue toujours les lames brillantes du spath dont il est composé. C'est ce tissu cristallisé qui lui donne une grande dureté et le rend capable de recevoir un poli brillant dont les pierres calcaires communes ne sont pas susceptibles. Les plus beaux marbres se tirent d'Italie, des carrières de Carrare ; c'est le plus blanc, celui qu'on appelle marbre *statuaire* (*V.* 1er T., Min., n° 8) ; celui des Pyrénées est également blanc, mais non bien pur, et quelquefois veiné de gris. (*V.* 1er T., Min., n° 7.) On l'emploie aussi dans les arts, ainsi que le *bleu turquin* (*V.* 1er T., Min., n° 6), qui sert à faire des tablettes de cheminées et des dessus de meubles ; il y en a encore de *vert* (*V.* 1er T., Min., n° 13) ; de *violet* (*V.* 1er T., Min., n° 16), et de bien d'autres espèces. Le marbre Sainte-Anne, qui est gris et blanc, est le plus communément celui dont les ébénistes pour les meubles ordinaires.

LA PIERRE DE FLORENCE.

Il y a deux variétés de pierre de Florence, qui se trouvent aux environs de cette ville, dans les mêmes collines d'où l'on tire le *macigno* ; elle forme des tableaux de paysages, représente des ruines, etc. Cette pierre est de diverses couleurs comme les marbres veinés, et prend un beau poli ; on en fait des tablettes d'un ou deux pouces, et l'on en décore les cabinets de minéralogie. — (*V.* 1er T., Min., n° 15.)

LE POUDINGUE D'ANGLETERRE.

Le poudingue le plus connu, et que sa beauté fait placer dans tous les cabinets de minéralogie, se trouve dans quelques rivières d'Écosse, en petites masses roulées, qui ont très-rarement plus de cinq à six pouces de diamètre. Il est généralement connu sous le nom de *poudingue* ou *caillou d'Angleterre*. Il est formé d'un assemblage de petites pierres siliceuses, dont les interstices sont remplis par des graviers et un sable très-fin ; le tout est lié par un gluten silicé d'une couleur blanche opaque, qu'on n'aperçoit qu'avec la loupe. Les pierres qui le composent sont tout au plus de la grosseur d'une noix, et souvent plus petites. Elles sont colorées de diverses teintes, mais avec une singularité remarquable. On fait avec cette matière rare, que l'on polit très-bien, des boîtes, des bijoux et de belles plaques. — (*V.* 1er T., Min., n° 14.)

LE PORPHYRE.

La formation du porphyre paraît avoir été contemporaine de celles des dernières couches de granit, celles qui forment les granits veinés et les *gneiss*. Il présente une pâte uniforme et compacte ; il en est qui offrent des points brillans. La France possède de très-beaux porphyres ; il y en a de *rouge*, de *vert*, etc. On l'emploie à des monumens précieux. — (*V.* 1er T., Min., n° 17.)

LES AGATES.

L'agate est une calcédoine mêlée de matières hétérogènes, terreuses ou métalliques, qui donnent communément à sa pâte moins de finesse que celle de la calcédoine blanche, ou d'une seule couleur. Les nuances de l'agate, la régularité admirable de ses couleurs la rendent quelquefois plus précieuse qu'aucune pierre de cette nature. Il y en a de plusieurs couleurs. L'*agate onyx* se trouve par couches sphéroïdales, emboîtées les unes dans les autres. (*V.* 1er T., Min., n° 23.) Plusieurs, celles appelées *arborisées*, offrent des *denderies*, d'autres des buissons composés de rameaux qui se divisent en une infinité d'objets élégamment dessinés, etc. — (*V.* 1er T., Min., n° 12.)

LE JASPE.

Les jaspes sont toujours opaques ; il en existe beaucoup en Sibérie. Il offre toujours des fractures et un commencement de décomposition. Il y en a de diverses couleurs ; on en trouve d'un beau vert et d'un beau rouge. On en fait des camées et d'autres bijoux précieux. On a vu des vases de jaspe d'une belle dimension. — (*V.* 1er T., Min., no 22.)

LES ALBATRES.

Il y en a de très-blanc dont on fait de petites statues, des ornemens de pendules, des vases et beaucoup d'autres objets de luxe. (*V.* Min., 1er T., no 21.) Cette pierre est d'une blancheur éclatante; elle n'est pas très-dure. On assure cependant qu'il est rare que le véritable albâtre soit d'une couleur blanche; qu'il est en général de diverses teintes ferrugineuse, jaune, brune ou rougeâtre. *L'albâtre gypseux veiné* (*V.* Min., 1er T., no 20) se travaille très-facilement; il est employé en sculpture, mais seulement pour de petits ouvrages. On trouve de cet albâtre en Franche-Comté, et aussi près de Lagny, à six lieues de Paris. Ceux qu'on estime le plus sont les *albâtres-agates*, auxquels on a donné ce nom à cause de leur finesse, et les *albâtres-onyx* (*V.* Min., 1er T., no 19) qui présentent des couches nettes et distinctes de diverses couleurs, toutes ondulées et festonnées.

LE LAPIS-LAZULI.

Le lapis-lazuli, qu'on nomme simplement *lapis*, est une roche d'un beau bleu de saphir, ordinairement mêlée de veines et de taches blanche; elle contient quelquefois des pyrites qu'on faisait autrefois passer pour des grains d'or, et des paillettes de mica plus ou moins abondantes. Cette pierre est dure; les parties bleues font feu au briquet. Quoique grenu, il est susceptible d'un assez beau poli; on en fabrique des bijoux et des ornemens. C'est avec le lapis qu'on prépare, pour les peintres, cette couleur précieuse connue sous le nom d'*outre-mer*. — (*V.* 1er T., Min., no 18.)

DES MÉTAUX, ETC.

LA HOUILLE, OU CHARBON DE TERRE.

La *houille, appelée aussi charbon de terre*, est un fossile bitumineux, noir, luisant, d'un tissu feuilleté, très-friable et disposé à se diviser en cubes. Quoiqu'il ne paraisse point poreux, c'est un des minéraux les plus légers; il n'est que d'un tiers plus pesant que l'eau. Suivant les expériences qu'on en a faites, la houille, en brûlant, laisse un résidu terreux de nature argileuse, qui varie depuis un centième jusqu'à un cinquième. S'il est une substance qui mérite de fixer notre attention, c'est assurément la houille, ce trésor que la nature nous a prodigué, et dont il existe en France plus de quatre cents mines; avec la houille, on fait mouvoir, on vivifie tout ce qui tient à l'industrie; c'est avec cette substance qui épargne nos forêts, qui, sans elle, seraient bientôt appauvries, qu'on alimente ces pompes à feu si utiles aux usines, ou grands établissemens de nos manufactures; qu'on peut forger le fer et les autres métaux qui sortent des entrailles de la terre; enfin, que des peuples entiers, tels que les Belges et les Hollandais, et une grande partie des Français du nord, échauffent et entretiennent leurs foyers domestiques. Les couches de houille sont reconnues par tous les naturalistes, pour être un dépôt formé par les eaux de la mer qui couvraient nos contrées. On extrait des mines de gros morceaux de *charbon* (*V*. 2e T., Min., n° 4), et il y a de la *houille* aussi que l'on tire des mines en petites parties (*V*. n° 2), que l'on purifie par le feu avec quelques préparations connues, ainsi qu'on le voit pratiquer dans les environs de Saint-Chaumont.

LE SOUFRE.

Le soufre est une substance inflammable que la nature paraît former journellement, soit dans les volcans, soit dans les êtres organisés; il se trouve dans le sein de la terre, sous diverses formes, quelquefois natif, mais plus communément combiné avec d'autres substances. Presque tous les filons métalliques en sont abondamment pourvus. Il y a des pays, comme dans la vallée de Mazzara, en Sicile, où on voit des couches de soufre pur. Le soufre est une substance jaune. Pour le répandre dans le commerce, on en forme des espèces de bâtons ou petits pains courts; c'est ainsi qu'on le vend; c'est ce soufre qui sert à soufrer les allumettes dont on fait une si grande consommation dans l'intérieur des ménages. (*V.* 2e T., Min., n° 3.)

LE FER.

Le fer jouit de l'avantage d'être employé à de nombreux usages. De tous les métaux il est le plus nécessaire. Il se trouve en masse ou en mines très-considérables dans le sein de la terre. Ce métal est très-abondant dans les cendres de tous les végétaux; il paraît que les couleurs variées dont ils se parent viennent de l'influence qu'a ce métal sur leurs fibres.

On tire le fer du minerai qui se trouve à la surface de la terre, ou caché dans son sein; on creuse à cet effet de grandes excavations, qu'on appelle mines, d'où on l'extrait; souvent il est tellement surchargé de boues et de parties étrangères, qu'on est obligé de le laver dans un courant d'eau; on le fond ensuite à force de feu, dans de grands établissemens qu'on nomme *hauts fourneaux*; on le forge après en le faisant rougir au feu, et on lui donne toutes sortes de formes pour le livrer aux consommateurs; le forgeron, le serrurier, etc., l'emploient ensuite à toutes espèces d'ouvrages utiles à la société. — (*V.* 2e T., Min., n° 10.)

LE PLOMB.

Le plomb est une des sept substances métalliques qui ont été reconnues pour de vrais métaux; ces substances sont: l'*or*, l'*argent*, le *mercure*, le *cuivre*, le *fer*, l'*étain*, le *plomb*. Les chimistes anciens lui donnaient le nom de Saturne, parce qu'il dévore, dans la coupelle, petit vase en forme de tasse, les autres métaux, comme Saturne dévorait ses enfans. Franchement rompu ou coupé, il est d'une couleur grise bleuâtre assez brillante, mais qui se ternit bientôt et prend une teinte livide; quand on le manie, il noircit les mains. Le plomb est très-mou et se coupe facilement ; on l'emploie à divers usages, surtout à la guerre pour faire des balles de fusil, etc., et à la couverture des maisons. — (*V.* 2ᵉ T., Min., nᵒ 7.)

LE CUIVRE.

Le cuivre a des propriétés qui le rendent infiniment utile, et tout le monde connaît ses usages multipliés ; l'un des plus importans est de servir au doublage des vaisseaux : il rend leur marche plus prompte, et surtout les préserve des funestes atteintes des *vers tarets*, qui, dans certains parages, sont tellement multipliés, qu'ils détruisent en peu de temps les navires les plus solides. Le cuivre est tellement *ductile*, facile à employer, qu'on en peut faire des fils aussi fins que les cheveux. Le cuivre est le métal le plus sonore ; aussi en fait-on des cloches. On l'emploie aussi pour la fabrication de toutes espèces d'ustensiles de cuisine et de ménage ; c'est avec le cuivre qu'on fait ces beaux ouvrages dorés et la monnaie courante. Le cuivre s'extrait des mines par divers procédés. Les pays les plus abondans en mines de cuivre, sont la *Suède*, l'*Angleterre*, la *Sibérie*, la *Hongrie*, la *Hesse*. La France a des filons de cuivre dans plusieurs parties des Vosges ; il y en a aussi à Chessy et Saint-Bal, à six lieues de Lyon. — (*V.* 2ᵉ T., Min., nᵒ 1.)

L'ARGENT.

L'argent existe dans la nature sous forme métallique, en petites masses, en cristaux, en feuilles, etc. On trouve souvent l'argent sous des figures irrégulières, soit en morceaux, soit en rameaux, soit en filets. Il y a plusieurs mines d'argent en France. Il est rare qu'il ne se trouve pas mêlé avec d'autres substances ; cependant on en a quelquefois rencontré de pur, car on cite des blocs considérables d'argent natif, trouvés dans les filons de la mine de Kœnigsberg, dont l'un pesait 419 marcs. L'argent natif est plus rare que l'autre.

L'argent est un des métaux précieux qu'on nommait autrefois métaux parfaits, parce qu'il résiste à beaucoup d'opérations et de torture ; aujourd'hui les arts ont trouvé moyen de rendre aussi malléables les autres métaux. L'argent se fond au feu ; l'argent bien pur est très-blanc, très-brillant; il reçoit un magnifique poli. Il est doux, pliant et très-ductile. On connaît l'extrême division qu'on donne à l'argent en recouvrant de ses feuilles une foule de corps divers. On en fabrique les monnaies, et toutes espèces d'objets de luxe et d'utilité. — (*V.* 2e T., Min., nº 6.)

L'OR.

Il existe beaucoup de mines d'or, tant en Europe que dans d'autres contrées. Les principales sont en *Hongrie*, en *Transylvanie*. Il y en a une en France, appelée la *Gardette*, en Dauphiné. La Nouvelle-Espagne et le Brésil en ont de très-abondantes et de très-riches. Après le fer, c'est l'or qui est le métal le plus généralement répandu sur le globe. On en trouve en effet dans des terrains, et jusque dans la cendre des végétaux, mais en petite quantité. On voit des fleuves et des rivières charrier des paillettes d'or.

Ce métal précieux est celui qui a le plus de ténacité. Un fil d'or d'un dixième de pouce de diamètre supporte un poids de cinq cents livres. Il est en même temps d'une étonnante ductilité : une once d'or peut former un fil de soixante-treize lieues de longueur. Cette même quantité de métal est réduite par le batteur d'or en seize cents feuilles, qui ont chacune plus de neuf pouces carrés. Quelque ductile que soit l'or, il perd complètement cette propriété par le plus petit mélange d'arsenic ou d'étain : un seul grain de ces métaux suffit pour altérer tout un lingot d'or.

C'est avec l'or que l'on fabrique, dans presque toutes les contrées civilisées, les monnaies qui servent aux transactions commerciales. Dans les Etats policés elles sont ordinairement frappées aux armes et à l'effigie ou ressemblance du prince qui gouverne. Il y a des pays, comme en Afrique, où la poudre d'or sert de monnaie courante. C'est avec ce métal si recherché que l'on fabrique les brillantes parures et les objets somptueux des rois et celles de l'opulent citadin. — (*V.* 2e T., Min., nº 5.)

LE CRISTAL.

Cristal, cristaux. On désigne par ces mots les formes symétriques que prennent souvent les substances minérales, et en général les substances inorganiques, soit en se précipitant d'une solution, soit, en général, en passant de l'état fluide à l'état solide. Ce nom de *cristal* vient d'un nom qui signifie *glace* et qui est connu encore vulgairement sous le nom de *cristal de roche*; sans doute parce que les cristaux de cette substance étant le plus souvent très-limpides et incolores, on les comparait à la glace. C'est par suite d'une comparaison semblable qu'on donne aussi le nom de *cristal* au verre fin, très-pur, et sans couleur; mais depuis long-temps les mots de *cristal* et de *cristaux* ont été consacrés uniquement à désigner les formes régulières sous lesquelles les minéraux se présentent dans la nature, et de même celles que prennent un grand nombre de substances dans nos manufactures chimiques et nos laboratoires. Il y a des mines de véritable cristal, mais elles sont rares. Cette substance est précieuse et s'emploie à des objets de luxe. — (*V.* 2e T., Min., n° 9.)

LE SEL.

Il y a deux sortes de sel, le *sel gemme* et le *sel marin*. Le premier se trouve par couches dans les entrailles de la terre, qui en fournit des mines d'où on l'extrait. Le deuxième provient de la mer, dont les eaux sont salées; et, pour l'en retirer, on a établi sur ses bords ce qu'on appelle des *marais salans*, où on le recueille. Le sel est d'un usage journalier et indispensable; avec cette substance, on conserve toute espèce de viandes et de poissons. On sale le hareng et le cochon, qui sont pour la marine et le bas peuple d'une ressource immense. On sale encore le pain et les ragoûts qui nous servent d'alimens. Enfin, le sel est d'une très-grande ressource chez les diverses nations du globe, et on le trouve presque partout. — (*V.* 2e T., Min., n° 8.)

LE DIAMANT.

Il y a des mines de diamans, mais en petite quantité. Le *Brésil* et les *Indes* sont les seules contrées où on en ait trouvé. Les diamans d'Orient sont les plus estimés. Les royaumes de *Golconde*, de *Visapour*, le *Bengale*, les bords du *Gange*, l'île *Bornéo* en fournissent. La mine la plus riche est celle de Kuolconda, dans la province de Carnate, près de Golconde. Les terres où ils se trouvent sont ferrugineuses, jaunâtres ou rouges, pleines de rochers, sablonneuses ; et les roches sont séparées par des veines de terre d'à peu près cinq ou six lignes, ou tout au plus un pouce ; c'est là que se rencontre le diamant. Les mineurs enlèvent cette terre avec un instrument crochu ; on la lave ensuite dans des petits vases pour en extraire la pierre précieuse, qui, exposée au soleil, sur un sol battu et uni, se manifeste par son éclat. Les diamans de l'Inde sont en général d'un plus gros volume et d'une plus belle eau que ceux du Brésil. Le diamant est le plus dur de tous les minéraux ; brut ou taillé, il les raye tous, et ne saurait l'être par aucun ; il brille d'un éclat particulier, difficile à définir. La grosseur du diamant varie à l'infini ; il est ordinairement sans couleur ; néanmoins on en trouve de toutes les couleurs et de toutes les nuances. Les qualités qui distinguent un beau diamant sont la netteté et la transparence ; il dépend de la nature de lui donner ces qualités, mais la vivacité et l'éclat dépendent de la manière dont il est taillé : c'est l'affaire du *lapidaire* ou *diamantaire*.

Les diamans les plus recherchés avant qu'on eût découvert l'*art* de les *tailler*, étaient ceux qui présentaient naturellement une figure pyramidale : on les appelait *pointe-naïve*, ou *brut ingénu*. Les quatre diamans qui ornaient l'agraffe du manteau royal de saint Louis étaient des *pointes-naïves*, ou pyramides à quatre faces.

C'est Louis de Berquem qui découvrit, en 1476, l'art de tailler les diamans en les frottant l'un contre l'autre, et de les polir au moyen de leur propre poussière nommée *égrisée*. On abrége actuellement l'opération de la taille par deux moyens : 1° en profitant du sens des lames du diamant pour les fendre dans ce sens, et produire ainsi plusieurs facettes (cette opération s'appelle *cliver le diamant* : quelques-uns, qui paraissent être des macles, s'y refusent : on les nomme *diamans de nature*) ; 2° en sciant les diamans au moyen d'un fil de fer très-délié, enduit de poussière de diamant. On varie beaucoup la disposition des facettes qu'on donne au diamant par la taille, suivant sa forme, sa grosseur, et l'effet qu'on veut lui faire produire. On distingue deux sortes principales de tailles ; l'une qui constitue ce qu'on appelle les *brillans*, que l'on choisit parmi les diamans de la plus belle eau et du blanc le plus parfait. (*V.* Min., 2e T., n° 14.) Elle consiste à laisser à la partie supérieure de la pierre, une tablette plane à plusieurs pans. L'autre, qui donne les *roses* (*V.* Min., 2e T. nº 12), et qui ne s'applique guère qu'aux petits diamans *blancs*, mais d'une eau moins pure, met à la place de la table une pyramide à plusieurs faces.

Le premier diamant taillé, après la découverte de Louis de Berqnem, a appartenu à Charles le Téméraire, dernier duc de Bourgogne. Le prince le fit monter au milieu de trois rubis-balais et le portait au cou. Il le perdit à la bataille de Granson (d'autres disent à la bataille de Morat). On prétend que celui qui le trouva le donna pour un écu. Les Suisses de Berne, qui s'en emparèrent après, le vendirent à de riches négocians d'Augsbourg, et ceux-ci à Henri VIII, roi d'Angleterre. La reine Marie, sa fille, l'apporta en dot au roi d'Espagne Philippe II. Il a passé depuis au grand-duc de Toscane.

Les plus gros diamans connus sont :

Celui du rajah de Matun, dans les Indes orientales. Il pèse 367 carats : un carat vaut 4 grains, ce qui donne, pour 367 carats, 1668 grains ou quatre livres, poids énorme pour un diamant. Un gouverneur hollandais de Batavia en offrit 750 mille francs, deux bricks de guerre armés avec beaucoup de munitions; mais ce diamant a dans l'Inde une si grande célébrité, qu'il est regardé comme un talisman auquel la fortune du rajah et de sa famille est attachée, de sorte que ce prince ne voulut le céder pour aucun prix. Celui que possédait, du temps de Tavernier, l'empereur du Mogol, empire qui n'existe plus, pesait 279 carats, et avait été estimé par Tavernier près de douze millions. Viennent après ces diamans, presque monstrueux, 1º celui du grand-duc de Toscane, qui pèse 139 carats, et vaut 2 millions 500 mille francs; 2º celui de l'empereur de Russie, qui est de la grosseur d'un œuf de pigeon, et pèse 779 carats, dont le prix réel serait 113 millions 250 mille francs, mais qui n'a été acheté que 2,500,000 fr., et 100,000 fr. de pension viagère; 3º celui du roi de Portugal (à présent entre les mains de don Pédro, empereur du Brésil), qui pèse 11 onces 5 gros 24 grains; mais il est jaunâtre, et il a peu d'éclat; 4º celui de l'empereur d'Autriche, qui pèse 139 carats, et dont la teinte est un peu jaunâtre : on l'a estimé néanmoins 2,600,000 fr.; 5º celui du roi de France, nommé le Régent, remarquable par sa forme et sa limpidité; il ne pèse que 136 carats;

mais ses belles qualités l'ont fait estimer plus de 4 millions, presque le double de ce qu'il a coûté.

Nous croyons faire plaisir à nos jeunes lecteurs en donnant ici le prix des diamans *courans*.

Le diamant, dit *menu*, dont le poids ne passe pas un grain, vaut . . . . de 60 à 120 f.

La *recoupe* pesant 2 grains,	vaut de	170 à 175	
3	id.	id.	200
4	id.	id.	260 à 280
6	id.	id.	600
8	id.	id.	1000
10	id.	id.	1400
12	id.	id.	1800
15	id.	id.	2400
18	id.	id.	3500
24	id.	id.	5000

Outre son emploi comme pierre d'ornement, le diamant sert à faire des bagues qu'on appelle *jones*; des girandoles ou *boucles d'oreille*, des boutons, des *bracelets*, des *rivières* ou colliers, etc. Le diamant a encore quelques usages dans les arts; sa poudre, ou égrisée, sert à scier, à graver ou polir certaines pierres fines très-dures. Les vitriers font usage d'un diamant pour couper le verre et les glaces. Les savans ont trouvé le moyen de réduire le diamant en charbon. Cette opération est curieuse, mais elle est du domaine de la chimie.

Les pierres précieuses les plus estimées après le diamant proprement dit, sont:

La pierre que l'on appelle *améthiste* (*V.* 4ᵉ T., Min., nº 16), qui participe du rubis et du saphir; elle a la dureté de ces pierres, et sa couleur violette est un mélange de bleu, de blanc et de rouge; celles qu'on nomme orientales sont les plus estimées;

Le *saphir*. (*V.* 2ᵉ T., Min., nº 19.) C'est une pierre transparente du premier ordre, de couleur bleue, très-dure, susceptible d'un beau poli. Il y a aussi des saphirs blancs; ce sont les parties blanches et non colorées du rubis, du saphir et de la topaze d'Orient que l'on désigne ainsi. On parle d'un saphir verdâtre chatoyant qui se trouve en Perse, et qu'on appelle *œil de chat*; il y en a encore de gris cendré ou ardoise.

Le *rubis balais* (*V.* 2ᵉ T., Min., nº 18) est d'un rose tendre,

Sa couleur est très-fine et produit le plus grand effet à la lumière. Il y a aussi des rubis violets d'Orient. Ceux dont le ton tient entre le rouge et le violet sont recherchés pour leur rareté. Le rouge des rubis du Brésil est livide. Pendant le règne de Canchi, empereur de la Chine, des caravanes apportèrent de ce pays le plus grand rubis connu. C'est aujourd'hui l'une des plus belles pierres de la couronne des empereurs de Russie.

Le nom des *turquoises* (*V.* 2ᵉ T., Min., nº 11) vient des Turcs, dont probablement l'Europe aura reçu les premières. Cette pierre, ordinairement d'un beau bleu de ciel, ou d'un bleu vert léger, est fort estimée des connaisseurs. Les joailliers divisent les turquoises, comme toutes les pierres précieuses, en orientales et occidentales, ou turquoises de vieille roche ou de nouvelle roche. Les plus belles sont celles qui, par leur dureté, reçoivent un poli vif, et dont la couleur ne s'altère ni ne change avec le temps.

L'opale (*V.* 2ᵉ T., Min. nº 17) parfaite est demi-diaphane, et réunit le rouge de feu du rubis, le vert gazon de l'émeraude, le jaune d'or de la topaze, quelquefois même le bleu épuré du saphir. Les plus estimées sont à grandes lames et à paillettes. Une variété fort rare darde, à travers une teinte sombre, une langue de feu, et paraît un charbon ardent. Quelques-unes plaisent par des effets singuliers, dus à certains défauts. M. A. Caire, joaillier, qui a fait un ouvrage savant sur les diamans en général, dit avoir dirigé la taille d'une opale dont les taches figuraient des nuages d'où partaient des éclairs. Les bleues de ciel sont communes; les vertes passent pour les plus belles; au moindre mouvement, elles montrent des couleurs très-variées, et se changent en pourpre, en violet, en couleur de feu. L'opale est en général claire et limpide.

Les anciens admettaient douze variétés d'*émeraudes*. (*V.* 2ᵉ T., Min., nº 13.) Ce nom, tiré du grec, signifie *je brille, je suis éclatante;* mais ils réunissaient, sous cette dénomination, toutes les pierres *vertes*, même les plus communes, avec la véritable émeraude, sur laquelle les Égyptiens et les Grecs savaient graver des figures entières. Cette pierre, assez rare, d'un vert gai, ordinairement légère, peut être taillée de diverses manières, et est très-remarquable par son éclat, quoiqu'elle en ait peu. Pline place cette substance après le diamant et la perle; selon lui l'éclat de cette pierre est la même à l'ombre, au soleil et à la lumière; sa couleur varie selon la lumière dont elle est frappée. Aujourd'hui encore, cette pierre, quand elle est parfaite, est celle qui, après l'opale, réunit le plus de suffrages. Il y a dans la Haute-Égypte une chaîne de montagnes encore appelée *mine d'émeraude*. L'Asie en produit également; mais il paraît que les plus estimées viennent de l'Amérique. L'émeraude du Pérou est celle qui a le plus de valeur. Autrefois les graveurs reposaient leurs yeux fatigués en les fixant sur une émeraude. Néron regardait les jeux du Cirque et les combats de gladiateurs à travers une émeraude qui lui servait de lorgnon; et cette pierre reçut à Rome le nom de Néron que portait aussi Domitien.

La *topaze* des anciens (*V.* 2ᵉ T., Min., nº 20) avait un ton vert-jaune, tirant sur l'huile d'olive. La topaze des modernes est blonde : on en compte cinq espèces principales; les topazes d'Orient, de Saxe, de l'Inde, du Brésil et de la Sibérie. La topaze d'Orient est jaune d'or; on la trouve, avec les saphirs, sur la montagne de Capelan, au Pégu. Plus elles sont vives et resplendissantes, plus elles ont de valeur. Les pluies violentes les arrachent des crêtes des montagnes, les roulent avec d'autres corps; de sorte qu'elles ne tombent dans les mains de l'homme qu'après avoir été défigurées par le frottement. On appelle topaze de Bohême un cristal de roche jaune-clair, assez commun.

La couleur dominante du *grenat* est le rouge (*V.* 2ᵉ T., Min., nº 15); mais il s'en trouve aussi de jaunes, de verts, de noirs, etc. Cette pierre est plus dure que le quartz, puisqu'elle le raie; elle étincelle vivement sous le choc de l'acier. On en fait aussi des bijoux; mais elle est moins recherchée que les autres.

Toutes ces pierres, très-précieuses par leur rareté, leurs couleurs, leur éclat, étaient employées dans l'antiquité, comme elles le sont aujourd'hui, à diverses parures consacrées par les arts, le goût et le luxe.

FIN.

NOMENCLATURE

ALPHABÉTIQUE

DE QUELQUES SINGULARITÉS

OBSERVÉES DANS LES TROIS RÈGNES DE LA NATURE.

A

Ablette. Petit poisson assez commun dans toutes les rivières et dont on fait l'*essence de perle*.

Acajou. Tout le monde aujourd'hui possède des meubles d'*acajou*, et l'on s'inquiète peu de l'arbre qui produit un bois si précieux. Le bois d'*acajou* provient de l'anacardier, arbre des Indes dont on connaît deux espèces qui atteignent aux dimensions de nos plus grands chênes. Plusieurs autres arbres des pays chauds fournissent aussi dans le commerce du bois que l'on confond avec l'acajou. Ce nom d'*acajou* paraît au reste n'être que la corruption des mots *caju* et *cazou*, qui, dans les langues de racine malaise, désignent simplement le bois de tout arbre employé, soit à la charpente, soit à la menuiserie, etc.

Acéphale, c'est-à-dire *qui n'a pas de tête*. Il y a une grande quantité d'animaux qui n'ont point de tête et qui vivent cependant.

Acides (les) sont des combinaisons d'une base acidifiable avec l'oxigène. Quelques métaux peuvent se charger d'une telle quantité d'oxigène, qu'ils acquièrent les propriétés des acides : tels sont l'*arsenic*, le *chrôme*, le *molybdène*, le *tungstène*.

On trouve dans le règne minéral les acides *boracique*, *carbonique*, *fluorique*, *muriatique*, *nitrique*, *phosphorique*, *sulfurique*.

Actinote (Haüy), schorl vert du mont Saint-Gothard.

Adulaire, variété de feld-spath blanc et transparent, qui se trouve au mont Saint-Gothard.

Aérolithes. Ce sont des pierres tombées du ciel, qui sont aussi appelées *bolides*, *météorolithes* et *uranolithes*.

Affinité ou Attraction, force qui s'exerce sur les molécules des corps et les tient unies entre elles, qui est inhérente à la matière, par laquelle ses molécules tendent à se réunir. On distingue l'*affinité d'agrégation*, qui existe entre les molécules qui sont de même nature, et l'*affinité de composition*, qui se trouve entre des molécules de nature différente. Il semble que la seule manière de concevoir le jeu de ces affinités serait d'accorder aux molécules de la matière *perception* et *volonté*.

Agneau. C'est l'enfant de la brebis, à l'âge au-dessous d'un an. Son cri est *bai*, *bai*, et s'appelle bêlement.

Air atmosphérique. Il est composé de deux fluides élastiques, dont l'un est respirable et l'autre ne l'est pas. Le premier, qui est l'*oxigène* ou air vital, y entre dans la proportion de 27 à 30/100, et l'autre, qui est l'azote, forme le reste : l'acide carbonique y entre aussi pour son 2/100.

Alcalis. Il y en a trois, deux fixes et un volatil : les alcalis fixes sont la *soude* et la *potasse*; l'alcali volatil, ou *ammoniaque*, est fluide ou concret : celui qui est fluide est pur, il est caustique; celui qui est concret est combiné avec l'acide carbonique; c'est un vrai sel neutre. On donnait autrefois à la *potasse* le nom d'alcali végétal; mais on l'a trouvé en abondance dans le règne minéral.

Alpagne. Animal du Pérou, qui, par sa forme, a quelques rapports avec le chameau; comme lui il porte des fardeaux. Sa laine est comme celle de nos brebis et sert à faire des étoffes.

Alun. C'est un sel formé par la combinaison de l'acide sulfurique avec l'alumine ou argile pure: on le nomme en chimie *sulfate d'alumine.*

Amalgame. C'est la combinaison d'un métal avec le mercure.

Ammites. Petites concrétions calcaires globuleuses, composées de couches concentriques. Il y a des montagnes entières qui en sont formées: quelques personnes les avaient regardées comme des œufs de poisson. Les *cenchrites*, les *méconites*, les *oolites*, les *orobites*, les *pisolites* sont des concrétions de la même nature.

Ammoniaque. C'est le nom chimique de l'alcali volatil.

Amphibie. On désigne ainsi les animaux qui vivent alternativement sur terre et dans l'eau.

Amphibole. C'est le nom moderne du schorl noir.

Analcime (Haüy) zéolythe dure.

Anguille électrique (l') ou *gymnonote*. Ce poisson est assez commun dans certaines mares de la Guyane, et donne des commotions assez vives pour étourdir les chevaux, les faire tomber et les exposer à se noyer. C'est même ainsi qu'on s'empare de cette anguille, parce que ces commotions l'affaiblissent elle-même en se répétant, et qu'alors on peut la saisir sans danger. M de Humbold, en posant les deux pieds sur une anguille qui venait d'être tirée de l'eau, éprouva une douleur si vive, que l'impression en dura toute la journée, et qu'il ne put en distinguer la nature.

Animal. On appelle ainsi tout corps doué de la faculté de sentir, de se mouvoir, de se reproduire, qui vit et qui meurt. L'homme est l'animal *raisonnable*; la brute est l'animal *instinctif*. On divise les animaux en quadrupèdes, oiseaux, poissons, reptiles, vers, insectes, etc.

Animaux. M. Duméril, dans un excellent ouvrage sur la zoologie analytique, a, par l'arrangement méthodique qu'il établit, procédé comme Linné et Cuvier, en passant du composé au plus simple. Il répartit les êtres vivans dans neuf classes, dont le tableau suivant donnera l'idée.

Animaux	Vertébrés	à poumons	vivipares ayant des mamelles	1	mammifer.
			sans mamelles. couverts de plumes	2	oiseaux.
			sans mamelles. sans plumes	3	reptiles.
		des brachies au lieu de poumons		4	poissons.
	Invertébrés	munis de vaisseaux et de nerfs	simples, ou inarticulés	5	mollusques.
			articulés. munis de membres	6	crustacés.
			articulés. sans membres	7	vers.
		sans vaisseaux	ayant des membres et des nerfs	8	insectes.
			sans membres ni nerfs	9	zoophytes.

L'agriculture tire un très-grand parti des animaux domestiques. Le cheval, l'âne, le bœuf, la vache, le buffle, le mouton, la chèvre, le cochon, le lapin, la poule, la pintade, le dindon, le paon, l'oie, le cygne, le canard, le pigeon sont autant d'animaux diversement utiles dans l'industrie agricole.

Antennes. Appendices articulés, mobiles, en général au nombre de deux, placés sur la tête des insectes et de certains crustacés, chez lesquels le vulgaire les nomme *cornes*. Ces antennes sont consacrées *au tact* chez ces animaux.

Anthracite. C'est une substance combustible que Dolomieu a fait connaître: le charbon y est combiné avec la silice et un peu de fer. On la trouve dans des roches primitives. C'est une espèce de carbone terreux.

Antilope. Dans les voyages en

Afrique, on y voit souvent cet animal nommé. C'est une espèce de gazelle qui a la tête et le poil du chameau, le corps de la biche et le cri de la chèvre : on le trouve en Afrique, en Asie et aux Indes.

Arbres. Considérés dans le sens qu'on donne ordinairement à ce mot, les arbres sont les grands végétaux à tiges ligneuses; et, par opposition au mot *herbe*, les colosses de la végétation. Leur réunion à la surface du sol forme les forêts, etc.

Arseniate. Sel formé par la combinaison de l'acide arsenique avec une base alcaline ou métallique.

Asphalte ou bitume de Judée, est un bitume noir, sec et solide.

Aspic. Le venin de ce serpent est mortel. Les personnes qui en sont piquées meurent dans l'espace de quatre heures. Cléopâtre, reine d'Egypte, se donna la mort en se faisant piquer au sein par ce serpent. Ce reptile a un sifflement aigu.

Azote. C'est un des principes de l'air atmosphérique, de l'acide nitrique, de l'alcali volatil, etc. Ce fluide n'est pas respirable seul, et son nom même signifie qu'il prive de la vie.

B

Baies. On appelle ainsi tous les fruits des arbres, etc.

Bakelys, ou bœuf guerrier; espèce des *bisons*, que l'on voit chez les Hottentots. Ces peuples les élèvent pour la guerre, les instruisent à garder des troupeaux, et s'en servent pour voyager et pour transporter des fardeaux considérables.

Balanciers. On donne ce nom dans les insectes à deux petits appendices mobiles, articulés à la partie postérieure du thorax ou corselet. Ces balanciers paraissent avoir quelque influence sur leur vol et passent pour le régulariser.

Baleines (les). Les *barbes* ou *fanons* servent à faire des busques, des parasols et beaucoup d'autres choses. La pêche de la baleine est très-périlleuse; mais elle offre tant d'avantages, que les marins qui s'y consacrent bravent tous les dangers.

Baobab (le). Adanson, au retour de son voyage du Sénégal, fit, le premier, connaître, d'une manière exacte, ce géant de la végétation, auquel les botanistes imposèrent son nom, *adansonia*. Ses feuilles sont digitées; ses fruits, assez gros, semblables à des courges, sont connus sous le nom de *pain de singe*. Célèbre par les dimensions énormes qu'il peut acquérir, cet arbre croît sur les côtes occidentales de l'Afrique; son tronc n'excède guère trente pieds de hauteur; mais il présente souvent un développement de plus de quatre-vingt-dix pieds de circonférence. Il se couronne d'un immense faisceau de branches qui atteignent souvent à quatre-vingts pieds de largeur, et dont chacune pourrait être considérée comme un arbre colossal. Les branches extérieures, courbant sous le poids de leur étendue, s'inclinent vers la terre, en sorte que l'arbre entier présente dans sa majesté une imposante masse de verdure, sous laquelle l'Africain peut se mettre à l'abri des ardeurs d'un soleil dévorant, comme au sein d'une forêt profonde. Adanson, en examinant soigneusement divers baobabs, a calculé que plusieurs n'avaient pas moins de six mille ans d'âge.

Bêtes a laine. Leur chair est une bonne nourriture pour nous; leur laine sert à faire des vêtemens, des couvertures; et leur graisse, leurs os ne sont pas non plus inutiles, puisque des uns, que l'on brûle, on fait du beau noir, des boutons, des brosses à dents, etc.; de l'autre, on fait de la chandelle, etc. Toutes ces bêtes à laine, qui, en général, sont si stupides, si craintives, dérivent de ce *mouflon* ou *mouton* sauvage si fier, si léger à la course, et qui habite les îles de Chypre, la Tartarie et la Sibérie.

Bézard. On donnait autrefois le

nom de beurre d'antimoine, beurre d'étain, beurre de bismuth, etc., à des combinaisons de ces métaux avec l'acide marin ou muriatique : on les nomme aujourd'hui *muriates*.

Blende. C'est une combinaison de soufre et de zinc, qu'on nomme maintenant *sulfure de zinc*.

Bleu de montagne; oxide de cuivre bleu, natif, ordinairement combiné avec l'acide carbonique : c'est alors un *carbonate de cuivre*.

Boeuf (le). En 1825, on vit, dans le département du Rhône, un bœuf âgé de quatre ans, et pesant *quatre milliers*. Il avait six pieds de hauteur, douze de longueur et trente-six de circonférence. Sa tête était de quatre pieds de long et de deux et demi de large; son poitrail avait quatre pieds en largeur; ses jarrets portaient vingt-six pouces de tour. Ce bœuf était originaire de Suisse. Il consommait par jour cent vingt livres de foin, deux mesures de son, vingt-quatre livres de pain et une mesure d'avoine. La nature lui avait donné une extrême douceur. Il était remarquable par la beauté de sa robe et par sa force. A l'âge de dix-huit mois, il faisait seul, attelé à une charrue, le service de trois chevaux, et à trois ans, il traînait une guimbarde, à laquelle on employait ordinairement six chevaux; la guimbarde pesait huit mille.

Le bœuf a une *bouche* et des *pieds*. Il *beugle* ou *mugit*.

Borax. C'est un sel neutre, composé de soude et d'acide boracique ou sel sédatif. On le nomme en chimie *borate de soude*.

Bourdon (*l'oiseau-*) existe à Marcille, ville bâtie au confluent du Muskingum avec l'Ohio, et cet oiseau est aussi remarquable par sa beauté que par ses caprices. Sa grosseur est à peu près celle d'une forte abeille. Les couleurs de son plumage varient à l'infini; selon qu'on le regarde sous un jour, il est d'un vert luisant; sous un autre, on le voit d'un bleu magnifique; sous un troisième, il paraît d'or. Cette petite créature se nourrit du suc des fleurs; quand il l'a tout pompé et qu'il n'en trouve plus, il s'irrite contre elles, et, dans son courroux, il les effeuille. Le mouvement de ses ailes est si rapide qu'il est presque impossible de les apercevoir, et il produit, en volant, un bourdonnement qui lui a fait donner le nom d'*oiseau-bourdon*.

C

Cabril, nom que l'on donne au jeune *chevreau*, ou petit mâle de la chèvre. On emploie sa peau à faire des gants qui sont très-estimés.

Cachalon. C'est une variété de calcédoine blanche et opaque.

Cadmie. C'est un oxide de zinc qui se sublime dans les cheminées des fourneaux où l'on fond des minéraux mêlés de blende : on l'appelle aussi *tuthie*.

Caille. Oiseau de passage, bon à manger en automne. Son plumage est assez beau, quoique gris, et sans éclat, et son ramage est agréable. Elle fait entendre assez souvent des sons qui semblent former ces mots : *Paie tes dettes, paie tes dettes*.

Calamine; oxide de zinc natif, ordinairement de couleur de rouille, mêlé d'oxide de fer et de matières terreuses. En faisant cémenter des lames de cuivre rouge avec la calamine, on les convertit en laiton.

Cantharide. Ce nom est fort ancien. Aristote l'employa pour désigner indifféremment plusieurs insectes qui ont leurs ailes recouvertes d'étuis ou d'autres ailes plus dures et d'organisation toute différente. On ne doit pas confondre la cantharide commune avec d'autres insectes sur lesquels brillent, ainsi qu'en elle, la couleur métallique et les reflets de l'émeraude. Cet insecte apparaît par troupes nombreuses vers les mois de mai et de juin, et se jette de préférence sur les frênes, les troënes et les lilas, dont elle dévore le feuillage. La mouche cantharide se pulvérise. L'application de la poudre qu'on en fait sert à former des emplâtres vésicatoires.

Carbonates ; ce sont les combinaisons de l'acide carbonique avec différentes bases ; ils se trouvent abondamment dans la nature. Toutes les pierres calcaires sont des carbonates de chaux. Le *natron*, qui couvre les sables d'Egypte et les plaines de l'Asie méridionale, est un *carbonate de soude*. Plusieurs oxides métalliques sont aussi fréquemment combinés avec l'acide carbonique.

Carbone ou *Chebon* ; il est regardé comme une substance combustible simple ; on le trouve en grande abondance dans les corps organisés. Le charbon commun est combiné avec l'oxigène et des matières terreuses. Le *diamant* est aujourd'hui regardé comme une concrétion du charbon pur.

Carbure ; combinaison du charbon avec une autre substance ; le plus reconnu est le *carbure de fer*, vulgairement appelé plombagine, mine de plomb, ou crayon d'Angleterre.

Carnassiers (animaux). Pour les zoologistes, les animaux carnassiers ne sont pas seulement ceux qui se nourrissent de chair, mais ceux qui constituent un ordre important, dont toutes les espèces sont caractérisées par le raccourcissement de l'intestin, par la brièveté des mâchoires, dont les attaches musculaires sont de la plus grande force, et par un appareil dentaire que particularise et la figure tranchante ou hérissée de la pointe des molaires, et la forme aigue des canines, jointe à la force. Le degré de développement de chacun de ces caractères anatomiques, et leur combinaison plus ou moins complète, semblent déterminer le degré de férocité des carnassiers. L'odorat, l'ouie et la vue sont les sens les plus développés chez les carnassiers, dont plusieurs distinguent les objets dans l'obscurité. M. Cuvier établit quatre familles de carnassiers ; les *cheiroptères*, les *insectivores*, les *carnivores* et les *marsupiaux*.

Carnivores. Nous avons vu à l'article Carnassiers que le savant Cuvier a restreint l'acception de ce mot employé pour désigner une famille d'animaux carnassiers. Cette famille des carnivores est encore divisée en trois tribus ou quinze genres, se répartissant de la manière suivante :

1° *Plantigrades*, les ours, les ratons, les coatis, les kinkajous, les blaireaux et les gloutons ;

2° *Digitigrades*, les martes, les mouffettes, les loutres, les chiens, les civettes, les hyènes et les chats ;

3° Les *Amphibies*, les phoques et le morse. Dans le langage ordinaire, on entend par le mort carnivore tout animal qui se nourrit de chair, et il existe des carnivores dans toutes les classes d'animaux.

Carpolite ; fruit pétrifié.

Castine, mot corrompu de l'allemand *Kackstein* ; pierre calcaire, qu'on mêle avec le minerai de fer pour en faciliter la fusion : on emploie pour *castine* différentes matières, suivant la nature du minerai.

Castor. Les castors, dit Buffon, commencent par s'assembler au mois de juin ou de juillet pour se réunir en société. Ils arrivent en nombre et forment bientôt une troupe de deux à trois cents. Le lieu du rendez-vous est toujours au bord des eaux. Si c'est un ruisseau, une rivière, un lac, ils établissent une chaussée et forment une espèce d'étang ou de pièce d'eau qui se soutient toujours à la même hauteur. La chaussée construite par eux a souvent quatre-vingts à cent pieds de long sur dix à douze d'épaisseur. Cette construction paraît énorme pour des animaux de cette taille, et suppose en effet un travail immense ; mais la solidité avec laquelle l'ouvrage est construit étonne bien davantage. S'il se trouve sur le bord de la rivière où ils établissent leur digue, un gros arbre qui puisse tomber dans l'eau, ils commencent par l'abattre pour en faire la pièce principale de leur construction. Cet arbre est souvent plus considérable que le corps d'un homme ; ils le scient et le rongent au pied et sans autre instrument que leurs quatre dents incisives. Ils l'émondent, le taillent et le placent de niveau. Il y en a de plus petits dont ils font des pieux, et en forment une espèce de pilotis serré dans lequel ils entrelacent des branches d'arbres flexibles. A mesure que les uns plantent ainsi des pieux, les autres vont chercher de la terre qu'ils gâchent avec leurs pieds et battent avec leurs queues. Ce pilotis est composé de plusieurs rangs de pieux tous égaux en hauteur et plantés les uns contre les autres; il s'étend d'un bord à l'autre de la rivière; il est rempli et maçonné partout; ils se construisent ensuite dessus des maisonnettes, qui ont quelquefois dix pieds de hauteur, qui sont très-propres et très-solides et enduites d'une espèce de stuc. L'intérieur, qui a souvent deux à trois étages, est composé de chambres dont les planchers sont couverts de tapis de feuillages. C'est là que le castor vit et se divise par tribus de six à trente individus, dont moitié mâles et moitié femelles. Une chose digne de remarque, c'est que les habitations des castors sont de la plus grande propreté. Jamais ils n'y font leurs ordures.

Cémentation; opération métallurgique dans laquelle on soumet un métal à l'action de quelque substance, pour lui faire contracter une nouvelle propriété. On convértit le fer en acier par cémentation, en exposant au feu des barres de fer, enveloppées de poussière de charbon, dans un fourneau particulier. On appelle cuivre de cémentation celui qui est précipité des eaux vitrioliques par l'intermède du fer.

Céraste, serpent dont l'espèce se trouve en Afrique et que des voyageurs dignes de foi assurent avoir des cornes comme la limace.

Céruse. Oxide de plomb obtenu par la vapeur du vinaigre; c'est une matière blanche comme de la craie, mais beaucoup plus pesante. On la trouve quelquefois native dans les mines de plomb.

Cétacés. On désigne sous ce nom de grands poissons, tels que les *baleines*, les *requins*, les *marsouins*, les *cachalots*, les *dauphins* de mer, qui font leurs petits vivans et les allaitent: les cétacés ont le corps nu et alongé, des nageoires charnues et des mamelles placées au bas du ventre: ils nagent en pleine eau, mais fort lentement. On appelle *évens* les conduits qui communiquent dans le larynx, et par lesquels le cétacé lance avec bruit l'eau mêlée à l'air respiré. C'est du bruit qu'un tel mécanisme produit, que plusieurs cachalots et des dauphins reçoivent le nom vulgaire de *souffleurs*.

Chamois (le); animal ruminant, la seule antilope d'Europe, d'une étonnante vélocité, et que l'on voit sur les montagnes des Alpes, des Pyrénées et du Dauphiné. Lorsque les chasseurs sont à sa poursuite, il les évite, en s'élançant à vingt et trente pieds de hauteur, à travers des anfractuosités de rochers, au-dessus de précipices inaccessibles et de profonds abîmes. Si les chasseurs s'obstinent à le suivre, ils tombent au fond des gouffres, ou bien, engagés dans des défilés étroits, ils n'en peuvent plus sortir; les chamois leur barrent le passage, s'élancent sur eux et les font rouler du haut en bas du rocher. Pourquoi courir tant de dangers? pour s'emparer de la peau du chamois, parce qu'elle est souple, chaude, moëlleuse, et qu'elle se savonne sans perdre de sa qualité.

Chaque bande de ces animaux est commandée par une femelle, qui paraît être l'aïeule de la troupe. Toujours dans l'endroit le plus élevé du pâturage, elle veille à la sûreté commune, monte sur les rochers, s'avance près des bords, et promène de toutes parts ses regards perçans. Aperçoit-elle quelque chose de suspect, elle en donne un premier avis par un sifflement qui part du nez. Le danger lui semble-t-il approcher, par un second sifflement, très-fort et très-aigu, elle donne l'ordre du départ. Aussitôt le troupeau tout entier se met en marche; elle le précède et le dirige vers un lieu plus sûr. Jamais un chamois mâle n'a été vu exerçant ces fonctions de surveillance.

Lorsque la conductrice a été atteinte du plomb mortel, le reste du troupeau semble perdre toute intelligence: il court égaré, cherchant les traces de sa mère infortunée, et souvent il se laisse égorger autour de son corps ensanglanté.

CHARENÇON. Ce petit insecte, fait comme une punaise, se nourrit et s'engraisse dans le blé : il en mange la farine et n'y laisse que le son.

CHAUX MÉTALLIQUE. On donnait autrefois ce nom aux métaux combinés avec l'oxigène, qui leur donne une apparence terreuse : ce sont aujourd'hui des *oxides métalliques*.

CHENILLE (la). C'est une des plus variées et des plus nombreuses familles d'insectes que l'on connaisse. Toute chenille change trois fois de peau pendant sa vie. De rase qu'elle était d'abord, elle paraît quelquefois velue à sa dernière métamorphose. Telle autre qui était velue finit par être rase. Ensuite elle passe de son état de chenille à celui de *chrysalide* et enfin à celui de *papillon*.

CHEVET, mur, ou lit de filon, c'est la partie de roche sur laquelle il s'appuie : celle qui le couvre se nomme le *toit*.

CHIEN DE MER (le) est l'ennemi des autres poissons, auxquels il fait la chasse, comme le chien la fait sur terre au gibier. Il n'aboie pas, mais il souffle horriblement. C'est près des lieux resserrés entre des rochers qu'il attend sa proie pour la dévorer.

CHRYSALIDES. On entend par ce nom, des chenilles métamorphosées en une espèce de fèves : elles sont alors sans mouvement et ne prennent aucune nourriture.

CIGALE OU CHANTEUSE (la) est une espèce de mouche armée d'une scie dont elle se sert pour scier des branches d'arbres où elle dépose ses œufs. C'est vers le temps de la moisson que les cigales font entendre leur cris, qui est très-aigu.

CINABRE; combinaison de mercure avec le soufre : quand il est en poudre, il a une belle couleur rouge, et on le nomme *vermillon*.

CIRON; très-petit insecte qui a le corps rond, la tête pointue, deux yeux et huit pieds. Il s'insinue entre l'épiderme et la peau de l'homme, et lui cause une vive démangeaison.

COACK. On donne ce nom anglais à la houille qui a été débarrassée par le feu de sa partie bitumineuse; on l'appelle vulgairement *charbon dessoufré*. Dans cet état, on peut l'employer à peu près aux mêmes usages que le charbon de bois; c'est surtout à *Jars* que l'on doit cette utile pratique : il l'a mise en usage avec succès dans ses fonderies de *Sainbel*.

COLCOTAR; oxide rouge de fer, qui est le résidu de la distillation du vitriol ou sulfate de fer : il y reste toujours un peu d'acide sulfurique; quand on l'a enlevé par le lavage, le colcotar prend le nom de *terre douce de vitriol*. C'est un pur oxide de fer.

COMBUSTION. Elle est regardée comme l'effet de la combinaison de l'oxigène avec les corps combustibles.

CONCRÉTION; assemblage de molécules de matières qui, par leur attraction réciproque, prennent une consistance solide sans forme déterminée; c'est une cristallisation confuse.

COQUILLAGES. Ce sont des animaux couverts d'une double enveloppe, dont l'une, molle, est comme la peau de l'animal même, et l'autre, d'une consistance dure, s'appelle coquille. Les coquilles se divisent en *coquillages de mer*, en *coquillages d'eau douce* et en *coquillages de terre*.

CORNÉ. On donnait cette épithète aux métaux combinés avec l'acide muriatique. On disait plomb corné, argent corné. On dit aujourd'hui muriate de plomb, muriate d'argent.

COUCHES. Ce sont des bancs pierreux ou composés d'autres substances minérales qui sont parallèles les uns aux autres, quelle que soit d'ailleurs leur situation; car on dit des couches verticales, comme on dit des couches horizontales.

COUPELLATION; opération métallurgique par laquelle on purifie l'or et l'argent, au moyen du plomb qui scorifie et entraîne les autres métaux qui s'y trouvaient unis.

COUPEROSE; celle qui est verte est le vitriol ou *sulfate de fer*; celle qui est bleue est le vitriol ou *sulfate de cuivre ;* celle qui est blanche est le vitriol ou *sulfate de zinc*, vulgairement vitriol de Goslar.

Cousin ; insecte volant ou mouche à deux ailes, fort incommode par le bruit qu'il fait, et encore plus par ses piqûres.

Craie. C'est un carbonate de chaux à l'état pulvérulent : on a donné très-improprement le nom de *craie de Briançon* au talc.

Crapaud (le). Ces animaux passent pour vivre très-long-temps. M. de Lacépède rapporte qu'un d'eux habitait dans un trou sous un escalier. Il y fut aperçu déjà très-gros et sans doute fort âgé. Il se familiarisa et se montrait toutes les fois au moment où on allumait les lumières ; il levait les yeux, comme s'il attendait qu'on le prît et qu'on le posât sur une table où il trouvait des insectes et de petits vers qu'il préférait. Il fixait sa proie. Tout-à-coup il lançait sa langue avec rapidité, à la manière des caméléons, et les insectes et les vers y demeuraient attachés à cause de l'humeur visqueuse dont l'extrémité de cette langue était enduite. Il devint bientôt l'objet d'une curiosité générale, et les dames même demandaient à voir le crapaud familier. Il vécut ainsi pendant plus de 36 ans, et il eût peut-être vécu plus long-temps encore, si un corbeau, apprivoisé comme lui, ne l'eût attaqué à l'entrée de son trou, et ne lui eût crevé un œil. Le crapaud languit depuis cette blessure et mourut au bout de l'année.

Cri des animaux (le). L'éléphant *barète*. Le cheval *hennit*. Le bœuf *beugle* ou *mugit*. Le taureau et la vache *mugissent*. Le mouton et la brebis *bêlent*. Le chien *jappe*, *aboie* et *hurle*. Le chat *miaule*. Le cochon *grogne*. L'âne *brait*. Le cerf *brame*. Le lion *rugit*. Le tigre *rauque*. Le rhinocéros *grogne*. Le loup *hurle*. L'aigle *trompette*. Le milan *huit*. L'épervier *glapit*. Le corbeau *croasse*. Le hibou *hue*. Le perroquet et la pie *causent*. La cigogne *claquette*. La poule *glousse* ou *piaule*. Le dindon *glougloutte*. L'oie, le merle, le serin, le solicot et le courlis *sifflent*. La grue *craque*. La colombe, le ramier et la tourterelle *gémissent*. Le pigeon *roucoule*. La perdrix *cacabe*. L'alouette *tirelire*. La caille *carcaille*. Le coq *coqueline*. Le geai *cageole*. L'hirondelle *gazouille*. La huppe *pupule*. Le jars *jargonne*. Le moineau *pipie*. Le pinson *frigotte*. Le bourdon, le hanneton et les mouches *bourdonnent*. Les serpens *sifflent*. Les grenouilles *coassent*.

Crocodile (le) dépose ses œufs au bord des fleuves, sur des bancs de sable, exposés à la plus vive ardeur du soleil, qui les fait éclore. Gros comme des œufs de dindon, mais longs de six pouces, ils sont clairs, presque sans jaune, et bons à manger dans leur fraîcheur. La ponte ne se fait pas en entier dans le même endroit, mais elle est divisée par des espaces d'environ cent toises.

Crustacés. On désigne sous ce nom les animaux couverts d'écailles tendres, qui sont mous et charnus, et n'ont ni *os* ni *sang*. Ils changent tous les ans de peau, et lorsqu'ils perdent quelque membre, il leur en revient d'autres. Leur chair est plus ou moins agréable au goût, selon leur espèce, mais toujours difficile à digérer. Ils habitent les étangs, les marais, l'embouchure des rivières, les lieux limoneux et les fentes des rochers.

Cuir de Mortagne ; variété d'amiante qui a quelque ressemblance avec un morceau de cuir ; on nomme *chair*, *liége* et *papier de Mortagne*, d'autres variétés de la même substance qui ne diffèrent point essentiellement les unes des autres.

Cynocéphale ; nom sous lequel on désigne l'espèce des singes sans queue. Ils sont plus grands et plus farouches que les autres singes.

D

Dauphin (le). Les *dauphins*, qu'on s'est fort légèrement accoutumé à regarder comme fabuleux, existent cependant bien réellement, et la Méditerranée en contient plusieurs espèces. Ces cétacés ont été considérés comme les amis de l'homme chez les Grecs, qui vantaient leur intelligence, leurs qualités généreuses et leur sensibilité aux charmes de la musique. On a pêché des dauphins dont la taille passait celle du plus grand cheval. Il a cinq à six pieds de long.

Les dauphins furent l'objet du culte des Grecs; le mâle et la femelle vont presque toujours de compagnie. Ils ont une excessive tendresse pour leurs petits; ils expriment une grande sensibilité à l'égard de ceux de leur espèce qui ont le malheur d'être pris, et versent même des larmes lorsque cela arrive, ce qui prouve qu'ils sont capables d'attachement; enfin, loin d'éviter les regards de l'homme; ils les cherchent et se plaisent à égayer ses travaux, en bondissant autour des barques des pêcheurs et en poussant dans leurs filets, les trigles, les anchois, les sardines, etc. La vénération que ces observations inspiraient aux anciens pour ce poisson, était encore augmentée par la tradition populaire, accréditée dans toutes les îles de l'Archipel, qui attribuait à un dauphin la gloire d'avoir sauvé les jours d'Arion; à un autre dauphin, le salut de Taras, fils d'Hercule, dans le golfe de Crissa, et qui rappelait le souvenir de cet autre dauphin, qui n'avait pu survivre à la perte d'un jeune enfant de la ville d'Iaze.

Si l'éloignement où nous nous sommes placés de la nature n'avait pas fait reléguer au rang des fables ce qui doit être jugé par le sentiment autant que par l'esprit, nous reconnaîtrions que beaucoup de ces prétendues fables sont des vérités. Par exemple, au mois de décembre 1818, nous avons eu une preuve éclatante de l'affection que les dauphins portent à l'homme. Un matelot, servant sur un bâtiment qui faisait voile de Constantinople pour Marseille, est emporté par un gros temps au milieu de la Méditerranée. A peine a-t-il fait quelques efforts pour se débattre contre les flots, qu'une multitude de dauphins viennent se ranger autour de lui et semble considérer avec intérêt ses mouvemens. Au lieu de voir en eux des sauveurs, le malheureux matelot est saisi d'épouvante, et pendant trois heures il lutte péniblement pour s'éloigner de leur présence; mais son escorte serre toujours ses rangs, comme si chacun de ceux qui la composent voulait lui faire entendre qu'il est là pour le sauver. Enfin, épuisé de fatigue, il ne peut plus résister à la nécessité de s'appuyer tantôt sur un dauphin, tantôt sur un autre, quand le malheureux nageur aperçoit un bâtiment dont le capitaine le fait hisser à son bord. Or, si ce matelot n'avait pas été subjugué par la peur, et s'il était monté avec confiance sur la croupe d'un des dauphins qui l'entouraient, il est présumable que ce poisson compatissant aurait renouvelé à son égard l'histoire d'Arion et de Taras.

Demi-métaux. On donnait ce nom aux métaux qui ne jouissent pas d'une grande ductilité; mais comme il n'y a point de ligne de démarcation précise; on a supprimé cette distinction.

Demoiselles; sorte d'insecte. On comprend sous ce nom plusieurs espèces de mouches; les plus communes en France sont les demoiselles aquatiques, qui naissent dans l'eau et y prennent leur accroissement; elles ont quatre ailes transparentes, semblables à la gaze la plus fine et la plus éclatante. Cette espèce de petite étoffe est argentée ou dorée dans les unes, colorée dans d'autres. Ces mouches volent avec tant de grâce, qu'on croirait qu'elles planent comme les oiseaux.

Dendrites, substances minérales qui ont une forme qui rappelle l'idée d'un végétal. Le plus souvent ce sont des cristaux implantés les uns sur les autres, imitant quelquefois des feuilles de fougères. Ce sont aussi des infiltrations métalliques qui, en pénétrant dans les pores et les fissures des pierres, imitent plus ou moins bien des rameaux de plantes.

Densité, ou pesanteur spécifique; on l'évalue, comparativement à celle de l'eau, qu'on suppose ordinairement 10,000. Ainsi, quand on dit que la densité ou pesanteur spécifique du soufre est de 20,000, cela signifie qu'à volume égal, il pèse deux fois autant que l'eau. La pesanteur spécifique de presque toutes les résines n'excède dix mille que de fort peu de chose, c'est-à-dire qu'elle est à peu près la même que celle de l'eau, et que ces substances pourraient y demeurer suspendues, sans surnager ni aller au fond.

Départ; opération par laquelle on sépare l'or et l'argent qui ont été fondus ensemble. Il se fait ordinairement par le moyen de l'eau forte ou acide nitrique, qui dissout l'argent sans attaquer l'or. On précipite ensuite l'argent sous sa forme métallique par le moyen du cuivre.

Ductilité; propriété des métaux de s'étendre sous le marteau, sous le laminoir à travers la filière. Les métaux les plus parfaits sont les plus ductiles; leurs molécules étant très-homogènes, exercent toujours les unes à l'égard des autres, malgré leur déplacement, cette puissante attraction, qui est la cause de la cohésion des corps.

E

Eau. Elle étoit autrefois regardée comme un élément, comme une substance simple; la nouvelle chimie a reconnu qu'elle est composée de quatre-vingt-cinq parties en poids d'oxigène, et de quinze parties en poids d'hydrogène. Les chimistes opèrent à volonté sa composition et sa décomposition.

Écrouissage. C'est une modification qu'éprouvent les métaux par une percussion long-temps continuée, qui leur enlève une grande partie de leur ductilité; on la leur rend par le *recuit*, en les faisant rougir.

Édredon ou Église. C'est un canard à duvet. Ce canard habite les lieux maritimes, et particulièrement dans les rochers de l'Islande; son estomac est garni de plumes ou sorte de duvet doux, moelleux, léger, fort chaud, et très-recherché pour les lits; nous appelons ce duvet *édredon*.

Efflorescence; poussière qui se manifeste à la surface des substances minérales qui se décomposent. Les matières sèches et pyriteuses sont sujettes à tomber en *efflorescence*.

Éléphant (l'). De tous les animaux, l'éléphant est celui qui approche le plus de l'homme pour l'intelligence : il comprend facilement tout ce qu'on lui dit, obéit au commandement, et se souvient des devoirs auxquels on l'a formé.

La force de l'éléphant est extraordinaire.

Voici un exemple de cette force : Il y a quelques années, dans l'Inde, un corps de troupes passait la Kistna, enflée par les pluies. Un artilleur, monté sur son canon, tomba au milieu du courant, immédiatement devant la roue de l'affût. Ses camarades le crurent perdu; mais un des éléphans de l'artillerie saisit la roue avec sa trompe, et la souleva de manière à empêcher qu'elle écrasât ce malheureux; il le prit ensuite lui-même et le tira sain et sauf de l'eau.

Chez les Birmans, un éléphant blanc réside dans un palais magnifiquement meublé; tout le monde, et le roi lui-même, se prosternent devant lui. La cause de ces honneurs vient de la croyance où l'on est qu'un animal de cette espèce est, après plusieurs millions de transmigrations, le dernier degré par lequel passe une âme avant d'entrer dans le *Niebaum* ou paradis.

Exuvoses; petites géodes de calcédoine qui contiennent de l'eau; elles se trouvent dans des productions volcaniques du Vicentin.

Éphémères. Les naturalistes ont donné ce nom à plusieurs espèces de mouches dont la vie est de très-courte durée.

Éther; liqueur très-volatile qu'on retire d'un mélange d'alcool avec divers acides, surtout l'acide sulfurique.

Éthiops martial. C'est un oxide noir de fer qu'on obtient en tenant de la limaille de fer sous l'eau. L'*éthiops minéral* est un mélange de mercure et de soufre, qui devient noir par la trituration. En le faisant sublimer on obtient le cinabre.

Étourneau (l'). On ne connoît guère en France qu'une seule espèce d'étourneau, qui est l'*étourneau commun*, vulgairement nommé *sansonnet*. Cet oiseau, de la taille du merle, voyage en troupe, gazouille, s'apprivoise facilement, apprend très-bien à parler et à siffler, fait différens gestes plaisans, enfin est doué de tant d'intelligence et de docilité, que les deux princes Drusus et Britannicus, fils de l'empereur Claude, en avaient un qui parlait grec et latin, et répétait des discours entiers et suivis.

F

Fahlertz; mine de cuivre grise qui est assez souvent riche en argent; on lui donne alors le nom de *mine d'argent grise*.

Faon. On donne ce nom au petit d'une biche, ainsi qu'au jeune chevreuil.

Falux ou cron. C'est un dépôt de coquilles marines, la plupart brisées, qu'on trouve en Touraine; on l'emploie comme marne pour fumer les terres.

Filon. C'est un banc pierreux ou métallique, qui coupe les couches des montagnes primitives, et quelques fois des montagnes secondaires. Les filons métalliques, quand ils sont réguliers, sont composés de trois parties, la gangue du minerai qui occupe le milieu de son épaisseur, et les salbandes ou lisières qui en forment les parois; on les nomme aussi *épontes* ou *pontes*. Quand les matières métalliques sont disposées parallèlement aux couches de la roche, ce ne sont plus des filons, mais des couches métalliques.

Fleurs métalliques. Ce sont des oxides métalliques qui prennent un tissu léger par la sublimation, comme les fleurs argentines d'antimoine, les fleurs de zinc. On donne aussi ce nom aux efflorescences rougeâtres du cobalt, à l'oxide rouge de cuivre, etc.

Fluate; combinaison de l'acide fluorique avec une base saline ou terreuse. Le *spath fluor* est un fluate de chaux.

Flux ou fondans, sont des matières salines qu'on ajoute aux substances qui sont d'une fusion difficile, et surtout aux oxides, pour les réduire à l'état métallique.

Fossiles. Toutes les matières qu'on tire du sein de la terre sont des *fossiles*, mais on donne spécialement ce nom aux corps organisés qui ont été enfouis dans les couches de la terre, depuis des temps dont on ne connaît pas la durée.

Frelon; mouche piquante qui ressemble à la guêpe.

G

Galène; combinaison naturelle du plomb avec le soufre; on la nomme aujourd'hui *soufre de plomb*. C'est le minerai le plus ordinaire de ce métal; il contient presque toujours quelques centièmes d'argent. C'est avec la *galène* qu'on vernit la poterie commune, et beaucoup de mines de plomb sont appelées *mines de vernis*.

Gangue, ou matrice de minerai. C'est la matière pierreuse ou terreuse qui renferme immédiatement les parties métalliques d'un filon; elle est souvent composée de spath calcaire ou de quartz, d'argile et d'oxide de fer ou de zinc.

Gaz; fluides élastiques qui sont formés par toutes les substances qui peuvent absorber assez de calorique pour devenir fluides comme l'air. Les uns conservent une élasticité permanente; les autres, qui sont de simples vapeurs, se condensent et passent à l'état de liquide par le refroidissement.

Le *gaz acide carbonique* forme les eaux minérales spiritueuses.

Le *gaz azote* est cette vapeur délétère connue sous le nom de *mofette*, qui se manifeste souvent dans les mines et les souterrains.

Le *gaz hydrogène* est l'air inflammable.

Géodes; pierres qui sont ordinairement de nature quartzeuse, d'une forme ovoïde, et creuses intérieurement; le plus souvent leur cavité est tapissée de cristaux quartzeux. Les géodes ferrugineuses sont appelées, on ne sait pourquoi, *pierre d'aigle*; elles ont souvent un noyau mobile.

Géologie; théorie de la terre qui présente l'histoire naturelle du globe sous tous ses rapports.

Glaise; argile combinée avec une grande quantité de silice, un peu de chaux et d'oxide de fer; elle est grasse, tenace, et fort ductile. Elle se trouve par grandes couches très-épaisses.

Graminées. Cette famille de plantes est l'une des plus importantes du règne végétal. La canne à sucre, le riz, le maïs, le blé, l'orge et les autres céréales lui appartiennent. On en trouve dans toutes les contrés du globe, et la verdure qui tapisse nos prairies en est formée en grande partie. On en connaît aujourd'hui plus de dix-huit cents espèces: ce sont des herbes annuelles ou vivaces, à l'exception des *bambusa* ou bambous, dont la tige ligneuse s'élève à cinquante et même soixante pieds, et qui forment de véritables forêts dans les terrains bas et marécageux de la zone équatoriale. Leurs racines sont fibreuses ou capillaires, et leur tige porte le nom spécial de *chaume*.

Grillon. On en connaît de deux espèces: le grillon domestique et le grillon des champs. On entend le dernier bruire dans les soirées d'été sur les pelouses sèches, et c'est lui que les campagnards appellent cri-cri. L'autre grillon se fait entendre dans les maisons de villageois, et autour des fours, où il se tient de préférence.

Grive (la). Quelquefois les *grives* s'enivrent en mangeant du raisin; elles sont alors très-faciles à prendre. Les Romains s'envoyaient réciproquement des grives en cadeau, et rangées en forme de couronne.

La petite grive, nommée *mauvis*, étant très-grasse au temps des vendanges, a donné lieu au proverbe *soûl comme une grive*, parce qu'elle mange beaucoup de raisins; son bon goût lui a fait donner, par le poëte Martial, le premier rang parmi les oiseaux.

Guhr. On donne ce nom aux substances minérales qui sont sous une forme pulvérulente et légère, et quelquefois delayées dans un liquide; il y a des guhrs purement terreux, d'autres formés par des oxides métalliques.

H

Horn-Blende; roche primitive, dont le schorl forme la base.

Houille. Cette substance minérale est, comme l'indique son nom volgaire de *charbon de terre*, une matière charbonneuse non cristallisée, noire, opaque, s'enflammant avec facilité et répandant une fumée noire et une odeur bitumineuse. Pendant cette opération, il s'opère une espèce de fusion; on la voit se gonfler, et lorsqu'elle a cessé de brûler, elle est réduite en un charbon léger, poreux, à surface mamelonnée, présentant un éclat métalloïde. Dans cet état, les Anglais lui donnent le nom de *coack*, mot qui a passé dans notre langue. L'usage du coack a passé aussi dans nos arts industriels. Les houilles donnent, par la distillation, du gaz hydrogène carboné que l'on emploie comme moyen d'éclairage.

En minéralogie, on divise la houille en plusieurs variétés : 1° celle qui se présente en *rognons*; 2° celle qui affecte, par le retrait, pendant sa formation, la forme *polyédrique*; 3° celle qui, par sa texture ligneuse, a reçu le nom de *xiloïde*; 4° celle qui est *compacte*, et dont la cassure est brillante comme celle du verre; 5° celle qui présente des lames et est appelée *schisteuse*; 6° celle qui est feuilletée et qu'on nomme *lamelleuse*; 7° la *granuleuse*; 8° celle qui, composée de filamens, est appelée *bacillaire*; 9° enfin celle qui, par son aspect pulvérulent, a reçu la dénomination de *terreuse*. Son éclat ou sa couleur lui font encore donner les distinctions de *noire*, brillante ou matte, de *brundire*, d'un éclat gras, et d'*irisée*, parce qu'elle a des reflets jaunâtres et violets.

Dans les usages auxquels on destine la houille, on doit distinguer la *houille grasse* de la *houille maigre*. La première est la plus légère, la plus noire et la moins friable. Elle est très-combustible, brûle avec une flamme blanche et semble se fondre en se consumant. La matière huileuse et bitumineuse qu'elle contient lui donne la propriété de s'agglutiner facilement, et de brûler avec plus d'activité lorsqu'on l'humecte avec de l'eau : c'est celle qui est employée par les forgerons. La flamme de l'autre est bleuâtre; ses résidus sont moins considérables : c'est celle qui est propre au chauffage. La houille remplace le bois comme combustible dans plusieurs cas, et peut le suppléer constamment dans les usages domestiques : on sait qu'à poids égal, elle donne une plus grande chaleur.

Huppe (la). On prétend que les jeunes *huppes* prennent soin des vieilles; de là les Egyptiens les regardaient comme l'emblème de la piété filiale. Selon la fable, Térée, roi de Thrace, et mari de Philomèle, fut changé en huppe, en punition de ses crimes.

Hydrogène. C'est un des principes de l'eau et de l'alcali volatil.

Hydrophante; pierre qui devient transparente dans l'eau.

I

Ibis (l'). Cet oiseau, sacré dans l'ancienne Égypte, était élevé dans les temples; on le laissait librement errer dans les rues de Thèbes et de Dendera, et on l'embaumait après sa mort, avec un soin religieux. Celui qui aurait été convaincu d'avoir tué un oiseau de cette espèce eût été mis à mort sur-le-champ.

Une momie d'ibis, récemment étudiée avec attention, a fait découvrir que ces oiseaux sont de l'espèce des courlis, qu'ils vivent sur les bords de la mer et des fleuves, dans les marais, les prairies, etc., et qu'ils n'ont pas plus de dix-huit pouces de long.

Il y en a un squelette au Muséum d'histoire naturelle à Paris. On avait dit d'abord que c'était la carcasse d'une des poules de Pharaon. Ces poules sont des oiseaux particuliers, qui suivent pendant plusieurs centaines de lieues les caravanes du Caire à la Mecque pour se repaître de la chair des dromadaires et des chameaux qui périssent pendant le voyage. On a reconnu depuis que ces espèces de poules ne pouvaient être comparées aux ibis, qui se nourrissaient de serpens et débarrassaient l'Egypte de ces reptiles dangereux.

Les Egyptiens prétendaient que l'ibis avait des connaissances en astronomie, que notamment il en avait beaucoup à l'égard de la lune; qu'il réglait sur cet astre l'heure de ses repas, le régime de ses petits. Les prêtres d'Osiris nous ont conservé, à ce sujet, des fables singulières. Les jeunes filles consultaient les ibis, et ceux-ci leur disaient la bonne aventure en tournant le bec et les pattes d'une certaine façon.

Insecte qui dévore les pierres. C'est à tort qu'on accuse la lune de dévorer les pierres et de dégrader les édifices. Ces dégradations sont l'ouvrage d'un petit insecte dont voici le portrait:

Figurez-vous une espèce d'ermite qui vit renfermé dans sa coque. Cette coque est à peu près de la grosseur d'un grain d'orge; plus large à sa partie antérieure, plus étroite à sa partie inférieure, ouverte à ses deux extrémités; à l'une pour laisser passer la tête de l'insecte, à l'autre pour aider aux évacuations naturelles.

Quoique cet insecte reste habituellement dans sa maison, à l'abri des vents et de la pluie, il n'est pas rare pourtant qu'il se donne le plaisir d'en sortir: alors on peut l'examiner facilement. Sa taille est d'environ deux lignes de longueur et de trois quarts de ligne de largeur. Il est noir ou badané; son corps se divise en anneaux, et se meut sur six pieds implantés près de la tête, et formant deux phalanges. Quand il marche, il s'attache à la pierre, à l'aide de ses pattes; il soulève son corps, le replie, et s'avance ainsi graduellement, comme le font quelques espèces de chenilles. La tête est fort grosse en proportion du corps; elle est un peu aplatie et marquée de plusieurs taches, comme l'écaille de la tortue. L'ouverture de la bouche est grande et armée de quatre mandibules placées en croix, et qui s'ouvrent, se ferment et se croisent alternativement comme ferait un compas à quatre branches. La mandibule inférieure est armée d'une pointe lisse, semblable à l'aiguillon d'une abeille. Cette pointe n'est point une arme, mais un outil; elle sert à la construction de la coquille. L'insecte est doué de la faculté de produire une matière glutineuse, qu'il tire de sa bouche à l'aide de ses petites pattes: à mesure que cette matière file, le vermisseau la reçoit sur la pointe de sa mâchoire inférieure et l'arrange autour de son corps pour en faire sa coque. Il a dix yeux noirs et ronds disposés sur les parties latérales de la tête, où ils forment un angle très-obtus.

C'est principalement sur les édifices exposés au midi que ces sortes d'insectes sont communs; il est présumable aussi qu'ils affectent quelques espèces de pierres de préférence à d'autres. Ils vivent long-temps, et il est à présumer qu'ils subissent une métamorphose, et qu'après avoir rampé long-temps, ils parviennent à prendre un vol plus élevé, genre de transformation très-commun.

On a remarqué que le mortier a aussi ses insectes qui le dévorent. Mais ceux-là n'ont pas de maisons; ils vivent en plein air, et ressemblent assez aux mites du fromage. Leur peau est d'un brun foncé, leur tête n'est pourvue que de deux yeux, mais ils ont huit pattes, et leur museau est très-aigu, comme celui d'une musaraigne. Le cours de leur vie paraît très-borné; si l'on en croit quelques observateurs, il n'excède pas huit jours; mais ils sont d'une extrême fécondité, et leurs générations croissent et se multiplient considérablement.

Instinct. Si nous refusons aux animaux la *raison*, nous ne pouvons leur refuser l'*instinct*. Cette matière est d'une haute importance en histoire naturelle, car elle touche aux limites des sciences morales qu'elle rattache aux sciences physiques. Dans l'instinct consiste la première conséquence vitale de tout mode d'organisation, et pour ainsi dire l'essence de l'individualité.

L'Académie française présente l'instinct comme un *sentiment*, un mouvement indépendant de la réflexion, et que la nature a donné aux animaux, pour leur faire connaître et chercher ce qui leur est bon, en évitant ce qui leur est nuisible.

L'instinct est aux êtres organisés, comme le son ou la pesanteur est aux corps bruts. En effet, il ne peut se faire que tel ou tel arrangement de molécules métalliques, par exemple, ne produise tel ou tel bruit par la percussion, ou qu'on ne fasse pencher le bassin d'une balance, lorsqu'on y place un corps lourd en opposition avec un corps plus léger; de même, il ne se peut faire qu'un être organisé n'appète ou ne desire vivement les choses dont sa conservation dépend, et n'évite autant qu'il lui est possible ce qui lui pourroit nuire. C'est à chercher, ainsi qu'à saisir cette distinction, que l'instinct détermine, parce qu'il est, en quelque sorte, l'âme organique ou le premier effet dont l'organisation même est le moteur. Bien éloigné de l'opinion de Descartes, non-seulement nous reconnaissons l'instinct dans les animaux, mais nous le retrouvons dans les plantes. C'est par lui que les racines du végétal percent un mur pour aller pomper, dans le terrain le plus convenable à son développement et à son espèce, l'humidité qui lui est nécessaire. C'est l'instinct qui indique au polype, végétant et sans yeux, de saisir la proie qu'il veut dévorer; qu'une larve d'insecte, à laquelle les auteurs de ses jours ne furent jamais connus, obéit aux mêmes habitudes qu'eux, après avoir, comme eux, deviné ces habitudes; que les petits des oiseaux font entendre les cris ou les chants propres à leurs espèces; enfin que le jeune animal, quel qu'il soit, les yeux encore fermés, saisit, de ses lèvres inexpérimentées, la mamelle qui doit le nourrir, sans que l'exercice de la succion ait pu lui être révélé par une autre impulsion que celle de l'instinct. Ce vrai sens commun, organique et primitif, porte et pousse vers l'objet qui lui est nécessaire, la créature qu'en avertit un besoin quelconque; il avertit aussi du danger: l'effroi conservateur et le courage sont également de son domaine. L'*instinct* est si bien un effet indispensable de l'organisation, qu'il se manifeste avant qu'aucun raisonnement ait pu avoir lieu dans les êtres où l'état parfait doit amener une certaine élévation d'intelligence. Ainsi le poulet et les autres volatiles savent à propos briser la coque de l'œuf qui les tenait captifs; ainsi la progéniture de la tortue marine, abandonnée dans le sable du rivage où le flot n'atteint jamais, se dirige par la plus courte voie vers l'élément qui doit la recevoir, dès que les rayons du soleil l'ont fait éclore. L'*instinct* donne aux animaux une intelligence quelquefois extraordinaire; de la mémoire, de la fureur, du courage, de la reconnaissance, de l'attachement et une obéissance passive, à l'égard de ceux qui en prennent soin et les instruisent. Il y a des oiseaux, tels que les *perroquets*, les *geais*, les *pies*, les *sansonnets*, etc., auxquels on apprend à prononcer des sons suivis qui forment des mots. On dit quelquefois du chien, du singe et autres animaux intelligens: Il ne lui manque que la *parole*, tant il est bien instruit. Diderot assure que les bêtes ont un langage, quelque borné qu'il soit, et qu'il suppose une suite d'idées et la faculté d'articuler. Il ajoute: Qu'est-ce donc que l'*instinct*? Nous voyons que les bêtes sentent, comparent, jugent, réfléchissent, choisissent et sont guidées, dans toutes leurs démarches, par un sentiment d'amour de soi que l'expérience rend plus ou moins éclairé. C'est avec ces facultés qu'elles exécutent les intentions de la nature, qu'elles servent à l'ornement de l'univers, et qu'elles accomplissent la volonté, inconnue pour nous, que Dieu eut en les formant.

K

KAOLIN; argile blanche mêlée de silice, provenant de la décomposition du feld-spath. Cette terre est un des principaux ingrédiens de la porcelaine.

KERMÈS; espèce d'insecte qui a les formes des cochenilles et aussi les habitudes. Ces animaux fournissent une substance utile à l'art du teinturier. L'espèce la plus employée est celle qui abonde dans le midi de l'Europe, en Espagne particulièrement, sur la petite espèce de chêne appelée, à cause de cette raison, par les botanistes, *quercus coccifera*. Sa récolte est un objet assez important pour l'Andalousie. La couleur qu'on en retire est d'un rouge foncé assez vif.

L

LÉZARD. Il y a plusieurs sortes de lézards, des verts et des gris. Un préjugé très-répandu dans la campagne, fait du lézard l'ami de l'homme. On dit qu'il avertit de l'approche des serpens venimeux. Ces animaux sont susceptibles de s'apprivoiser.

LIÉGE DE MONTAGNE, variété d'amiante, dont les fibres entrelacées forment un tissu lâche et spongieux, qui a quelque ressemblance avec le liége.

LIT, sol ou mur d'un filon, est la partie de roche sur laquelle il s'appuie.

LITHARGE; oxide de plomb qui a servi à l'affinage de l'or ou de l'argent : il est à demi vitrifié, et mêlé avec d'autres oxides.

LITHOMARGE. Quelques minéralogistes donnent ce nom aux *terres bolaires* qui sont des argiles mêlées de silice, de chaux et de magnésie.

LUDUS HELMONTII; géodes composées d'une terre marneuse plus ou moins mêlée d'acide de fer. L'intérieur de ces géodes présente de petits prismes assez réguliers, comme des basaltes en miniature : l'intervalle qui se trouve entre les prismes est souvent rempli de spath calcaire.

M

MALTHA; bitume noir de la même nature que l'asphalte, mais qui conserve un peu de mollesse.

MARCASSIN. On donne ce nom au petit du sanglier.

MARCASSITE; pyrite cuivreuse qui reçoit le poli, et qu'on taille à facettes comme les pierres précieuses.

MARTIN-PÊCHEUR. Les anciens prétendaient que les *martins-pêcheurs* faisaient leur nid au milieu des mers, et ils nommaient *jours alcioniens*, le temps du solstice d'hiver où la mer est le plus calme; c'était, suivant eux, le temps de la fécondation de ces oiseaux, qu'ils appelaient *alcions*. Ils les regardaient aussi comme le symbole de la paix et de la tranquillité. Cet oiseau voltige souvent seul; de là l'épithète de *triste* que lui a donné le poète Mantuanus.

MATRICE OU GANGUE DES MÉTAUX; matière terreuse ou pierreuse qui fait partie intégrante du filon, et qui renferme le minerai.

MÉDUSES (les), zoophites gélatineux. M. Péron, membre correspondant de l'Institut, a recueilli un très-grand nombre de ces animaux dans son voyage aux terres Australes. Réunissant à ses observations celles de ses prédécesseurs, il porte cette famille à plus de cent cinquante espèces.

« La substance de ces animaux, dit-il, semble n'être qu'une eau coagulée, et cependant il s'y exerce les fonctions les plus importantes de la vie; leur multiplication est prodigieuse, et cependant nous ne savons rien sur le mode de génération qui leur est propre. Ils peuvent arriver à plusieurs pieds de diamètre, à cinquante ou soixante livres de poids, et leur système de nutrition échappe à notre vue. Ils exécutent les mouvemens les plus rapides, et les détails de leur état musculaire sont imperceptibles. Ils ont une espèce de respiration très-active, et dont le véritable siége est un mystère. Ils paraissent extrêmement faibles; néanmoins des poissons considérables forment leur proie journalière, et se dissolvent en quelques instans dans leur estomac. Un grand nombre de leurs espèces brillent au milieu des ténèbres comme autant de globes de feu; quelques-uns brûlent et engourdissent la main qui les touche; or, les principes et les agens de ces deux propriétés sont encore à découvrir. »

Les méduses proprement dites ont toutes un corps semblable à une masse de gelée, à peu près de la forme d'un chapeau de champignon, que M. Péron nomme *ombrelle*, à l'exemple de Spallanzani; mais elles diffèrent les unes des autres, selon qu'elles ont une bouche ou qu'elles en manquent, selon que cette bouche est simple ou multiple, qu'il y a sous l'ombrelle une production en forme de pédicule ou qu'il n'y en a pas, et selon que les tentacules ou filamens, plus ou moins nombreux, garnissent ce pédicule ou les bords de la bouche elle-même.

Enfin, il paraît, d'après les observations faites par M. Péron, que les méduses du genre appelé *rhizostome* ont quatre bouches et quatre estomacs.

Moineau. On dit que, pour faire sa ponte, le *moineau franc* s'empare quelquefois du nid de l'hirondelle, et qu'alors celle-ci, aidée de ses compagnes, vient attaquer l'ennemi; les unes l'empêchent de sortir et le tiennent captif; en même temps, les autres amassent de la terre glaise, en mastiquent l'ouverture, et laissent l'usurpateur suffoqué. Ce fait a été vérifié par un témoin oculaire Ce qui est encore digne de confiance, c'est qu'un seul couple de ces moineaux porte dans son nid quarante chenilles par heure; or, comme ils n'y résident que douze heures chaque jour, il en résulte une consommation quotidienne de quatre cent quatre-vingts chenilles, ce qui fait par semaine trois mille trois cent soixante chenilles détruites par les moineaux francs.

Mur ou Lit de filon; partie de rocher sur laquelle il repose.

Muriates; combinaisons de l'acide muriatique ou marin, avec une base alcaline ou métallique; le sel commun est un *muriate de soude*.

N

Naphte; bitume fluide, transparent, d'une couleur légèrement ambrée, et d'une odeur très-pénétrante.

Natron; carbonate de soude, qui se trouve en grande abondance en Egypte sur les terrains sablonneux.

Nitre; sel neutre composé de potasse et d'acide nitrique : on le nomme *nitrate de potasse*. Il se forme journellement dans les souterrains où il y a des matières animales ou végétales en putréfaction, et dans les cavernes des montagnes calcaires.

Nymphe. On se sert de ce terme, ainsi que de ceux de *chrysalide*, *aurelie* et *fève*, pour exprimer l'état moyen par lequel les chenilles, les mouches et beaucoup d'autres insectes passent en sortant de l'état de chenille ou de ver, pour parvenir à celui de mouche ou de papillon.

O

Ocre et chaux métalliques; sont des oxides de métaux.

Œil-de-chat, œil-de-poisson, sont des variétés de feld-spath chatoyant.

Oie (l') était le *chien* des Grecs. C'était le plat royal des soupers de nos ancêtres, avant que l'Amérique nous eût fait connaître le dindon. Les Romains l'avaient mis au rang de leurs oiseaux sacrés, parce que les oies les avertirent une fois de l'entreprise des Gaulois, près de s'emparer du Capitole, sous le commandement de Brennus; malgré cet honneur, on ne les immolait pas moins aux fêtes d'*Inachus*, comme nous l'apprend Ovide. Ils les nourrissaient même de figues pour les rendre meilleures.

La *Brenache* ou *oie sauvage* avait donné lieu avant à une infinité de fables. Elle naissait, selon le vulgaire, dans un coquillage appelé *conque anatifère*, ou *pousse-pieds*, et tirait son origine du bois pourri des vaisseaux. Une telle absurdité n'a pas besoin d'être réfutée.

Oiseau. Sous ce nom générique, on désigne tous les animaux bipèdes ovipares qui sont couverts de plumes et qui ont des ailes pour voler.

Onyx; agate ou autre pierre dure composée de couches parallèles et bien distinctes.

Ophite; porphyre vert à base de trapp, avec des taches noirâtres.

Orpiment; combinaison de soufre et d'arsenic, de couleur jaune.

Ours (l'). Habitant des déserts, des forêts, des cavernes et des rochers inaccessibles, l'ours ordinaire, solitaire et mélancolique, passe une partie de l'hiver sans provisions, supporte jusqu'à quarante jours d'abstinence, et ne sort de sa tanière que lorsqu'il est trop affamé. Dans sa jeunesse, on l'apprivoise facilement; on lui apprend à se tenir debout, à gesticuler, à danser. Il est obéissant envers son maître, mais capricieux et prompt à s'irriter.

Mais les ours blancs ne s'apprivoisent jamais. Dans le Kamtschaka, où ils sont en très-grand nombre, ils ne prennent aucune nourriture pendant tout l'hiver, et sont réduits à sucer leurs pattes. Après ce pénible jeûne, et dans la saison où ils se rassemblent, ils sont plus que jamais redoutables.

Il règne une affection extraordinaire dans chaque famille de ces animaux. Qu'un chasseur tire un oursin, bientôt arrive la mère; si l'oursin est blessé, sa fureur va jusqu'à la frenésie, et le chasseur est immolé à sa vengeance aussitôt qu'elle l'a découvert. D'un autre côté, si c'est la mère qui est blessée, ses petits ne la quittent pas, lors même qu'elle est morte depuis long-temps; ils continuent à se tenir autour d'elle, témoignent l'affliction la plus profonde, par des mouvemens et des gestes très-expressifs, et deviennent ainsi la proie des chasseurs.

Si l'on en croit les Kamtschadales, ils doivent aux ours blancs le peu de progrès qu'ils ont faits jusqu'à présent dans les sciences et dans les arts, et tout ce qu'ils savent en médecine et en chirurgie. Ayant remarqué l'espèce d'herbe qu'emploie cet animal pour se nourrir quand il est malade et languissant, et celle avec laquelle il panse ses blessures, ils ont appris, disent-ils, à connaître la plupart des simples qui leur servent de remède ou de cataplasme; mais, ce qui est encore plus singulier, ils proclament hautement que les ours blancs ont été leurs maîtres de danse.

On dit la *gueule*, le *muffle* et les *pattes* de l'ours.

Oxides; métaux combinés avec l'oxigène.

Oxigène; ce principe est universellement répandu dans la nature, et il y joue le rôle le plus important: avec l'hydrogène, il forme l'eau; avec l'azote, il forme l'air. Il est le principe de la vie dans tous les êtres organisés, et c'est à lui que la terre doit sa fécondité.

P

Paon (le) est originaire des Indes orientales; de là, il passa dans la partie occidentale de l'Asie, puis en Europe et en France. Les Suisses ont seuls refusé de recevoir cette belle espèce d'oiseau; ils se sont même attachés à la détruire, et cela en haine des ducs d'Autriche, leurs anciens tyrans, qui portaient une queue de paon pour crinière. On couronnait autrefois les troubadours avec des plumes de paon. Les poètes ont consacré le paon à Junon, à cause de la majesté de son port et de l'éclat de son plumage. Il est le symbole de la vanité, comme le dindon, de la sottise. L'impératrice Livie, femme d'Auguste, faisait éclore des œufs de paon dans son sein.

Pépite, morceau d'or natif roulé par les eaux. On ne les trouve guère qu'au Pérou.

Perce-oreille, insecte éphémère, auquel on a donné ce nom, parce qu'il cherche à s'introduire dans les oreilles; lorsqu'il y parvient, il cause une vive douleur en pinçant les endroits où il s'attache.

Perroquet. Le nombre des *perroquets* est si prodigieux en Afrique, qu'on en découvre des bandes de plusieurs milliers. Le capitaine Landolphe, dans son *voyage*, raconte qu'au royaume d'*Owhère* il a appris et a vu de ses propres yeux, qu'ils ont un roi, qu'ils fêtent tous les matins par des cris joyeux et des sifflemens bruyans. Ce monarque a pour trône un nid fait en manière de berceau suspendu par des filets de liane, et balancé par les vents à la cime d'un arbre très-élevé. La nature a pris soin de l'orner d'un magnifique plumage, tout différent de celui de ses sujets; car la moitié de ses plumes est grise et semi-rose.

Petunt-sé; variété de feld-spath parfaitement blanc, qui forme, avec le *kaolin*, presque toute la pâte de la porcelaine.

Phoque (le). Pline remarque, au sujet de cet animal amphibie, qu'il est susceptible d'une espèce d'instruction, qu'on lui apprenait à saluer de la tête et de la voix, et à donner, suivant les ordres de son maître, plusieurs autres signes d'intelligence. Suétone rapporte que, quand le tonnerre se faisait entendre, l'empereur Auguste laissait voir une frayeur indigne d'un homme, et qu'il portait toujours sur lui une peau de phoque dont il se faisait une sauve-garde. On croyait que la dépouille du phoque ne pouvait être frappée par la foudre: c'est pour cette raison que l'empereur Septime-Sévère faisait couvrir ses tentes de peaux de phoques, usage qui s'était introduit chez les Romains, du temps même de Pline, qui en fait mention. Enfin, suivant Palladius, on supposait, dans les campagnes de l'Italie, que la peau de ces animaux avait le pouvoir d'écarter la grêle et l'effet malfaisant des intempéries de l'air, et qu'il suffisait d'en suspendre une à un ceps de vigne pour garantir toute la plantation. On a vu à Paris, il y a quelques années, un phoque privé, qui était dans une cuve d'eau, et qui obéissait au commandement de son maître.

Phosphates; combinaisons de l'acide phosphorique avec une base métallique ou terreuse. La matière des os est un *phosphate calcaire*.

Phosphore; matière combustible, que la nature forme journellement dans les corps organisés.

Pinson. Il est si vif, si souvent en mouvement, et son chant est si gai, qu'il a donné lieu à l'expression proverbiale, *gai comme un pinson*. Il ne chante jamais mieux que lorsqu'il a perdu la vue. On prétend que sa femelle seule voyage, en hiver, vers le midi. Ce fait singulier mérite d'être suivi et vérifié.

Pissasphalte; bitume de la même nature que l'asphalte, mais d'une consistance molle et poisseuse.

Plombagine; carbure de fer, composé de neuf dixièmes de charbon et de un dixième de fer; c'est ce qu'on appelle vulgairement mine de plomb ou crayon d'Angleterre.

Poisson; nom générique, sous lequel on désigne les animaux qui vivent continuellement dans l'eau, qui n'ont point de pieds, mais des nageoires, et qui sont couverts, soit d'écailles, soit d'une peau unie. La mer, les rivières, les lacs, les étangs, sont l'asile d'une multitude de poissons qui varient par la forme, par la couleur, par le goût, et nous offrent une immense quantité de mets exquis.

Pompholix, est le nom que les anciens chimistes donnaient à l'oxide volatil de zinc.

Potasse; on l'appelait autrefois sel de tartre ou alcali végétal.

Pyrites, sont des sulfures de fer ou des combinaisons du soufre avec le fer, et quelquefois d'autres métaux, tels que l'or, le cuivre, l'arsenic.

Q

Quadrupèdes. On désigne par ce terme tous les animaux qui marchent sur quatre pieds.

R

Réactifs; ce sont les divers agens qu'on emploie pour opérer la décomposition et parvenir à l'analyse de quelque substance. On donne communément ce nom aux divers fluides qu'on mêle avec les eaux, pour connaître ce qu'elles contiennent.

Réalgar, sulfure d'arsenic de couleur rouge. Il diffère peu de l'orpiment.

Réduction; opération par laquelle on fait passer un oxide à l'état de métal ou de régule.

Régule, nom assez impropre, mais commode pour exprimer l'état d'un métal qui jouit de toutes ses propriétés.

Reptile. On désigne ainsi les animaux qui rempent: tels sont les serpens et les vers. Quelques naturalistes ont aussi rangé dans cette classe les tortues, les grenouilles et les lézards.

Rotifère, animal qu'on fait mourir et revivre à volonté. C'est une espèce de polype qu'on trouve ordinairement dans le sable des tuiles et des gouttières. Sa queue est formée en manière de trident; son corps est gros et épais, et sa tête divisée en deux tronçons, qui portent sur leurs sommets l'apparence de deux roues, dont la structure et le jeu sont extrêmement curieux. Ce sont ces roues qui lui ont fait donner le nom de *rotifère*.

Cet insecte ne vit que dans l'eau; il meurt et se dessèche lorsqu'il en est privé; du moins il paraît alors véritablement mort. Quelques gouttes d'eau suffisent pour le rappeler à la vie. Il est très-agile et imprime à ses roues un mouvement si rapide, que Leuwenhook a cru qu'elles tournaient réellement; mais Spallanzani et Fontana ont vu que leur rotation apparente n'est qu'une illusion d'optique, provenant de l'agitation vive et successive des bras dont l'espèce d'aigrette de l'animal est composée, et qu'on avait prise pour un mouvement circulaire.

Le rotifère peut être conservé pendant plusieurs années dans un état de parfaite dessiccation, et par conséquent de mort, sans perdre sa propriété de revenir au mouvement et à la vie dès que, par quelques gouttes d'eau, on aura rendu à ses organes la souplesse nécessaire aux fonctions de l'animalité.

Le même rotifère peut mourir et revivre plusieurs fois. Lorsqu'il est privé d'eau, il se dessèche, se rappetisse et se défigure au point d'être absolument méconnaissable; pendant deux à trois ans, on ne peut plus lui supposer d'organisation, et tout semble prouver qu'on est fondé à le croire mort. Il supporte une chaleur de cinquante-quatre degrés, et un froid de dix-neuf, au thermomètre de Réaumur, sans perdre la propriété de ressusciter.

Le ver qu'on appelle *seta equina* ou *gordius*, ainsi que l'animal appelé *tardigrade* par Spallanzani, et qui est trois ou quatre fois plus gros que le rotifère, ont également la propriété de revivre avec les mêmes phénomènes.

Rubine d'arsenic; c'est un réalgar d'une belle couleur rouge.

S

Salanguna (la) ou Petite Hirondelle, se trouve par millions dans les îles Philippines, et forme une branche de commerce considérable. Leurs nids, que ces oiseaux attachent aux roches, sont composés d'une écume visqueuse qui, en séchant, devient transparente, et détrempée dans l'eau, est un excellent assaisonnement pour les viandes. Les Chinois font cuire, dans une poule bien vidée, plusieurs de ces nids avec les œufs ou les petits même couverts de plumes qu'ils contiennent, et les mangent ensuite et trouvent ce mets délicieux. Plusieurs voyageurs en ont mangé, entre autres le célèbre Poivre, et tous s'accordent à dire que rien n'est plus nourrissant et plus restaurant.

Salbandes, lisières ou éportes de filon ; ce sont des couches de matières terreuses ou schisteuses qui enveloppent de part et d'autre le filon, et le séparent de la roche. Leur épaisseur varie depuis une ligne jusqu'à une toise et plus.

Schlic ; c'est la poussière métallique qui reste, après qu'on a enlevé par le lavage les parties terreuses du minerai.

Schlot ; dépôt gypseux que forment les eaux des salines, sur les fagots des bâtimens de graduation.

Schorl ; cristal pierreux de couleur noire, opaque, qui se trouve fréquemment dans les granits.

Sélénite ; sulfate de chaux, gypse ou plâtre cristallisé.

Sinople ; on donne ce nom à un jaspe rouge aurifère de Schemnitz en haute Hongrie : Dolomieu l'a appelé *quartz hématoïde*.

Smectite, argile à foulon ; c'est une glaise savonneuse qui mousse et se dissout dans l'eau.

Soude, alcali minéral ; c'est la base du sel marin.

Spathique, se dit d'un minéral qui a un tissu lamelleux.

Speiss ; on donne ce nom à un culot de cobalt métallique qui se trouve au fond des creusets dans lesquels on prépare le smalt ou verre de cobalt.

Stalactites, végétations pierreuses qui pendent aux voûtes des grottes dans les montagnes calcaires. Les *stalagmites* sont celles qui sortent des parois latérales, ou qui s'élèvent du sol de ces grottes.

Stéatite, pierre tendre et onctueuse qui devient luisante comme le savon quand on passe le doigt dessus.

Sulfates, combinaisons de l'acide sulfurique avec une base alcaline, terreuse ou métallique : le vitriol vert est un *sulfate de fer* : l'alun est un *sulfate d'alumine* ; le sel de Glauber est un *sulfate de soude*.

Sulfures, combinaisons du soufre avec les métaux, les alcalis ou les terres. Les pyrites sont des *sulfures de fer* ; le foie de soufre est un sulfure alcalin ou terreux.

T

Tarentule (la) est une espèce d'araignée dont la morsure est dangereuse. Cet insecte est commun en Italie.

Teignes (les) sont des insectes qui font de grands dégâts ; il en est qui rongent les meubles, les étoffes, les pelleteries ; d'autres dépouillent les arbres et les plantes de leur feuilles ; d'autres s'attachent aux grains ; d'autres se nichent dans les plumes des oiseaux ; enfin, il est un grand nombre d'espèces différentes de teignes qui ne sont connues que par les ravages qu'elles causent.

Tessulaire, se dit des minéraux qui se divisent en fragmens cubiques.

Testacé, se dit d'un minéral qui se divise par écailles convexes d'un côté et concaves de l'autre.

Testacés. Nom que l'on donne aux poissons qui vivent dans les coquilles.

Thon (le). Le thon est un des plus gros poissons de la Méditerranée. Lorsqu'il ne pèse que cent livres, comme ceux qu'on prend dans le golfe de Marseille, on ne l'appelle que *seampore*, ce qui signifie *chétif poisson*. Le poids ordinaire des thons de course est de 600 livres. Ce poisson nage avec bruit et une grande vitesse, se nourrit d'algues, et surtout de glandes marines dont il est très-friand, et dont la Méditerranée abonde.

Les thons marchent en troupes et suivent volontiers les vaisseaux. A l'époque du printemps, ils entrent en grand nombre dans la Méditerranée par le détroit de Gibraltar ; là ils se divisent en deux bandes qui se dirigent vers le levant : l'une en suivant à droite les côtes de l'Afrique, et l'autre à gauche, celles d'Europe. Une partie de celle-ci côtoie l'Espagne, la France, la rivière de Gênes, enfile le canal de Piombino, et marche droit vers la mer Noire. Une autre partie (et ce sont les thons de la plus grosse espèce) s'éloigne du continent vers la rivière de Gênes, passe entre la Toscane et la Corse, et arrive par les bouches de Boniface, au nord de la Sardaigne. Une autre troupe, séparée de la grande bande qui côtoyait l'Afrique, arrive de même aux côtes occidentales et méridionales de la Sardaigne, et toutes les deux sont attendues avec empressement dans les pêcheries ou madragues (1) préparées sur les côtes de cette île. Les thons qui échappent à ces piéges poursuivent leur route vers la Syrie pour arriver à leur but qui est la mer Noire.

Aux siècles glorieux de la Grèce et de Rome, on faisait des pêches abondantes de thons au promontoire de Byzance, surnommé par cette raison la *Corne d'or* : elles ont cessé d'exister. Les Espagnols et les Portugais ont vu également dépérir les madragues qu'ils avaient d'abord établies avec succès sur les côtes d'Europe ; et c'est depuis cette époque que celles de la Sardaigne se sont élevées à l'état florissant où elles sont aujourd'hui. Cette île retire annuellement de ses pêcheries de thon environ 1,000,000 de francs, argent de France.

On pêche le thon à Marseille et à Bayonne.

Toit de filon, est la partie de roche qui le couvre, le *lit* est celle qui est dessous.

Torpille. Poisson de mer qui a la propriété singulière d'engourdir ceux qui le touchent : on le trouve sur les côtes du Poitou, de l'Aunis, de la Gascogne et de Provence.

Tripoli ; matière terreuse, ordinairement rougeâtre, qu'on emploie à polir les métaux. C'est le plus souvent un schiste quartzeux et ferrugineux, à grain très-fin, qui a souffert l'action des feux souterrains.

Tutie ou Cadmie, c'est un oxide de zinc sublimé dans les cheminées des fonderies, et qui est mêlé de matières fuligineuses qui lui donnent une couleur noirâtre.

V

Variolites, pierres dures, ordinairement à base de trapp ou de cornéenne, contenant des globules d'une couleur un peu différente du fond, et qui, se trouvant plus dure que la pâte qui les renferme, forment de petites saillies à peu près, semblables à des grains de petite vérole ; les variolites les plus connues sont celles de la Durance et du Drac.

Veines métalliques ; c'est le nom qu'on donne aux filons très-minces ou aux branches qui se détachent d'un filon principal.

Vers. De toutes les classes d'animaux, il n'y en a pas de plus nombreuse que celle-ci. Les vers sont pour ainsi dire semés dans toute la nature ; les uns sont d'une grande utilité : tels sont le ver à soie et la cochenille. Nous ignorons peut-être l'avantage qu'on pourrait tirer de certaines espèces, et nous voyons les maux réels que causent un grand nombre d'autres. Les vers sont en général de petits animaux rampans et destructeurs ; ils nuisent dans les hommes, dans les animaux terrestres et aquatiques, dans toutes sortes d'arbres, de plantes, et même dans le marbre et dans les métaux.

Ver luisant (le). On appelle *ver luisant* une sorte d'insecte qui jette une lueur la nuit. C'est en automne principalement qu'on voit des vers luisans. On les trouve fréquemment

(1) Les madragues sont des pêcheries faites avec des cables et des filets pour prendre les thons et autres gros poissons.

à la campagne, dans les buissons, ordinairement par terre, dans les lieux secs. Il n'a que quelques lignes.

Vermillon, cinabre pulvérisé, d'une très-belle couleur rouge, qu'on emploie en peinture.

Vitriols; ce sont des combinaisons de métaux avec l'acide sulfurique. On les nomme aujourd'hui *sulfates*, et l'on dit sulfate de fer, de cuivre, de zinc.

Z

Zoolithes. Substances pétrifiées qui ont appartenu au règne animal.

FIN.

TABLE.

www.ingramcontent.com/pod-product-compliance
Lightning Source LLC
LaVergne TN
LVHW021940060726
842528LV00001B/242

* 9 7 8 2 3 2 9 2 5 3 0 8 4 *